普通高等学校基础力学系列规划教材

材 料 力 学

邓宗白　陶　阳　主编
吴永端　张　剑　参编
范钦珊　主审

中国铁道出版社有限公司
CHINA RAILWAY PUBLISHING HOUSE CO., LTD.

内 容 简 介

本书以普通高等学校理工科材料力学课程教学基本要求(B类)为基准,面向机械及相关专业。通过分章讨论概念群,既突出重点,又体现共性和个性的相互关系,有助于加强材料力学基本概念、基本理论和基本方法的学习;在内容体系和方法上作了较大的调整,是一本特色鲜明有新意的教材。

全书共分10章,内容包括材料的力学性能、杆件的内力、杆件的应力、杆件的变形与位移、简单超静定问题、应力分析和应变分析、杆件的组合变形、杆件的强度与刚度设计和压杆的稳定性。

本书适合作为普通高等学校理工科各专业材料力学课程的教材。

图书在版编目(CIP)数据

材料力学/邓宗白,陶阳主编. —北京:中国铁道出版社,
2021.1(2022.1 重印)
普通高等学校基础力学系列规划教材
ISBN 978 − 7 − 113 − 24527 − 6

Ⅰ.①材… Ⅱ.①邓… ②陶… Ⅲ.①材料力学 − 高等学校 − 教材
Ⅳ.①TB301

中国版本图书馆 CIP 数据核字(2018)第 105749 号

书　　名:材料力学
作　　者:邓宗白　陶　阳

策　　划:李小军　曾露平　　　　编辑部电话:(010)83552550
责任编辑:曾露平　钱　鹏
封面制作:刘　颖
责任校对:张玉华
责任印制:樊启鹏

出版发行:中国铁道出版社有限公司(100054,北京市西城区右安门西街8号)
网　　址:http://www.tdpress.com/51eds/
印　　刷:北京富资园科技发展有限公司
版　　次:2021 年 1 月第 1 版　　2022 年 1 月第 2 次印刷
开　　本:787 mm ×1 092 mm 1/16　印张:18.75　字数:471 千
书　　号:ISBN 978 − 7 − 113 − 24527 − 6
定　　价:49.80 元

前　言

本书是按照高等学校理工科材料力学课程教学基本要求（B 类）而编写的教材，适用于高等学校工科各专业的材料力学课程。本书结合了国家精品课程的建设成果，总结二十多年的教学实践，传承创新，博采众长，与时俱进，突出能力培养，在内容体系和方法上作了较大的调整。

本书结合工程实际和生活实际引出问题，以内力、应力、应变、位移和变形为主线，对基本变形和组合变形进行分析，并在此基础上，介绍简单的超静定问题、杆件的强度刚度设计及稳定性问题。将相同概念组成概念群，强化基本概念的掌握、工程问题的建模能力与结合实际的应用能力，使教学更贴近工程。加强了学生综合应用理论、概念和方法及全面考察问题和分析问题能力的培养。

本书面向高等学校工科相关专业，工程实例丰富，精选例题，深入浅出，简洁明了，是一本有一定创新性的教材，主要特点如下。

一、构造七个概念群，既突出重点，又体现共性和个性的相互关系

相同概念一次讲透有利于基本概念、基本理论和基本方法的掌握，强调同类概念群的分章研究，承前启后，相互呼应，反复巩固，综合思考。其七个概念群如下：

（1）基本概念群　从感性到理性认识变形固体，除涵盖材料力学的性质和任务、变形固体的基本假设、材料力学的研究对象和研究方法等概念外，还将材料的基本力学性能等纳入此概念群，为后续的研究奠定基础。

（2）杆件内力概念群　在截面法的基础上，分析轴向受力杆件的内力（轴力、轴力图）、受扭杆件（轴）的内力（扭矩、扭矩图）、受弯杆件（梁）的内力（剪力、剪力图、弯矩、弯矩图）及组合变形时杆件的内力和内力图等概念，从而形成了一套完整的从基本变形到组合变形的内力分析系统。

（3）杆件应力概念群　以平面假设为基础，利用几何、物理和平衡三个基本关系，分析受拉（压）杆件的应力、圆（非圆）截面轴扭转时的应力、纯弯曲梁的应力、横力弯曲梁的应力。加强共性，突出个性，通过分析比较，帮助读者更好地掌握杆件的应力的分析方法。

（4）杆件变形、位移和超静定概念群　涵盖构件在不同受力情况下的变形和位移的研究，包括拉伸（压缩）杆件的变形和位移、圆轴扭转的变形和位移、弯曲梁的变形和位移，以及变形比较法是求解简单超静定问题的基本方法。

（5）应力应变分析概念群　将平面应力状态分析的解析法和图解法、复杂应力状

态下的应力应变关系、广义胡克定律和复杂应力状态的应变能密度等概念合成一个概念群。

(6) 压杆稳定概念群　压杆的稳定性概念有其特殊性，包含有关的临界力、临界应力和欧拉公式的适用范围等概念。

(7) 杆件设计概念群　以杆件在不同载荷作用下各种变形的强度和刚度综合设计为主线，构造一个全方位综合分析的概念群，以提高学生的工程应用能力和全面综合分析的能力。

二、工程特点鲜明

结合大量的工程实例，加强工程应用的阐述，增加具有工程背景的例题和习题，注重力学建模。

三、模块化教学，节省学时

编写方法上力求深入浅出，适应不同层次的教学需要，将知识面分为基本的和提高扩展的两类，可增可减。对打"＊"号的内容视具体情况自由取舍，以便于模块化教学。

本教材编排紧凑、概念清楚、体系创新、面向工程，是一本特色鲜明、有新意的教材。

本教材第 *1*、*2*、*8*、*9*、*10* 章主要由邓宗白编写，第 *3*、*4*、*5*、*6*、*7* 章、附录 *A*、附录 *B* 和二维码资料主要由陶阳编写汇集，吴永端教授为编写提供了重要支持，张剑参与了部分编写工作，全书由邓宗白统稿。

本书承蒙范钦珊教授悉心审阅，并提出很多宝贵意见，谨此表示衷心感谢。

本书二维码引用的资料有些来源于互联网和教学交流中，在此向有关作者表示诚挚的感谢。

限于编者的水平，书中难免有不足之处，希望读者提出宝贵意见。具体意见请发至 *lxcenter@163. com*，非常感谢。

编　者
二○二○年二月

目　　录

第 4 章　杆件的应力

第 5 章　杆件的变形和位移

第 6 章　简单超静定问题

第 7 章　应力分析和应变分析

第 8 章　杆件的组合变形

第1章 概　　论

组成结构或机械的零部件,如建筑物的梁和柱、旋转机械的轴等,常统称为**构件**。构件在外力作用下,会发生尺寸和形状的变化,这种变化称为**变形**。因此,构件一般都是**变形固体**。材料力学就是研究变形固体在力作用下的变形规律和构件能否安全工作的一门学科。

1.1　材料力学的性质和任务

构件在外力的作用下,常常会发生变形过大或断裂破坏等失效现象。为了使制造的工程构件能够正常工作,构件的设计必须满足下面的三个基本要求:

(1)**强度**　构件不发生破坏(如断裂或屈服),即具备足够的抵抗破坏的能力。如飞机机翼、房屋大梁不能断裂,压力容器不能爆炸等。

(2)**刚度**　构件不产生过大的变形(一般为弹性变形),即具备足够的抵抗变形的能力。如车床的主轴变形过大将影响加工精度等。

(3)**稳定性**　受压力作用的构件在微小干扰下,不会改变原有的平衡状态(又称平衡形态),即具备足够的保持原有平衡状态的能力。如工程中受压的细长杆件,若发生显著的弯曲而不能回到初始直线状态时,结构面临垮塌的危险。

强度、刚度、稳定性是构件设计必需满足的条件,随不同工况、不同结构,三个方面会有所侧重或兼而有之。显然,通过改变构件的形状和尺寸、选用优质材料等措施,可以提高构件安全工作的能力,但若片面追求构件的承载能力和安全性,不恰当地改变构件形状和尺寸或选用优质材料,将会增加构件的重量和制造成本,所以安全性与经济性常常是矛盾的。材料力学就是要合理解决这对矛盾。

材料力学的任务可概括为:

(1)研究构件的受力、变形和失效的规律;

(2)为设计既经济又安全的构件,提供强度、刚度和稳定性方面的基本理论和计算方法。

任务的前者是后者的理论基础,后者则是前者的工程应用。

材料力学还在基本概念、基本理论和基本方法方面为变形固体力学、实验力学、机械设计、结构设计等课程奠定基础,是机械、结构类专业必备的基础知识。

高速列车　　　　机器人　　　　鸟巢体育馆等　　　强度问题、刚度问题、稳定问题

1.2 材料力学的基本假设

理论力学是讨论物体在力的作用下整体产生的运动规律,因此将研究对象视为刚体,在刚体内部各质点之间相对位置保持不变,所以物体受力过程中其形状和尺寸都不改变(即不变形)。

材料力学研究的是变形固体,在力的作用下,物体内部各质点间的位置发生相对改变,产生**内力**,并引起物体的变形。因此,即使构件由于约束不允许有总体上的刚性移动,但未被约束的部分仍将有形状或位置的改变,这就是变形固体具有的特点。

1.2.1 变形固体的基本假设

变形固体有多方面的属性,不同的研究领域,侧重面各异,在材料力学的研究中,对变形固体作出如下假设:

1. 连续性假设

认为物质毫无空隙地充满固体的整个几何空间。实际上,变形固体是由许多晶粒结构组成的,且具有不同程度的空隙(包括缺陷、夹杂等),但它与构件尺寸相比极为微小,可忽略不计,故认为材料在整个几何空间里是密实的,其某些力学量可以用坐标的连续函数来表示。

2. 均匀性假设

认为从变形固体内取出的任意一小部分,不论其位置如何都具有完全相同的力学性能。实际上,各晶粒结构的性质不尽相同,晶粒交界处的晶界物质和晶粒本身的性质也不相同,晶粒排列也不规则,但由于晶粒尺寸远小于构件材料的尺寸,材料的力学性能是无数晶粒力学性能的统计平均值,因此可以认为变形固体各部分的材料性能是均匀的,与坐标位置无关。

从构件任意部位取出的一部分或微小单元体块(称为**单元体**),其力学性能都和整体相同。显然,通过材料试样的实验获得的力学性能,可应用于该材料制成的任何构件的任一部分或单元体。

3. 各向同性假设

认为变形固体在各个方向的力学性能都是相同的,具备这种属性的材料称为各向同性材料。金属的单个晶粒是各向异性的,但由于材料是由无数晶粒所组成,且晶粒的排列是杂乱无章的,这样,金属材料在各个方向的性质就接近相同。除金属外,玻璃、工程塑料等亦为典型的各向同性材料。

至于由增强纤维和基体材料制成的复合材料等,其力学性能是有方向性的,称为各向异性材料,不在本书的讨论范围之内。

1.2.2 构件变形的基本假设

构件受力将产生变形,变形程度与所受的力大小有关。在材料力学中,所研究的问题一般仅限于构件变形的大小远小于其原始尺寸的情况,这通常称为**小变形条件**。在此基础上,为了简化分析计算,材料力学提出**小变形假设**,主要包含两个内容:

（1）**原尺寸原理**　研究构件的平衡和运动时,忽略构件的变形,按构件变形前的原始尺寸和形状分析计算。

在图 1.1(a)中,简易吊车受力产生变形,由初始的 A 点移动到 A' 点处,但研究构件的平衡关系时,仍采用变形前的原始的形状和尺寸,如图 1.1(b)所示。

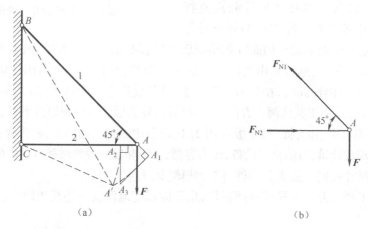

图 1.1　简易吊车受力

（2）**线性化原理**　研究构件的位移和变形的几何关系时,若构件的位移为一弧线,为简化分析计算,以一直线(垂线或切线)代替,简称**以直代曲**。

例如图 1.1(a)中,研究 A 点的位移时,设想将两杆在 A 点处拆开,各杆分别沿各自的轴线伸长到 A_1 处和缩短到 A_2 处,由于变形后两杆仍应铰接在一起,则分别以 B、C 为圆心,以 $\overline{BA_1}$ 和 $\overline{CA_2}$ 为半径作圆弧,相交于 A' 点,即变形后的位置,在小变形情况下,弧线 $\overparen{A_1A'}$ 与 $\overparen{A_2A'}$ 可分别用其切线 $\overline{A_1A_3}$ 和 $\overline{A_2A_3}$ 替代,以 A_3 替代 A'(A' 为 A 点变形后的位置)。

在研究变形的数学关系时,当出现高次幂、非线性情况,则略去高次幂项,近似成线性问题去处理。这些近似包括,$\sin\Delta\theta \approx \Delta\theta$、$\cos\Delta\theta \approx 1$、$\tan\Delta\theta \approx \Delta\theta$、$(1+\Delta)^n \approx 1+n\Delta$ 等。

综上所述,材料力学研究的是连续、均匀和各向同性的变形固体,在小变形条件下的行为。

1.3　材料力学的研究对象

在工程结构和机械中,构件的形状是多种多样的,按其几何特征,大致可分为杆件、板、壳和块体。

一个方向的尺寸远大于其他两个方向尺寸的构件,称为**杆件**。这是工程实际中最常见、最基本的构件,例如桁架中的杆、建筑物的梁、高架桥的桥墩柱和车轮的轴等都可看成是杆件。

杆件的两个主要几何因素是横截面和轴线。垂直于杆件长度方向的截面,称为**横截面**。

横截面形心的连线,称为**轴线**。显然,杆件的轴线与其横截面是相互垂直的(图1.2)。

轴线为直线的杆件,称为**直杆**;轴线为曲线的杆件,称为**曲杆**。

若杆件横截面的尺寸都相同时,称为**等截面杆**;否则为**变截面杆**。

工程实际中,最常见的杆件是等截面直杆[图1.3(a)],简称**等直杆**。等直杆的分析计算原理一般可近似地用于曲率较小的曲杆和横截面无显著变化的变截面杆[图1.3(b)]。

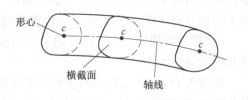

图1.2 杆件的几何特征

若杆件的轴线为折线,通常是由几段直线组成的折线,且在折点处是刚性固结,这类结构称为**刚架**;由于折点刚性固结,在受力后不产生变形,故称之为**刚结点**[图1.3(c)]。

一个方向的尺寸远小于其他两个方向尺寸的构件,称为**板**。平分板厚度的几何面,称为板的中面,中面为平面的板,称为**板(或平板)**[图1.4(a)];中面为曲面的板,称为**壳**[图1.4(a)、(b)]。板和壳在现代建筑、石油化工设备、压力容器、飞机和船舶等领域都有广泛的应用。

三个方向的尺寸在同一量级的构件,称为**块体**[图1.4(c)]。

材料力学的主要研究对象是等截面直杆,也不同程度地涉及一些其他构件。

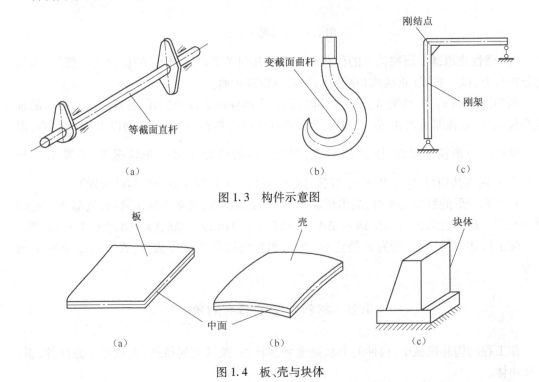

(a)　　　　　　　　(b)　　　　　　　　(c)

图1.3 构件示意图

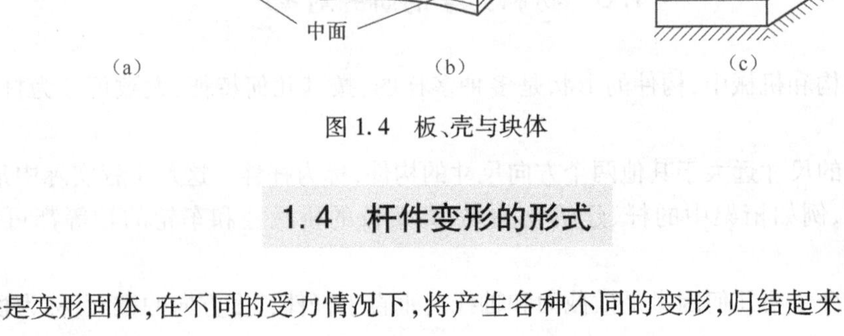

图1.4 板、壳与块体

1.4 杆件变形的形式

杆件是变形固体,在不同的受力情况下,将产生各种不同的变形,归结起来可分为基本变形和组合变形两大类:基本变形主要包括轴向拉伸或压缩、扭转、弯曲和剪切四种;组合变形是由两种或两种以上基本变形组合而成的。

1. 轴向拉伸或压缩

当作用于杆件上的外力可简化为一对沿杆轴线方向的作用力时,杆件的长度将沿轴线方向的发生伸长或缩短[图1.5(a)],这类变形称为**轴向拉伸**或**轴向压缩**。

以承受轴向拉伸或轴向压缩变形为主的杆件,称为**杆**。如桁架杆、吊杆、活塞杆及悬索桥和斜拉桥的钢缆(图1.6)等。

2. 扭转

当一对大小相等、方向相反、作用面与直杆轴线垂直的外力偶作用时,直杆任意相邻的两个横截面将绕轴线作相对转动[图1.5(b)],这类变形称为**扭转**。

以承受扭转变形为主的杆件,称为**轴**。如电动机的主轴、汽车的传动轴、发动机的曲轴等。

3. 弯曲

当杆件的外力(或外力偶)作用于杆轴线所在的纵向平面内时,杆的轴线将发生曲率变化[图1.5(c)],这类变形称为**弯曲**。

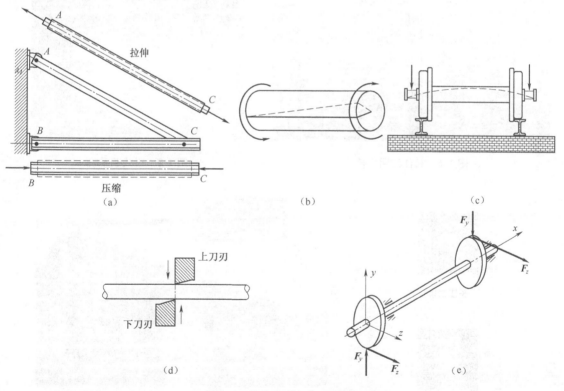

图1.5 基本变形与组合变形

以承受弯曲变形为主的杆件,称为**梁**。如房屋的大梁、桥梁的桥面板梁(图1.6)、厂房中的行车大梁(图1.7)等。

拉压杆   剪切

4. 剪切

当杆件受到大小相等、方向相反、作用线相互平行且相距很近的一对横向力作用时,横截面沿力作用方向发生相对错动[图 1.5(d)],这类变形称为**剪切**。机械或结构中的连接件,如铆钉、螺栓、键等都将产生剪切变形。

5. 组合变形

当杆件产生的变形中包含任意两种或两种以上的基本变形时,称为**组合变形**[图 1.5(e)],譬如公路上的指示牌在风载和自重的作用下,其立柱产生压缩、弯曲和扭转的组合变形(图 1.8);旋转机械中的传动轴常产生弯扭组合变形;建筑物中的柱常受到偏心压缩的作用等。

图 1.6　长江江阴大桥

图 1.7　梁式起重机

长江二桥

海洋平台

图 1.8　公路指示牌

1.5　外力及其分类

结构或机械是由多个构件组装而成的,它们相互制约或相互传递机械作用。当取其某一部分作为研究对象时,可设想将它从周边物体中分离取出,并用力代替周边物体对它的作用。其中来自研究对象外部的作用力(或力矩),称为**载荷**;限制研究对象自由运动的反作用力(矩),称为**约束力**。前者是**主动力**,后者是**被动力**。

载荷的分类有不同的形式。若以在构件上的作用方式,可分为连续分布于物体内部各点的**体积力**(如物体的自重和惯性力)和作用于物体表面的**表面力**,表面力按其分布方式又可分为分布载荷和集中载荷。

1. 分布载荷

连续分布在构件表面的载荷,称为**分布载荷**。如压力容器里的压力,飞行器受到的气动力、船体和坝体受到的水压力、桥梁和建筑物受到的风力等。

当分布载荷沿杆件的轴线均匀分布时,称为**均布载荷**,如钢板对轧辊的作用力等。

2. 集中载荷

当载荷作用的面积远小于构件的表面尺寸,或载荷的作用范围远小于构件的轴线长度,可视为载荷作用在一个几何点上,称为**集中载荷**,如火车车轮对钢轨的压力和起吊重物对吊索的作用力等。

载荷按其随时间的变化情况,可分为静载荷和动载荷两大类。

1. 静载荷

杆件受到的载荷由零逐渐增大到某一固定值而保持不变,或变动甚微,称为**静载荷**。如起重机以极缓慢的速度吊装重物时所受到的力、建筑物对基础的压力等。

2. 动载荷

杆件受到的载荷,若随时间成周期变化的,称为**交变载荷**,如旋转齿轮受到的啮合力;若在瞬时发生突然变化的,称为**冲击载荷**,如汽锤和冲床工作时引起的冲击力。当杆件上有很大的质量,在高速运动时产生的惯性力,称为**惯性载荷**,例如传动轴受到高速旋转飞轮的作用、行车大梁和起重机在起动和制动时受到重物运动的影响。以上所有随时间呈显著变化的载荷,统称为**动载荷**;

构件在动载荷作用下的破坏特征、力学表现和行为都与静载荷作用时有所不同,分析方法也不完全一样,但后者是前者的基础。

1.6　内力和应力

1. 内力

物体在外力作用下产生变形,其内部各质点之间因相对位置改变而引起附加的相互作用力,即内力。由于不受外力作用时,物体的各质点之间也存在相互作用力,所以内力是各质点之间相互作用力的变化量,是因相对位置改变而引起的附加部分。

由于假设物体是均匀连续的可变形固体,因此在物体的任何一个截面上,内力均为一个分布力系。一般情况下,其向截面形心处简化可得分布内力系的主矢和主矩,称为截面上的内力,简称**内力**。在直角坐标系中,主矢和主矩可分解为三个内力分量和三个内力偶矩分量。

2. 应力

一般情况下,杆件受外力作用,各截面上的内力是不相同的,即使内力相同,由于截面尺寸不同,在截面内某一点处的强弱程度也不同。为此,引入某一截面上分布内力在某一点处的集度——**应力**的概念。

设在杆件的任一横截面上有内力用主矢 F 和主矩 M 表示,在该截面的点 a 处,取一微面积为 ΔA ,其上作用的分布内力的合力为 ΔF 和 ΔM 。n 是该面积 ΔA 的外法线。当 ΔA 无限趋近于 a 点而接近于零时, ΔM 也逐渐趋近于零,只有 ΔF 作用在 ΔA 上[图 1.9(a)],则 ΔF 与 ΔA 的比值为

$$p_m = \frac{\Delta F}{\Delta A}$$

其称为 ΔA 微面积上的**平均应力**,取 $\Delta F / \Delta A$ 的极限值,得

$$p = \lim_{\Delta A \to 0} \frac{\Delta F}{\Delta A} = \frac{\mathrm{d}F}{\mathrm{d}A} \tag{1.1}$$

p 称为点 a 的**总应力**,将 p 分别向截面的法向和切向分解,可得 a 点的**正应力** σ 和**切应力** τ ,[图 1.9(b)]。这两个应力分量分别与材料的两大类破坏失效现象(拉断和剪切错动)相对应。

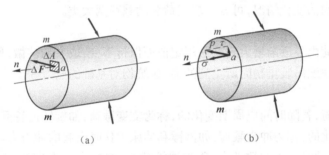

(a)　　　　　　　　　　　(b)

图 1.9　点的应力

在国际单位制中,应力的量纲是 $ML^{-1}T^{-2}$,单位用帕斯卡 Pa($1\mathrm{Pa} = 1\mathrm{N/m^2}$),简称帕,由于这个单位太小,常用 MPa($1\mathrm{MPa} = 10^6\mathrm{Pa}$)和 GPa($1\mathrm{GPa} = 10^3\mathrm{MPa} = 10^9\mathrm{Pa}$)表示。

1.7　变形、位移和应变

杆件是变形固体,受力后其位置发生的改变,称为**位移**;杆件的几何尺寸和形状的改变,称为**变形**。位移是针对物体的初始位置而言的,变形是针对物体的尺寸和形状而言的。

变形固体具有均匀、连续和各向同性的特点,从杆件上任意取出一个微六面体,当微分六面体的边长趋于无限小时称为**单元体**。以平面问题为例,设从杆件内部任意一点取出单元体 $abcd$,受力变形后位移到新的位置 $a'b'c'd'$[图 1.10(a)],它包含刚体位移和变形体位移两部分。由于支座约束,除去刚体位移(刚体移动和转动),留下图 1.10(b)所示的变形体位移,它包含单元体长度的改变和相邻两边夹角的改变。

设变形前线段 ab 的长度为 Δx ,变形后线段 $a'b'$ 的投影长度为 $\Delta x'$,则线段的变化量为 $\Delta u = \Delta x' - \Delta x$, Δu 称为**线位移**。线位移的单位是毫米或米(mm 或 m)。比值

$$\varepsilon_{xm} = \frac{\Delta u}{\Delta x}$$

为线段 ab 上每单位长度的平均伸长或缩短量,称为**平均线应变**,为了描述 a 点处的变形程度,令 $\Delta x \to 0$,平均线应变 $\dfrac{\Delta u}{\Delta x}$ 的极限值为

$$\varepsilon_x = \lim_{\Delta x \to 0} \frac{\Delta u}{\Delta x} \tag{1.2}$$

ε_x 称为点 a 在 x 方向的**线应变**。同理可得,点 a 在 y 方向的线应变 ε_y 和在 z 方向的线应变 ε_z。线应变以伸长为正,亦称为拉应变;以缩短为负,称为压应变。

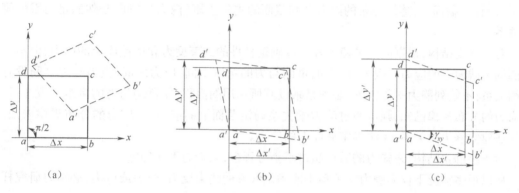

图 1.10 单元体的位移与应变

单元体除边长改变外,相邻两边的夹角也由 $\dfrac{\pi}{2}$ 变为 $\dfrac{\pi}{2} + (\angle ba'b' + \angle da'd')$,如图 1.10(b)所示。为了清楚表达夹角的改变量,可将 $a'd'$ 边与 ad 边重合,如图 1.10(c)所示,得单元体的角位移增量为 $\gamma_{xy} = \angle ba'b' + \angle da'd' = \angle b'ab$,它表示单元体 ab 边相对于 ad 边的夹角变化量。角位移的单位是弧度(rad),当 b 和 d 点无限趋近于 a 点时,夹角变化的极限值为

$$\gamma_{xy} = \lim_{\substack{\Delta x \to 0 \\ \Delta y \to 0}} \left(\angle dab' - \frac{\pi}{2} \right) \tag{1.3}$$

γ_{xy} 称为点 a 在 xy 平面内的**切应变**。若为空间问题,同理可得,点 a 在 yz 平面和 zx 平面内的切应变 γ_{yz} 和 γ_{zx}。使单元体夹角由 $\dfrac{\pi}{2}$ 增大的切应变为正,反之为负。

由于应变都是变形的相对改变量,故线应变和切应变都是量纲为一的量,切应变常用弧度表示。由于位移量一般是杆件尺寸的千分之一,甚至万分之一,故应变量是很微小的,常用 $\times 10^{-6}$ 或微应变表示。

1.8 材料力学的研究方法

材料力学研究的是外力在杆件中引起的内效应。描述内效应的参量有内力、应力和应变、变形和位移等。内力、应力是力学量,变形、位移和应变是几何量。不同的材料由于物性不同,其力学性能及抵抗变形的能力也会有差异。如何确定杆件内效应的参量,基本方法是

从静力学关系、几何关系和物理关系三个方面分析。

1. 静力学关系

杆件在静止和直线运动状态时,其载荷、约束力和内力之间,必然满足静力学关系。它包含两种情况:

(1)若杆件在外力作用下处于平衡状态,则无论是整体还是从中任意取出的任一部分,甚至是从中取出的一个单元体,都必然满足**静力平衡方程**。简言之:整体若平衡,局部亦平衡。

(2)任一截面上,连续分布的内力系和截面的主矢主矩(内力)之间,必然满足**力系的简化关系**。

对于静定结构,根据静力平衡方程可以确定杆件的约束反力和横截面上的内力,但不一定能确定截面上的应力。因为,应力的量纲与力的量纲不同,应力之间、应力与力之间没有平衡关系,不能列静力平衡方程,必须是乘以其所作用的面积,使量纲与力的量纲一致才行;若应力的分布规律已知,则可通过静力学关系确定截面上的应力;若应力的分布规律未知,则无法建立静力学关系,无法确定截面上的应力。

对于超静定结构,未知力的数目超过平衡方程数,未知力无法确定。

所以很多情况下仅靠静力学关系不能确定杆件的约束反力、内力或应力,必须要研究杆件的变形规律以得到补充方程或应力的分布规律。

2. 几何关系

杆件和结构在载荷作用下会产生变形和位移,在没有失效或破坏前,它们将保持完整性和连续性。杆件或结构各部分的变形必须协调,必须满足几何相容关系,据此可建立变形协调方程,也称几何相容方程,或简称**几何方程**。该方程表述了杆件变形的规律或位移之间的关系。

3. 物理关系

就变形固体而言,其变形(或位移)与力(或其他产生变形的因素)之间具有确定的物理关系,将物理关系代入几何方程,就可得出应力的分布规律或补充方程。将其与静力学方程联立,即可解出全部未知量。

综合考虑几何、物理和静力学三方面的关系,确定杆件的约束反力、内力或应力的方法,就是材料力学分析问题的基本方法。

材料力学有时也利用能量的形式来处理内效应问题,把外力做的功与材料变形过程中所储存的应变能相联系,利用能量守恒原理得到能量方程,从而求得有关参量。采用能量方程和上述的基本分析方法,实际上是等效的。用能量方程求解,往往能简便地得到问题的解或近似解,此方法称**能量法**。

复习思考题

1.1 材料力学对变形固体作了哪些假设?对材料力学研究问题起到了什么作用?

1.2 材料力学的任务是什么?举工程实例、生活实例说明强度、刚度和稳定性。

1.3 举例说明杆件的基本变形及其变形特征。

1.4　有位移是否一定有应变？有应变是否一定有位移？

1.5　杆件的几何特征是什么？指出杆件轴线与横截面的相互关系。

1.6　常见的载荷有几种？典型的支座有几种？相应的支反力是什么？

1.7　区分下列概念：

(1)大变形和小变形；　　　　　　(2)杆件的内力和应力；

(3)各向同性和各向异性；　　　　(4)均匀性和非均匀性；

(5)集中力和分布力；　　　　　　(6)杆、板、壳；

(7)静载荷和动载荷；　　　　　　(8)位移和应变。

1.8　举例说明什么情况下有位移就有变形？什么情况下有位移不一定有变形？

1.9　有变形一定有应变，没有变形就没有应变，这个结论对吗？

习　题

1.1　题1.1图中三角形薄板因受外力作用而变形，角点 B 垂直向上的位移为0.03 mm，但 AB 和 BC 仍保持为直线。试求沿 OB 的平均应变，并求 AB 和 BC 两边在 B 点的角度改变量。

1.2　题1.2图中圆形薄板的半径为 R，变形后 R 的增量为 ΔR。若 $R=80$ mm，$\Delta R=3\times 10^{-3}$ mm，试求沿半径方向和外圆周方向的平均应变。

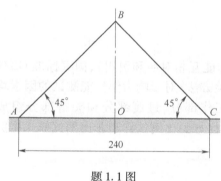

题1.1图

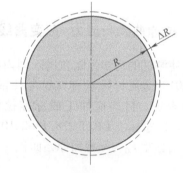

题1.2图

第2章 材料的力学性能

材料在外力作用下表现出的变形和破坏等方面的特征,称为材料的**力学性能**(亦称**机械性能**)。主要是指材料的宏观性能,如弹性性能、塑性性能、强度、硬度和韧性等。其中弹性性能、塑性性能和强度,通常都是根据国家标准试验方法(简称国标),对不同材料制成的标准试样,在材料试验机上分别进行拉伸、压缩和扭转试验而测到的。

对于常用的金属材料,一般选用铸铁和低碳钢作为代表,其破坏形式可归纳为**脆性断裂**和**塑性屈服**。以铸铁为代表的一类材料,破坏前变形量很小,无任何征兆就突然断裂,通常称为**脆性材料**;以低碳钢为代表的一类材料,破坏前有明显的变形量,通常称为**塑性材料**。

根据试验得到的一系列力学性能指标对材料力学的分析计算、工程设计、材料选用和新材料开发,以及建立失效准则都有重要的作用。下面分别叙述拉伸试验、压缩试验和扭转试验及材料的力学性能。

2.1 低碳钢的拉伸力学性能

2.1.1 拉伸曲线与应力-应变曲线

为了使测试的力学性能在国际国内都能通用(即能互相对照和引用),国家标准 GB/T 228.1—2010《金属材料 拉伸试验 第1部分:室温试验方法》对影响力学性能测试的因素均作了统一规定。材料应加工成标准拉伸试样,由工作部分、过渡部分和夹持部分组成(图2.1)。国家标准 GB/T 228.1—2010 规定拉伸试样分为比例试样和非比例试样。比例试样的原始标矩 L_0 与横截面原始面积 A_0 应满足

$$L_0 = k \sqrt{A_0}$$

当 k 取值 5.56 时称为短试样,k 取值 11.3 时称为长试样。国际上一般使用的比例系数 k 的值为 5.56,且原始标矩 L_0 应不小于 15 mm。

对于圆形横截面试样:$L_0 = 5\ d_0$(短试样)和 $L_0 = 10\ d_0$(长试样)。

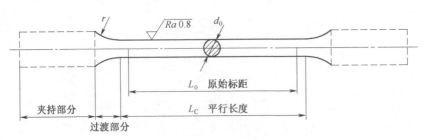

图2.1 标准拉伸试样

将试样装夹在试验机的夹头上进行常温静态力拉伸试验[图 2.2(a)]，通过传感器可把试样所受的拉力 F 和试样伸长量 Δl 实时地绘出一条 $F - \Delta l$ 曲线，称为**拉伸曲线**[图 2.2(b)]。该曲线可分为四个阶段：

（a）电子万能试验机

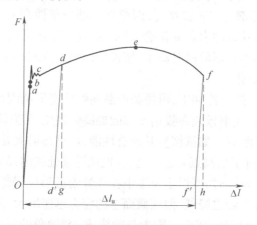

（b）低碳钢的拉伸曲线

低碳钢拉伸

低碳钢拉伸滑移线

图 2.2　拉伸试验

（1）弹性阶段：在这个阶段，试样受力 F 作用后，在规定的标距 L_0 上产生伸长变形 Δl，但当力卸去后变形全部消失，曲线回到 O 点。这种当作用力除去后能全消失的变形，称为**弹性变形**。

在 oa 段，F 与 Δl 成比例关系，Oa 为直线，此时弹性变形与作用力之间服从线性规律，称为**线弹性变形**；此阶段为**线弹性变形阶段**，这时，材料是线弹性的。

在 ab 段，F 与 Δl 不再成比例关系，ab 为一小段曲线，但变形仍是弹性变形，仍为弹性变形阶段。

由于 a、b 两点非常接近，一般工程上并不严格区分。

当拉力 F 超过 b 点后卸载，试样的一部分变形随之消失，这是弹性变形；还有一部分变形不能消失而残留在试样上，故称之为**塑性变形**或**残余变形**。所以，过了弹性阶段，试样的变形包含弹性变形和塑性变形两部分。

（2）屈服阶段：过了弹性阶段，随着力的增大，突然间材料似乎暂时失去了抵抗变形的能力，力先是突然下降，然后在小范围内上下波动，而试样的伸长变形却显著增加，这一现象称为**屈服**。在屈服阶段，由于排除初始瞬时效应后的最低点 c 较为稳定，该点称为**下屈服点**。

若试样表面经过抛光，会发现此时试样表面有与轴线大致成 45° 夹角的条纹（图 2.3），这是由于其内部晶格沿最大切应力面发生相对滑移而形成的，这些条纹称为**滑移线**。

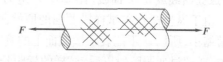

图 2.3　滑移线

由于在屈服阶段会产生明显的塑性变形，这将影响构件的正常工作，工程上将这个现象称为屈服失效。

（3）强化阶段：屈服阶段以后，材料又恢复了抵抗变形的能力，要使试样继续变形必须增加载荷,这种现象称为材料的**强化**。此时,力与变形之间已不成正比,具有非线性的变形特征。

若在强化阶段的某一 d 点将载荷卸掉,曲线会沿着与原弹性阶段相平行的斜直线 dd' 回到 d' 点,说明弹性变形部分 $d'g$ 被恢复,而留有一部分塑性变形 od'。若重新加载,曲线仍会沿着卸载线上升,与开始卸力点 d 汇合,然后继续上升直至载荷最大的 e 点。这说明,材料经卸载再加载后,弹性变形阶段升高了,塑性变形的范围缩小了,由 Of' 降低至 $d'f'$,这一现象称为材料的**冷作硬化**。

工程上利用这一特点进行冷加工,可提高产品在弹性变形范围所受的力,但降低了抵抗塑性变形的能力。例如冷轧钢板或冷拔钢丝都能提高弹性变形范围,改善其强度,但由于降低了塑性,故易发生脆性断裂。如欲恢复其原有性能,可进行退火处理。

(4)局部变形阶段:过了最高点 e 之后,会发现试样某处横向尺寸急剧缩小,该处表面温度升高,形成**颈缩现象**。颈缩时,变形主要集中在该处附近形成局部变形(图2.4)。由于受力面积迅速减少,虽然外力随之降低,但该截面上的应力迅速增大,最后在颈缩处被拉断。

低碳钢试样的断口呈杯状,四周一圈为与轴线成 45° 倾角的斜截面(图2.5),该截面上切应力最大,表明周边是剪切破坏。中心部分呈粗糙平面,这是因为颈缩变形使得中心部分为三向拉伸状态,这个区域是拉伸断裂。一般情况,断口中心的粗糙平面越小,材料的塑性越好。

图2.4　颈缩现象　　　　　　　　　图2.5　低碳钢拉伸破坏的断口

拉伸曲线与试样的几何尺寸有关,为了消除试样几何尺寸的影响,将拉力 F 除以横截面的原始面积 A_0,为应力 $\sigma = \dfrac{F}{A_0}$;将伸长量 Δl 除以试样的原始标矩 L_0,为应变 $\varepsilon = \dfrac{\Delta l}{L_0}$;得出**应力-应变曲线或 σ-ε 曲线**(图2.6)。应力-应变曲线是确定材料力学性能的主要依据。

由于纵坐标 σ 与试样横截面的原始面积有关,而试样在超过屈服阶段以后,横截面面积显著缩小,所以 σ 不能表示横截面上的真实应力,是名义应力;横坐标 ε 与试样的原始标距有关,在超过屈服阶段以后,试样的标距长度显著增加,ε 也不能表示试样的真实应变,为名义应变;因此,实际上 σ-ε 曲线不是材料真实的应力-应变曲线,是名义应力-应变曲线。材料真实的应力-应变曲线如图2.7所示,反映出试样横截面上的应力实际上是一直在增加的,直至试样断裂。

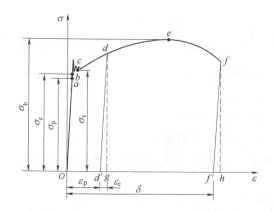

图 2.6　低碳钢的应力-应变曲线

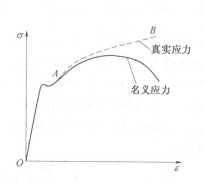

图 2.7　真实应力-应变曲线

2.1.2　材料的力学性能

根据 σ-ε 曲线(图 2.6)可以得到材料的一系列力学性能。

1. 强度指标

a 点是线弹性阶段的最高点,a 点的应力 σ_p,称为**比例极限**。

b 点是弹性阶段的最高点,b 点的应力 σ_e,称为**弹性极限**。

c 点是下屈服点数值稳定,c 点的应力 σ_s,称为**屈服极限**。

e 点是载荷最大点,e 点的应力 σ_b,称为**强度极限**或**抗拉强度**。

2. 弹性模量

在线弹性阶段曲线呈斜直线,应力 σ 和应变 ε 成正比,即

$$\sigma = E\varepsilon \tag{2.1}$$

这就是单向受力时的**胡克定律**,比例常数 E 与材料有关,称为材料的**弹性模量**。E 的量纲与 σ 的量纲相同,常用的单位是 GPa。

3. 泊松比

当试样沿其轴向产生伸长变形(用纵向应变 ε 表示)时,横向要缩短(用横向应变 ε' 表示)。将横向应变 ε' 与纵向应变 ε 的比值的绝对值,称为材料的**泊松比**,用 μ 表示为

$$\mu = \left| \frac{\varepsilon'}{\varepsilon} \right| \tag{2.2}$$

由于横向应变 ε' 与纵向应变 ε 的符号通常是相反的,所以 ε' 和 ε 的关系可表为

$$\varepsilon' = -\mu\varepsilon \tag{2.3}$$

μ 值随材料不同而异,一般在 $0 \leqslant \mu \leqslant 0.5$ 之间。材料硬度较小,μ 值较大;材料硬度较大,μ 值较小,μ 是量纲为一的量。

4. 断后伸长率与断面收缩率

试样拉断后,测出试样的标距长度 L_u,显然它只代表试样的塑性伸长,试样的原始标距长为 L_0,则材料拉断后的伸长量为

$$\Delta l = L_u - L_0$$

Δl 与原始标距 L_0 之比,称为材料的**断后伸长率**:

$$\delta = \frac{\Delta l}{L_0} \times 100\% = \frac{L_u - L_0}{L_0} \times 100\% \qquad (2.4)$$

断后伸长率是衡量材料塑性的指标,其数值越大,塑性性能越好。

工程上通常按断后伸长率的大小将材料分成两大类:

(1) $\delta > 5\%$ 的材料称为塑性材料,如碳钢、黄铜、铝合金等;

(2) $\delta < 5\%$ 的材料称为脆性材料,如铸铁、陶瓷、玻璃、石料等。

在试样拉断时,其颈缩处的横截面面积也由原来的 A_0 缩减为 A_u,两者之差与原面积 A_0 的相对比值为

$$\psi = \frac{\Delta A}{A_0} \times 100\% = \frac{A_0 - A_u}{A_0} \times 100\% \qquad (2.5)$$

称为材料的**断面收缩率**,也是材料的塑性指标。

断后伸长率和断面收缩率表示了材料抵抗塑性变形的能力,都是量纲为一的量。

5. 弹性应变与塑性应变

弹性变形产生的应变为 ε_e,称**弹性应变**;塑性变形或残余变形产生的应变为 ε_p,称**塑性应变**。一点处(图 2.6 的 d 点处)的总应变为

$$\varepsilon = \varepsilon_e + \varepsilon_p \qquad (2.6)$$

2.2 其他塑性材料拉伸时的力学性能

工程上常用的塑性材料,除低碳钢外,还有中碳钢、某些高碳钢、合金钢、铝合金、青铜和黄铜等。它们拉伸的应力—应变曲线的特点如下:

(1)不一定存在明显的弹性阶段、屈服阶段、强化阶段和局部变形阶段四个阶段,一般只有其中的部分阶段。由图 2.8(a)可见,除低碳钢外,其他塑性材料都没有明显的屈服平台阶段。

(2)在各类碳钢中,通常碳量愈高者,其屈服点和抗拉强度等强度指标也愈高,但其伸长率等塑性指标将降低。例如合金钢、工具钢、弹簧钢等高强度钢,就是屈服点较高而塑性性质较差。

一般而言,对于有明显屈服平台的塑性材料,规定下屈服点处的应力为屈服极限 σ_s,对于无明显屈服平台的塑性材料,通常将卸载后残留某一规定的应变时的应力作为强度计算的依据,一般是残余应变(塑性应变)为 $\varepsilon_p = 0.2\%$ 时的应力,称**条件屈服极限**或**名义屈服极限**,记为 $\sigma_{0.2}$ [图 2.8(b)]。

在各类碳钢中,通常含碳量愈高者,其屈服点和强度极限等强度指标也愈高,但其断后伸长率等塑性指标将降低。例如合金钢、工具钢、弹簧钢等高强度钢,就是屈服点较高而塑性性质较差。

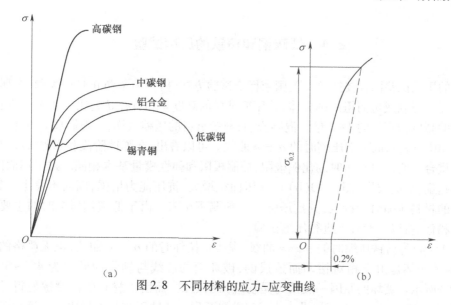

图 2.8　不同材料的应力-应变曲线

2.3　铸铁拉伸时的力学性能力

铸铁拉伸时的应力-应变是一段曲线,如图 2.9(a)所示,没有明显的直线段,也没有屈服平台和颈缩现象,拉断前的变形(应变)很小,断后的伸长率也很小,是典型的脆性材料。

虽然铸铁的应力-应变曲线没有明显的直线段,仍可近似认为,在低应力段服从胡克定律,其弹性模量常用应力-应变曲线初始弹性范围内的弦线斜率或切线斜率来表示,分别称为**弦线模量**或**切线模量**,如图 2.9(a)所示。

铸铁拉伸时无屈服阶段和颈缩现象,抗拉强度 σ_b 是衡量其强度的唯一强度指标。由于铸铁等脆性材料的抗拉强度较低,一般不宜作为抗拉构件。

铸铁是脆性材料,拉伸破坏的断口沿横截面方向与试样的轴线垂直,断面平齐[图 2.9(b)],是典型的脆性拉伸破坏。

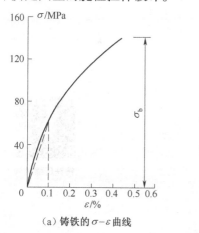

（a）铸铁的 σ-ε 曲线

（b）铸铁拉伸破坏及断口

铸铁拉伸

图 2.9　铸铁拉伸

2.4 低碳钢和铸铁的压缩试验

材料的压缩试验同样要按照有关国家标准试验方法进行,为了防止受压失稳,金属材料的压缩试样一般制成短而粗的圆柱体,长压缩试样的高度 h 和直径 d 之比为 2.3~3.5 倍,短压缩试样的高度为直径的 1~2 倍。混凝土、石料等材料的压缩试样,一般制成立方体。

图 2.10(a)表示低碳钢压缩时的 $\sigma - \varepsilon$ 曲线。可以看出,在弹性阶段和屈服阶段,拉、压时的曲线重合。所以,拉、压时的比例极限、屈服极限和弹性模量基本相同。过了屈服阶段,试样越压越扁,变成鼓形[图 2.10(b)],受压面积增大、抗压能力增强,因而不发生断裂,这是塑性好的材料压缩时的特点,其抗压强度一般测不出来。由于低碳钢压缩时的主要性能与拉伸时相似,所以一般可不进行压缩试验。

图 2.11(a)为铸铁压缩时的 $\sigma - \varepsilon$ 曲线,虚线是拉伸时的 $\sigma - \varepsilon$ 曲线,也无严格的直线段,压缩时的破坏是由于相对错动而造成的,破坏面的法线与轴线的倾角为 45°~55°,如图 2.11(b)所示。破坏的原因一般认为是切应力引起的,而由于材料的内摩擦使得最大切应力面偏离了 45°方向,所以试样沿 45°~55°方向开裂。铸铁压缩强度极限 σ_{bc} 远大于拉伸强度极限 σ_b,为 3~4 倍。因此,常利用铸铁这一受力特点制造承压构件。

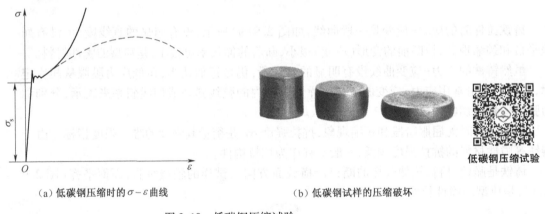

(a)低碳钢压缩时的 $\sigma - \varepsilon$ 曲线　　　　(b)低碳钢试样的压缩破坏

低碳钢压缩试验

图 2.10　低碳钢压缩试验

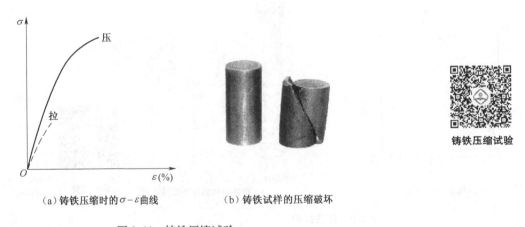

(a)铸铁压缩时的 $\sigma - \varepsilon$ 曲线　　　　(b)铸铁试样的压缩破坏

铸铁压缩试验

图 2.11　铸铁压缩试验

综上所述得到结论：

（1）铸铁抗压不抗拉，低碳钢抗拉能力和抗压能力相近；

（2）铸铁压缩时切应力引起破坏失效，低碳钢拉伸时切应力引起屈服失效。

*2.5　低碳钢和铸铁的扭转试验

材料的扭转试验是在扭转试验机上（图 2.12），按照国标 GB/T 10128—2007《金属材料室温扭转试验方法》进行。从而得到的扭矩 T 与扭转角 φ 之间的关系曲线，称为**扭转曲线**或 $T-\varphi$ **曲线**。消除试样尺寸的影响后，可得扭转时的应力应变曲线，即 $\tau-\gamma$ 曲线。不同材料的扭转曲线表述了不同的力学性能。

低碳钢扭转试验

图 2.12　扭转试验机

1. 低碳钢扭转试验

低碳钢的扭转曲线（图 2.13）与其拉伸曲线有些地方相似，有弹性阶段、屈服阶段和强化阶段。

曲线的起始阶段 Oa 呈现为直线，表明此阶段为线弹性阶段，切应力 τ 与切应变 γ 成正比，即

$$\tau = G\gamma \tag{2.7}$$

式（2.7）为**剪切胡克定律**。式中的比例常数 G 与材料有关，称为材料的**剪切弹性模量**或**切变模量**。在线弹性阶段，横截面上的切应力沿半径呈线性分布。a 点处的切应力称为**比例极限 τ_p**。

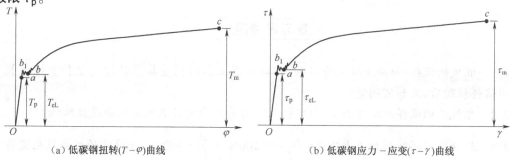

（a）低碳钢扭转（$T-\varphi$）曲线　　　　（b）低碳钢应力-应变（$\tau-\gamma$）曲线

图 2.13　低碳钢扭转

过 a 点后,材料逐渐开始进入屈服阶段,此刻试样横截面的周边开始屈服,周边的切应力达到扭转屈服极限,但横截面内部其余部分仍为弹性的。随后塑性区逐渐向圆心扩展,在横截面上出现了一个环形塑性区。塑性区渐渐地向圆心扩展到几乎整个截面,横截面上各点的切应力均达到扭转屈服极限(圆心附件除外)。试样完全屈服,全面进入塑性。屈服阶段中,曲线首次下降前的最大扭矩为上屈服扭矩 T_{eH},除首次下降后的最小扭矩(b 点的扭矩)为下屈服扭矩 T_{eL},b 点的切应力为下屈服强度 τ_{eL},通常也称为**屈服极限 τ_s**。

此后材料全部进入强化阶段,变形非常显著,试样圆周面上的纵向线变成螺旋线。但试样横截面仍保持圆形,大小和平行长度的尺寸几乎不变,没有颈缩形象。当达到曲线最高点 c 时试件被扭断,c 点的最大扭矩为 T_m,相应的最大切应力为抗扭强度 τ_m。

低碳钢扭转破坏的断口在试样的横截面上(图 2.14),这是因为横截面上切应力最大造成的。由此可知,塑性材料的扭转破坏是被剪坏的。

图 2.14　低碳钢扭转破坏断口

2. 铸铁扭转试验

铸铁扭转的 $T-\varphi$ 曲线(图 2.15)与它的拉伸试验有些相似,弹性阶段的直线段不明显,没有屈服阶段,断裂时的扭转角很小,塑性变形也很小。曲线的最高点的最大扭矩为 T_m,相应的最大切应力为抗扭强度 τ_m。

铸铁断裂时断口是与试样轴线约成 45° 倾角的螺旋面(图 2.16),其原因是 45° 斜截面上的拉应力最大。因而得出,脆性材料的扭转断裂是被拉坏的。

铸铁扭转试验

图 2.15　铸铁扭转曲线图　　　　图 2.16　铸铁低碳钢扭转破坏断口

复习思考题

2.1　低碳钢试样,拉伸至强化阶段时,在拉伸图上如何测量其弹性伸长量和塑性伸长量? 当试样拉断后,又如何测量?

2.2　在低碳钢试样的拉伸图上,试样被拉断时的应力为什么反而比强度极限低?

2.3　拉伸试样的断后伸长率为 $\delta = \dfrac{l_1 - l}{l} \times 100\% = \dfrac{\Delta l}{l} \times 100\%$,而试样的纵向线应变为

$\varepsilon = \dfrac{\Delta l}{l} = \dfrac{\Delta l}{l} \times 100\%$。可见,两者的表达式相同,试问能否得出结论:试样的断后伸长率等于其纵向线应变。

2.4 试样上颈缩的位置与什么因素有关,在 $\sigma - \varepsilon$ 曲线上颈缩现象是从哪个位置开始?

2.5 试比较低碳钢和铸铁在拉伸、压缩和扭转时的破坏现象及原因。

2.6 分析复习思考题 2.6 图所示钢筋混凝土梁中的钢筋主要承受什么力,梁将如何变形? 分析哪种钢筋放置的位置正确,后果如何?

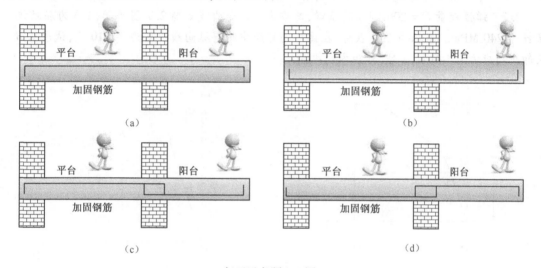

复习思考题 2.6 图

习 题

2.1 题 2.1 图为硬铝拉伸试样,$h = 2\ \text{mm}$,$b = 20\ \text{mm}$。试验段长度 $l_0 = 70\ \text{mm}$。在轴向拉力 $F_P = 6\ \text{kN}$ 作用下,测得试验段伸长 $\Delta l_0 = 0.15\ \text{mm}$,板宽缩短 $\Delta b = 0.014\ \text{mm}$。试计算硬铝的弹性模量 E 和泊松比 μ。

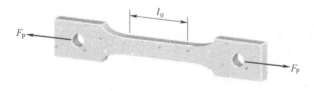

题 2.1 图

2.2 一拉伸试样,试验前直径 $d = 10\ \text{mm}$,长度 $l = 50\ \text{mm}$,断裂后颈缩处直径 $d_1 = 6.2\ \text{mm}$,长度 $l_1 = 58.3\ \text{mm}$。试求材料的伸长率和断面收缩率 ψ。

2.3 圆截面拉伸试样,测得标距段内的最小横截面直径 $d = 9.95\ \text{mm}$,屈服载荷 $F_S = 22.5\ \text{kN}$,最大载荷 $F_b = 32.2\ \text{kN}$,试求该材料的 σ_s,σ_b。

2.4 直径为 10.00 mm 的圆截面钢试样做拉伸试验,标距原长 50.00 mm,测得断后标距长度为 63.50 mm,颈缩处最小直径为 6.55 mm,试求该材料的伸长率 δ 与断面收缩率 ψ。

2.5 一钢试样,$E = 200 \text{ GPa}$,比例极限 $\sigma_p = 200 \text{ MPa}$,直径 $d = 10 \text{ mm}$,在标距 $l = 100 \text{ mm}$ 长度上测得伸长量 $\Delta l = 0.05 \text{ mm}$。试求该试件沿轴线方向的线应变 ε,所受拉力 F,横截面上的应力 σ。

2.6 如题 2.6 图所示,对某金属材料进行拉伸试验时,测得其弹性模量 $E = 200 \text{ GPa}$,若超过屈服极限后继续加载,当试件横截面上应力 $\sigma = 200 \text{ MPa}$ 时,测得其轴向线应变 $\varepsilon = 3.5 \times 10^{-3}$,然后立即卸载至 $\sigma = 0$。计算该试件的轴向塑性线应变。

2.7 弹性模量 $E = 200 \text{ GPa}$ 的试样,其应力——应变曲线如题 2.7 图所示,A 点为屈服极限 $\sigma_s = 240 \text{ MPa}$。当拉伸至 B 点时,在试样的标距中测得纵向线应变为 3×10^{-3},试求从 B 点卸载到应力为 140 MPa 时,标距内的纵向线应变 ε。

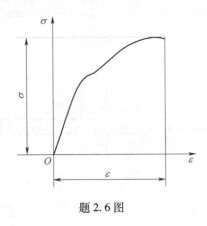

题 2.6 图

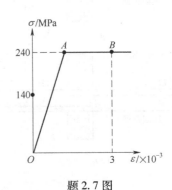

题 2.7 图

第 3 章 杆件的内力

本章首先介绍杆件内力分析的截面法,在此基础上研究杆件在各种变形下横截面上的内力分量、计算方法和沿杆轴线的变化规律。

3.1 确定内力的截面法

杆件在不同的外力作用下会发生不同的变形。要了解杆件的受力和变形,必须先研究杆件的内力。求解内力的方法通常采用截面法。

杆件在外力作用下处于平衡状态时,为了显示出杆件的内力,可假想用一个 $m-m$ 截面将平衡的杆件截成左、右两个部分[图 3.1(a)]。任取其一(左段)为研究对象,将弃去部分(右段)对保留部分(左段)的作用力,用该截面上的内力代替[图 3.1(b)],它们必与保留部分的外力保持平衡。由于杆件是连续均匀的变形固体,在 $m-m$ 截面上的内力是连续分布的,根据力系简化理论,将截面上的分布内力向其形心 C 简化得到内力主矢 F 和主矩 M[图 3.1(c)]。根据作用与反作用定律,在弃去部分(右段)的同一截面 $m-m$ 上,必有大小相等、方向相反的反作用主矢和主矩。

用截面法求内力可归纳为四个字:

(1)**截**:欲求某一截面的内力,则沿该截面将构件假想地截成两部分。

(2)**取**:取其中任意部分为研究对象,而弃去另一部分。

(3)**代**:用作用于截面上的内力,代替弃去部分对留下部分的作用力。

(4)**平**:建立平衡方程,即可求得截面上的内力。

为了便于计算,常将主矢 F 和主矩 M 沿直角坐标轴分解,一般采用直角坐标系 $Cxyz$,取 x 轴与杆件的轴线重合,y、z 轴位于横截面的切线方向[图 3.1(d)],故 $m-m$ 截面上的内力向三个坐标轴投影,得到三个内力分量和三个内力偶分量。

沿横截面轴线 x 轴的法向力 F_N,使杆件沿轴向产生**伸长**(或缩短)变形,称为**轴力**,单位是牛顿或千牛(N 或 kN)。

沿横截面 y、z 轴的切向力 F_{Sy}、F_{Sz},使杆件分别在 Cxy 面和 Cxz 面上产生**剪切**变形,称为**剪力**,单位与轴力相同。

绕杆件 x 轴的力偶 T,引起杆件横截面间的相对**转动**,称为**扭矩**,单位是牛顿·米(N·m)或千牛·米(kN·m)。

绕杆件 y、z 轴的力偶 M_y 和 M_z,使杆件产生**弯曲**变形,称之为**弯矩**,单位与扭矩相同。

下面分别研究杆件在基本变形和组合变形时的内力,以及内力沿杆件轴线的变化规律——**内力图**。

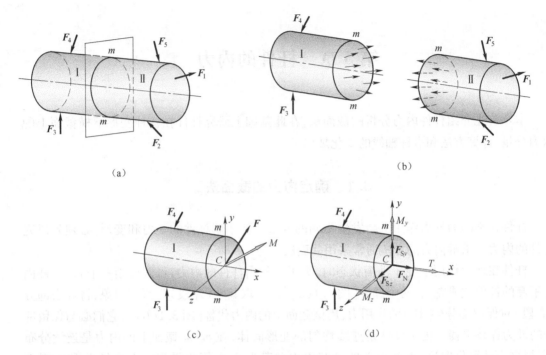

（a）

（b）

（c）

（d）

图 3.1　截面法求内力

3.2　轴向受力杆件的内力

轴向受力杆件在工程和日常生活中十分常见。如屋架的 BG、CF、CG、DG 各杆[图 3.2（a）]、钢拉杆[图 3.2（b）]、压力泵中的活塞杆[图 3.2（c）（d）]、千斤顶的支撑螺杆[图 3.2（e）（f）]，还有悬索桥[图 3.2（g）]、斜拉桥[图 3.2（h）]、网架式结构中的杆或缆索，桅杆、旗杆、活塞杆等都是轴向受力杆件。

受力特点：外力的合力作用线与杆件的轴线重合。

变形特点：杆的主要变形是轴线方向的伸长或缩短。

3.2.1　轴力的计算

图 3.3（a）是轴向受力杆件的计算简图。在一对大小相等、方向相反的力 F 作用下处于平衡。为了确定内力，设将杆的任一横截面 $m\text{-}m$ 截开，保留一段[图 3.3（b）的 Ⅰ 段]为研究对象。由截面法可知该截面上的内力为 F_{Nm}，根据该段的平衡方程式

$$\sum F_x = 0 \quad F_{Nm} - F = 0$$

得

$$F_{Nm} = F$$

如果截开 $m\text{-}m$ 截面后，以图 3.3（c）的 Ⅱ 段为研究对象，可得

$$F'_{Nm} = F$$

所以，F_{Nm} 与 F'_{Nm} 是同一横截面 $m\text{-}m$ 上的内力，引起相同的变形，它们之间是作用力与反作

用力的关系。

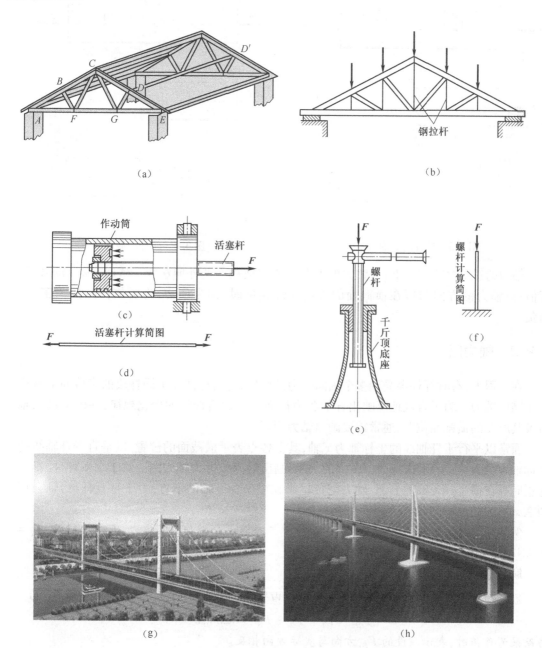

图 3.2 轴向受力构件及其计算简图

对于图 3.4 所示的压杆,由截面法同样可确定任一横截面 m-m 上的内力。

可见,轴向受力杆件,不论拉杆还是压杆,内力(F_{Nm} 与 F'_{Nm})均与杆的轴线重合,且垂直于杆的横截面,这样的内力即为**轴力**。对于任一截面,无论左段、右段,其上的轴力引起的变形是相同的,故规定均用统一的符号表示,如 F_{Ni}。

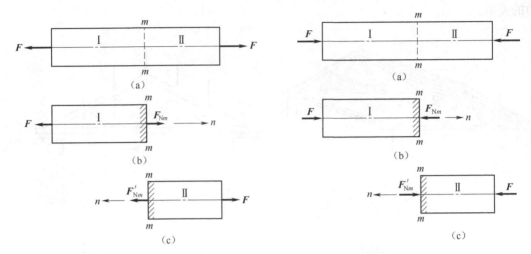

图 3.3　拉杆的截面法　　　　图 3.4　压杆的截面法

轴力的正负号规定如下:当轴力的方向与所在横截面的外向法线一致时,称为**拉力**,为正值;当轴力的方向与所在横截面的外向法线相反时,称为**压力**,为负值;即:**拉为正,压为负**。

3.2.2　轴力图

在工程上,有时杆件会受到多个轴向外力的作用,这时杆件在不同杆段的横截面上将产生不同的轴力。为了直观地反映出杆的各横截面上轴力沿杆长的变化规律,并确定最大轴力及其所在的横截面位置,通常需要画出**轴力图**。

通常以平行于杆轴线的坐标轴为 x 轴,其上各点表示横截面的位置,以垂直于杆轴线的坐标轴为轴力 F_N,表示横截面上轴力的大小,画出的图线即为轴力图。对于水平杆件,轴力为正时画在横坐标 x 轴的上侧,轴力为负时画在横坐标 x 轴的下方;对于垂直杆件,轴力可画在 x 轴的任意一侧,但需标明正负号。

例 3.1　图 3.5(a)所示等直杆,在 A、B、C 三个截面分别作用集中力,$F_1 = 20$ kN,$F_2 = 30$ kN,$F_3 = 10$ kN,试绘制杆的轴力图。

解:(1)确定约束力

假设约束力 F_{Dx} 的方向如图 3.5(b)所示,由整体平衡方程 $\sum F_x = 0$,得约束力 F_{Dx} 为

$$F_{Dx} = F_1 - F_2 - F_3 = -20 \text{ kN}$$

当结果为负值时,表示假设的 F_{Dx} 方向与实际方向相反。

(2)分段求轴力

杆件在四个集中力的作用下,内力的变化可分为三段:AB、BC、CD,见图 3.5(b)。

用截面法沿 1-1 横截面截开,取左段为研究对象。F_{N1} 的方向采用正向假设,即假设 F_{N1} 为拉力,如图 3.5(c)所示。由平衡方程 $\sum F_x = 0$,得

$$F_{N1} = F_1 = 20 \text{ kN}(拉力)$$

同理,用截面法分别沿 2-2、3-3 横截面截开,取左段为研究对象。F_{N2}、F_{N3} 的方向均采

用正向假设,如图 3.5(d)、(e)所示。则分别可得

$$F_{N2} = F_1 - F_2 = -10 \text{ kN}(压力)$$

$$F_{N3} = F_1 - F_2 - F_3 = -20 \text{ kN}(压力)$$

求 F_{N3} 时也可取右段为研究对象[图 3.5(f)],则有

$$F_{N3} = F_{Dx} = -20 \text{ kN}(压力)$$

得到的结果相同,但求解简单。

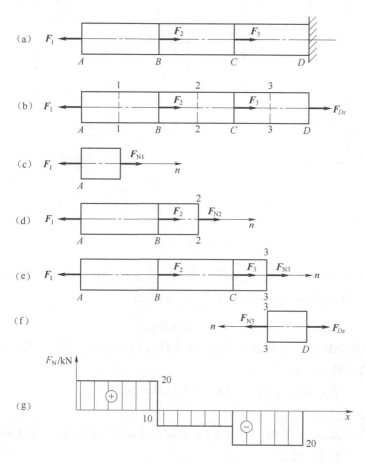

图 3.5　例 3.1 图

(3)画轴力图

以 x 轴代表杆的轴线,将轴力的正值画在上侧,负值画在下侧,得轴力图[图 3.5(g)]。最大轴力为 $|F_{Nmax}| = 20 \text{ kN}$。

从轴力图可以看出:在没有集中力作用的杆段,轴力图为水平直线;在集中力作用的截面上,轴力图发生了突变,突变的值即为集中力的数值。

例 3.2　如图 3.6(a)所示阶梯杆件,在 A、C 截面分别有集中力作用,已知 $F_1 = 10 \text{ kN}$,$F_2 = 30 \text{ kN}$,作杆的轴力图。

解:(1)分段求轴力

杆件虽然在 AB、BC、CD 三段上尺寸不相同,但在两个集中力 F_1、F_2 作用下,由平衡关系

可知,AB 段和 BC 段的内力相同,所以杆的内力变化仅为两段:AC、CD,如图 3.6(a)所示。

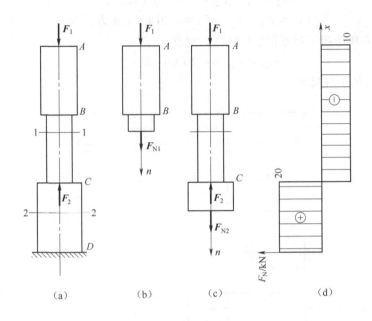

(a)   (b)   (c)   (d)

图 3.6 例 3.2 图

用截面法沿 1—1 横截面截开,取上段为研究对象。F_{N1} 的方向采用正向假设,即假设 F_{N1} 为拉力,如图 3.6(b)所示。由平衡方程 $\sum F_x = 0$,得

$$F_{N1} = -F_1 = -10 \text{ kN (压力)}$$

同理,用截面法分别沿 2—2 横截面截开,取上段为研究对象。F_{N2} 亦采用正向假设,如图 3.6(c)所示,则可得

$$F_{N2} = F_2 - F_1 = 30 \text{ kN} - 10 \text{ kN} = 20 \text{ kN (拉力)}$$

(2)作轴力图

取 x 轴的方向向上,如图 3.6(c)所示,F_N 以向左为正,作轴力图,如图 3.6(d)所示。

从作轴力图的过程可以看出:

①当 x 轴垂直向上时,F_N 轴的方向可以任取,但轴力为正时须标在 F_N 轴的正向;

②杆件内力的大小和截面的形状无关。

注意:求内力时,外力不能沿作用线随意移动。因为材料力学中研究的对象是变形体,不是刚体,力的可传性原理的应用是有条件的。对于变形体,外力的作用位置不同,内力的分布也不同。

3.3 受扭杆件(轴)的内力

工程构件中,尤其是各种机械的传动轴,受力后主要发生扭转变形。例如发电机轴[图 3.7(a)]、汽车方向盘轴[图 3.7(b)]、螺丝刀[图 3.7(c)]、直升机桨叶的传动轴

［图 3.7(d)］和汽车的传动轴［图 3.7(e)］等等都是受扭杆件的实例,工程上习惯将主要承受扭转变形的杆件称为**轴**。

受力特点:在杆件两端垂直于杆轴线的平面内作用一对大小相等、方向相反的外力偶 M_e。

变形特点:横截面绕轴线发生相对转动,出现扭转变形。

若杆件横截面上只存在扭矩 T,则这种受力形式称为纯扭转。

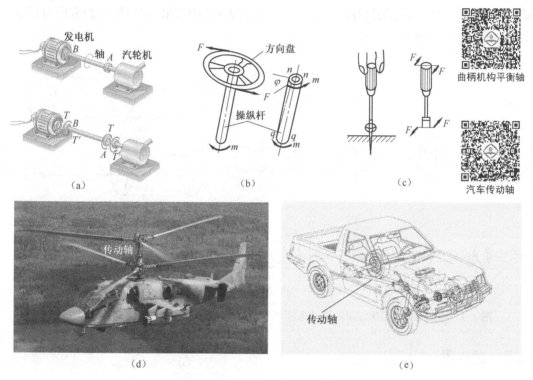

曲柄机构平衡轴

汽车传动轴

图 3.7　扭转构件及其内力计算简图

3.3.1　外力偶矩的计算

如图 3.8 所示的传动机构,通常外力偶矩 M_e 不是直接给出的,往往通过轴的转速 n(转数/分钟,r/min)和传递功率 P(千瓦,kW)换算得到

$$M_e = 9.549 \frac{P}{n} \text{ (kN · m)} \quad (3.1)$$

3.3.2　扭矩的计算

求扭转杆件的内力扭矩,同样采用截面法。

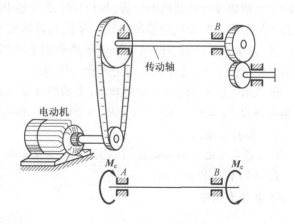

图 3.8　传动机构

扭矩的正负号规定为:按右手螺旋法则,T 矢量离开截面为正,指向截面为负。或矢量与横截面外法线方向一致为正,反之为负,如图 3.9 所示。

以图 3.10(a)所示圆轴为例,假想将圆轴沿 $n-n$ 截面分成两部分,并取部分 Ⅰ 作为研究对象[图 3.10(b)]。由部分 Ⅰ 的平衡方程 $\sum M_x = 0$,求出该截面的扭矩为

$$T = M_e$$

扭矩 T 是 Ⅰ、Ⅱ 两部分在 $n-n$ 截面上相互作用的分布内力系的合力偶矩。如果取部分 Ⅱ 作为研究对象[图 3.10(c)],仍然可以求得 $n-n$ 截面上 $T = M$ 的结果,但扭矩 T 的方向与用部分 Ⅰ 求出的扭矩方向相反。

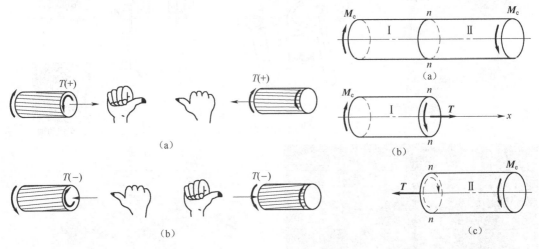

图 3.9　右手螺旋法则确定扭矩的正负号　　　　图 3.10　截面法计算扭矩

3.3.3　扭矩图

若轴上受多个外力偶作用时,为了表示各横截面上的扭矩沿杆长的变化规律,并求出杆内的最大扭矩及所在截面的位置,与拉伸压缩问题中绘轴力图一样,也可用图线来表示各横截面上扭矩沿轴线变化的情况。取一基线与杆轴线平行为坐标横轴,其上各点表示横截面的位置,以垂直于杆轴线的纵坐标表示横截面上的扭矩,正值画在横坐标轴的上方,负值画在横坐标轴的下方,这样画出的图线称为扭矩图。

例 3.3　图 3.11(a)所示传动轴,主动轮 A 输入功率 $P_A = 500 \text{ kW}$,从动轮 B、C、D 输出功率分别为 $P_B = P_C = 150 \text{ kW}$,$P_D = 200 \text{ kW}$,轴的转速为 $n = 300 \text{ r/min}$。试求:

(1)轴的扭矩图;

(2)若主动轮 A 与从动轮 D 位置互换,结果如何。

解:(1)作轴的扭矩图

①求外力偶矩。

$$M_{eA} = 9.549 \frac{P_A}{n} = \left(9.549 \times \frac{500 \text{ kW}}{300 \text{ r/min}} \right) = 15.9 \text{ kN} \cdot \text{m}$$

$$M_{eB} = M_{eC} = 9.549 \frac{P_B}{n} = \left(9.549 \times \frac{150 \text{ kW}}{300 \text{ r/min}} \right) = 4.78 \text{ kN} \cdot \text{m}$$

$$M_{eD} = 9.549 \frac{P_D}{n} = \left(9.549 \times \frac{200 \text{ kW}}{300 \text{ r/min}} \right) = 6.37 \text{ kN} \cdot \text{m}$$

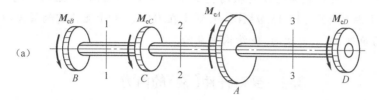

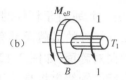

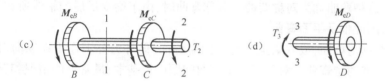

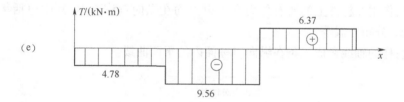

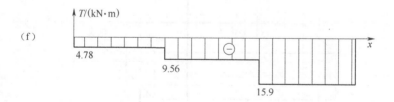

图 3.11　例 3.3 图

②求各段扭矩。

轴 BD 在四个集中力偶作用下,内力的变化可分为三段:BC、CA、AD,如图 3.11(a)所示。

采用截面法,并分别取图 3.11(b)(c)(d)所示杆段为研究对象。由平衡方程,可求得 1—1、2—2 和 3—3 截面的扭矩分别为

$$T_1 = -M_{eB} = -4.78 \text{ kN} \cdot \text{m}$$

$$T_2 = -M_{eB} - M_{eC} = -9.56 \text{ kN} \cdot \text{m}$$

$$T_3 = M_{eD} = 6.37 \text{ kN} \cdot \text{m}$$

③作扭矩图。

取 x 轴为横轴平行于传动轴 BD 的轴线,方向向左;扭矩 T 为纵轴,以向上为坐标正向。扭矩为正时标在 x 轴上方,扭矩为负时标在 x 轴下方,作扭矩图如图 3.11(e) 所示。由图可见,该杆的最大扭矩发生在 AC 段,其值为 $|T|_{max} = 9.56 \text{ kN} \cdot \text{m}$。

(2)对上述传动轴,若将主动轮 A 与从动轮 D 位置互换,则轴的扭矩图如图 3.11(f) 所示。这时,轴的最大扭矩 $|T_{max}| = 15.9 \text{ kN} \cdot \text{m}$,发生在 DA 段,大于互换前的最大扭矩。显然这种互换从受力的角度,是不合理的,使结构更危险。

3.4 受弯杆件(梁)的内力

当作用于杆件上的外力都位于同一平面内,且力的作用方向均垂直于杆件的轴线,这样的力称为**横向力**。在工程上常用的各种受弯杆件中,绝大部分杆件的横截面都有一根对称轴,因而整个杆件就有一个由横截面对称轴和轴线构成的**纵向对称面**,如图 3.12 所示。当杆件上的所有外力都作用在纵向对称面内时,杆件弯曲变形后的轴线也将是位于这个对称面内的一条曲线,这种弯曲称为**对称弯曲**。对称弯曲时,由于梁变形后的轴线所在平面与外力所在平面重合,因此也是**平面弯曲**。

若梁不具有纵向对称面,或者梁虽然有纵向对称面,但外力并不作用在纵向对称面内,这种弯曲则统称为**非对称弯曲**。对称弯曲是弯曲问题中最基本、最常见的情况,其受力和变形特点如下。

受力特点:作用在杆件上的所有外力和约束力均在纵向对称面内,其中包括集中力、分布力、集中力偶、分布力偶等。

变形特点:杆的轴线弯成一条在纵向对称面内的平面曲线。

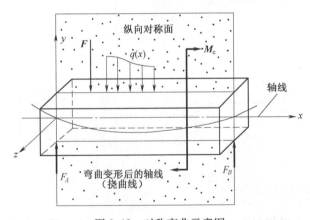

图 3.12 对称弯曲示意图

以弯曲为主要变形的杆件称为梁。它是工程中最主要的一种受力杆件。桥式起重机的行车大梁[图 3.13(a)]、火车轮轴[图 3.13(b)]、挡水墙的木桩[图 3.13(c)]、工地上小车推过跳板时的板[图 3.13(d)]等,均以弯曲变形为主,因此都可以简化为梁。

在载荷作用下,约束力和内力都可通过静力平衡方程求解的梁,称为**静定梁**。工程中常见有三种基本形式的静定梁。

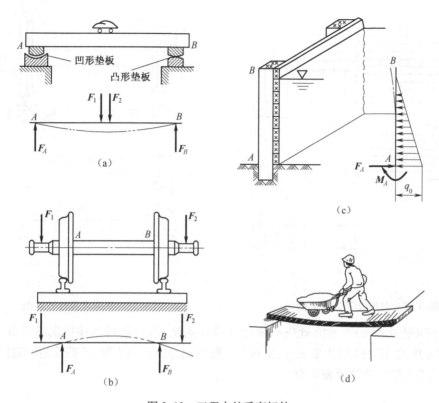

图 3.13　工程中的受弯杆件

1. 简支梁

一端为固定铰支座,另一端为活动铰支座的梁,称为简支梁。桥板或跳板[图 3.13(a)
(d)]、桥式起重机的行车大梁[图 3.14(a)(b)]等均可简化为简支梁。

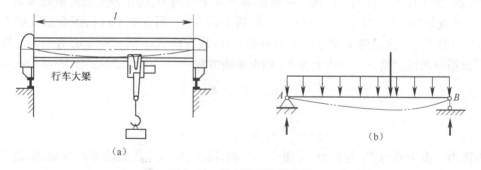

图 3.14　简支梁及计算简图

2. 悬臂梁

一端为固定端,另一端为自由的梁,称为悬臂梁。房屋的阳台[图 3.15(a)(b)]、挡水墙
的木桩[图 3.13(c)]等均可简化为悬臂梁。与地基或墙体嵌固的一端可视为固定端。

3. 外伸梁

火车轮轴、双杠等可简化为外伸梁,如图 3.16(a)(b)所示。火车轮轴的支承约束与行
车大梁的轨道约束是相同的,但轮轴外伸在约束支座的外侧。

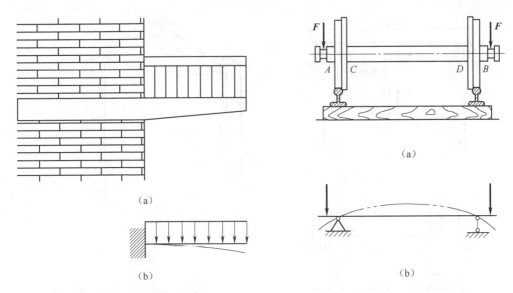

图 3.15　悬臂梁及计算简图　　　　图 3.16　外伸梁及计算简图

在实际问题中,梁的支承究竟应当简化为哪种支座,需要根据具体情况进行分析。例如:房屋屋架中的 AE 杆[图 3.2(a)],工程上一般简化为两端简支梁,不简化为两端固支梁,简化为两端简支梁计算结果偏安全。

3.4.1　剪力和弯矩

下面以图 3.17(a)所示简支梁为例,说明用截面法确定梁内力的方法。

设简支梁承受集中力 F[图 3.17(a)],已求得约束力分别为 F_A 和 F_B。取 A 点为坐标轴 x 的原点,为了计算坐标为 x 的任一横截面 $m-m$ 上的内力,应用截面法沿横截面 $m-m$ 假想地把梁截分为两段[图 3.17(b)(c)]。分析梁的左段[图 3.17(b)],因在这段梁上作用有向上的力 F_A,为满足沿 y 轴方向力的平衡条件,故在横截面 $m-m$ 上必有一作用线与 F_A 平行而指向相反的内力。设内力为 F_S 则由平衡方程

$$\sum F_y = 0, \quad F_A - F_S = 0$$

可得

$$F_S = F_A \tag{3.2}$$

F_S 称为**剪力**。由于外力 F_A 与剪力 F_S 组成一力偶,因而,根据左段梁的平衡可知,横截面上必有一个与其相平衡的内力偶。设内力偶的矩为 M ,则由平衡方程

$$\sum M_C = 0, \quad M - F_A x = 0$$

可得

$$M = F_A x \tag{3.3}$$

矩心 C 为横截面 $m-m$ 的形心。内力偶矩 M 称为弯矩。

左段梁横截面 $m-m$ 上的剪力和弯矩,实际上是右段梁对左段梁的作用。根据作用与反作用原理可知,右段梁在同一横截面 $m-m$ 上的剪力和弯矩,在数值上应该分别与

式(3.2)、式(3.3)相等,但指向和转向相反[图 3.17(c)]。若对右段梁列出平衡方程,所得结果必然相同,读者可自行验证。

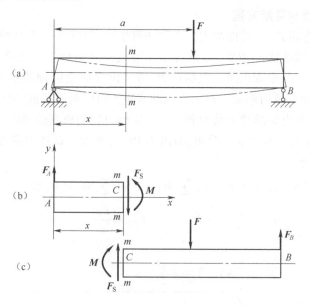

图 3.17　截面法求弯曲内力

为使左、右两段梁上算得的同一横截面 $m-m$ 上的剪力和弯矩在正负号上也相同,根据梁段的变形情况,对剪力、弯矩的正负号加以规定。

剪力 F_S 对其所作用的梁内任意一点取矩为顺时针力矩时,该剪力 F_S 为正;反之为负;可表述为"顺正逆负",正剪力产生顺时针剪切变形,反之亦然,如图 3.18(a)(b)所示。

当横截面上的弯矩 M 使得其所作用的一段梁产生凹型变形时,该弯矩 M 为正;反之为负;简述为"凹正凸负",如图 3.18(c)(d)所示。

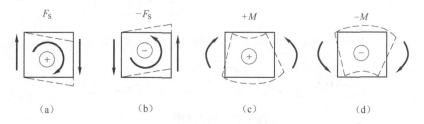

图 3.18　剪力、弯矩正负号的规定

建议:求截面的剪力 F_S 和弯矩 M 时,均按正向假设[图 3.17(b)],这样求出的剪力为正号即表明该截面上的剪力为正的剪力,如为负号则表明为负的剪力;求出的弯矩为正号即表明该截面上的弯矩为正弯矩,如为负号则表明为负弯矩。

3.4.2　梁的剪力方程和弯矩方程　剪力图和弯矩图

一般来说,梁的不同横截面上的剪力和弯矩是不同的。为了表明梁的各横截面上剪力和弯矩的变化规律,可将横截面的位置用 x 表示,把横截面上的剪力和弯矩写成 x 的函

数,即

$$F_S = F_S(x), \qquad M = M(x)$$

它们分别称为**剪力方程**和**弯矩方程**。

根据剪力方程和弯矩方程,可以画出剪力图和弯矩图,即以平行于梁轴线的坐标轴为横坐标轴,其上各点表示横截面的位置,以垂直于杆轴线的纵坐标表示横截面上的剪力或弯矩,画出的图线即为剪力图或弯矩图。正的剪力、弯矩画在横坐标轴的上方(即弯矩图画在梁弯曲变形凹面的一侧);负值相反。由剪力图和弯矩图可以看出梁的各横截面上剪力和弯矩的变化情况,同时可找出梁的最大剪力和最大弯矩以及它们所在的截面。

例 3.4 一简支梁受一集中载荷作用,如图 3.19(a)所示。试列出剪力和弯矩。

解:(1)求支座反力

以梁的整体为研究对象,列平衡方程 $\sum M_A = 0$ 和 $\sum M_B = 0$,求得

$$F_{RA} = \frac{Fb}{l}, \qquad F_{RB} = \frac{Fa}{l}$$

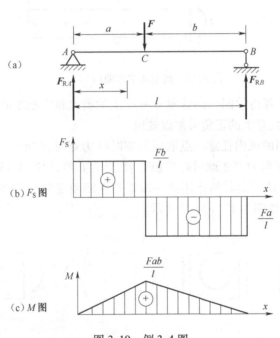

图 3.19 例 3.4 图

(2)求剪力和弯矩

梁受集中载荷作用后,两段的剪力方程和弯矩方程均不同,故应分段列出。

AC 段:

$$F_S = F_{RA} = \frac{Fb}{l} \quad (0 < x < a) \tag{a}$$

$$M = F_{RA}x = \frac{Fb}{l}x \quad (0 \leq x \leq a) \tag{b}$$

CB 段:

$$F_S = F_{RA} - F = \frac{Fb}{l} - F = -\frac{Fa}{l} \quad (a < x < l) \tag{c}$$

$$M = F_{RA}x - F(x - a) = \frac{Fa}{l}(l - x) \quad (a \leqslant x \leqslant l) \tag{d}$$

（3）作剪力图和弯矩图

由式（a）和式（c）画出剪力图，如图 3.19（b）所示；由式（b）和式（d），画出弯矩图如图 3.19（c）所示。

由剪力图和弯矩图可以看出，集中力作用点 C 处，剪力图发生突变，弯矩图有尖角，$F_{SC左} = \frac{Fb}{l}$，$F_{SC右} = -\frac{Fa}{l}$，突变值为 F，等于该集中力的数值。

例 3.5　一简支梁受均布载荷作用，如图 3.20 所示。试列出剪力方程和弯矩方程，画剪力图和弯矩图。

解:（1）求支座反力

以梁的整体为研究对象，由平衡方程及对称性条件得到

$$F_{RA} = F_{RB} = \frac{ql}{2}$$

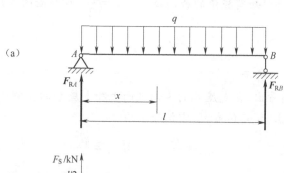

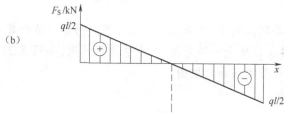

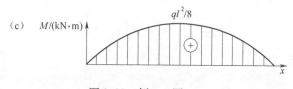

图 3.20　例 3.5 图

（2）列剪力方程和弯矩方程

将坐标原点取在梁的左端 A 点，距 A 点为 x 的任一横截面上的内力为

$$F_S(x) = \frac{1}{2}ql - qx \quad (0 < x < l) \tag{a}$$

$$M(x) = \frac{1}{2}qlx - \frac{1}{2}qx^2 \quad (0 \leqslant x \leqslant l) \tag{b}$$

(3)画剪力图和弯矩图

由式(a)可见,剪力随x成线性变化,即剪力图是直线,求出两个截面的剪力后,即可画出该直线。

当$x = 0$时, $\qquad\qquad\qquad F_S = \frac{1}{2}ql$

当$x = l$时, $\qquad\qquad\qquad F_S = -\frac{1}{2}ql$

剪力图如图 3.20(b)所示。

由式(b)可见,弯矩是x的二次函数,即弯矩图是二次抛物线。求出三个截面的弯矩后,即可画出弯矩图。

当$x = 0$时, $\qquad\qquad\qquad M = 0$

当$x = l$时, $\qquad\qquad\qquad M = 0$

由$\dfrac{\mathrm{d}M(x)}{\mathrm{d}x} = 0$,可得弯矩有极值的截面位置为$x = \dfrac{l}{2}$,该截面的弯矩为

$$M = \frac{1}{8}ql^2$$

弯矩图如图 3.20(c)所示。

由剪力图和弯矩图看出,在支座A的右侧截面上和支座B的左侧截面上,剪力的绝对值最大;在梁的中央截面上,弯矩值最大,它们分别为

$$F_{S\max} = \frac{ql}{2}, \qquad M_{\max} = \frac{ql^2}{8}$$

画剪力图和弯矩图时,必须注明正、负号及一些主要截面的剪力值和弯矩值。

例 3.6 一简支梁在C处受一矩为M_e的集中力偶作用,如图 3.21(a)所示。试列出剪力方程和弯矩方程,并作剪力图和弯矩图。

解:(1)求支座反力

以梁的整体为研究对象,由平衡方程$\sum M_A = 0$和$\sum M_B = 0$,求得

$$F_{RA} = \frac{M_e}{l}, \qquad F_{RB} = \frac{M_e}{l}$$

(2)列剪力方程和弯矩方程

AC段:

$$F_S(x) = -F_{RA} = -\frac{M_e}{l} \quad (0 < x \leqslant a) \tag{a}$$

$$M(x) = -F_{RA}x = -\frac{M_e}{l}x \quad (0 \leqslant x < a) \tag{b}$$

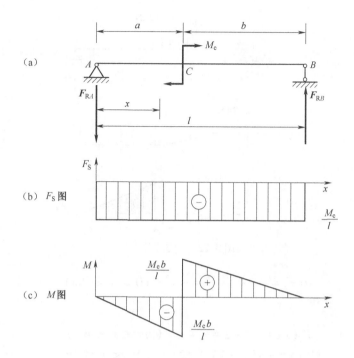

图 3.21 例 3.6 图

CB 段：

$$F_S(x) = -F_{RA} = -\frac{M_e}{l} \quad (a \leqslant x < l) \tag{c}$$

$$M(x) = -F_{RA}x + M_e = \frac{M_e}{l}(l - x) \quad (a < x \leqslant l) \tag{d}$$

（3）画剪力图和弯矩图

由式（a）~（d），可画出剪力图和弯矩图，如图 3.21(b)(c) 所示。

由图可见，剪力图是一条水平线，即全梁各截面上的剪力值均相等；弯矩图是两条平行的斜直线。在集中力偶作用点 *C* 处，弯矩发生突变，突变值等于该集中力偶的数值。

例 3.7 一简支梁受载荷如图 3.22(a) 所示，试列出剪力方程和弯矩方程，并作剪力图和弯矩图。

解:（1）求支座反力。

以梁的整体为研究对象，由平衡方程 $\sum M_A = 0$ 和 $\sum M_C = 0$，求得

$$F_{RA} = 0, \quad F_{RB} = 4\text{kN}$$

（2）分段列剪力方程和弯矩方程

本简支梁受到多个载荷作用，在列剪力方程和弯矩方程时需要分段，分段的原则是载荷变化之处分段，此梁 *AC* 须分为 *AB*、*BC* 两段。

AB 段：

$$F_S(x) = -2x \quad (0 < x \leqslant 2m) \tag{a}$$

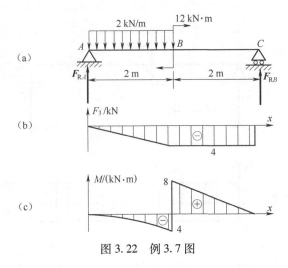

图 3.22 例 3.7 图

$$M(x) = -2 \cdot x \cdot \frac{x}{2} = -x^2 \quad (0 \leqslant x < 2m) \tag{b}$$

BC 段：

$$F_S(x) = -2 \cdot 2 = -4 \quad (2m \leqslant x < 4m) \tag{c}$$

$$M(x) = -4(x-1) + 12 \quad (2m < x \leqslant 4m) \tag{d}$$

(3)画剪力图和弯矩图

由剪力方程和弯矩方程的式(a)~(d),可画出剪力图和弯矩图如图 3.22(b)(c)所示。由于 AB 段的弯矩为抛物线可能有极值,由 $\dfrac{\mathrm{d}M(x)}{\mathrm{d}x} = 0$,得弯矩的极值截面位置为 $x = 0$,该截面的弯矩为 $M = 0$ kN·m;综合比较,弯矩最大值位置为 B 的右侧截面,且 $M_{\max} = 8$ kN·m,见图 3.22(c)所示。

由以上各例题所求得的剪力图和弯矩图,可以归纳出如下的解题步骤:

(1)利用梁整体的平衡方程求解支座反力

一般情况下建立弯矩方程和剪力方程时取出的梁段总是包含支座的(悬臂段除外),因此需要先求解支座反力。

(2)分段建立剪力方程和弯矩方程

在梁上外力不连续处,即在集中力、集中力偶作用处和分布载荷开始或结束处,应该分段建立梁的弯矩方程。对于剪力方程,除去集中力偶作用处以外,也应分段列出。

(3)分段绘制剪力图和弯矩图

由剪力方程和弯矩方程分段绘制内力图。在梁上集中力作用处,剪力图有突变,其左、右两侧横截面上剪力的代数差,即等于集中力值。而在弯矩图上的相应处则形成一个尖角。与此相仿,梁上受集中力偶作用处,弯矩图有突变,其左、右两侧横截面上弯矩的代数差,即等于集中力偶值。但在剪力图上的相应处并无变化。

(4)标明极值位置

整个梁上的最大剪力和最大弯矩可能发生在全梁或各段梁的边界截面,或极值点的截面处。凡是有极值的曲线无论是极大值还是极小值均要确定位置和大小并标注在相应的图上。

3.5　横向载荷集度与剪力、弯矩的关系

由上节的例题可以看出,剪力图和弯
矩图的变化有一定的规律性。事实上,剪
力、弯矩和载荷集度之间存在一定的关
系。如果能够了解并掌握这些关系,将给
我们的作图带来极大的方便,甚至不用列
内力方程就可以画出内力图来。现在就
来导出剪力、弯矩和载荷集度之间的关
系,并学会利用这种关系快速画出剪力图
和弯矩图。

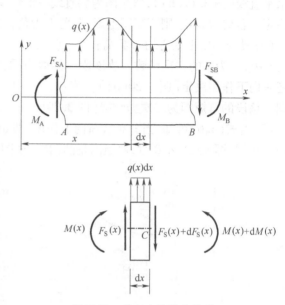

设取梁受载荷集度为 $q(x)$ 作用的一
段,从中取出任一微段 dx 处于平衡
(图 3.23),将 x 坐标与梁轴线重合,坐标
原点设在 O 处,则微段 dx 的左、右两截面
的内力分别为 $F_S(x)$、$M(x)$ 和 $F_S(x) +$
$dF_S(x)$、$M(x) + dM(x)$,根据微段的平
衡方程

图 3.23　分布力的微分关系

$$\sum F_y = 0, \quad F_S(x) + q(x)dx - [F_S(x) + dF_S(x)] = 0$$

$$\sum M_C = 0, \quad M(x) + dM(x) - q(x)dx\frac{dx}{2} - F_S(x)dx - M(x) = 0$$

略去高阶微量,可得

$$\frac{dF_S(x)}{dx} = q(x) \tag{3.4}$$

$$\frac{dM(x)}{dx} = F_S(x) \tag{3.5}$$

由上两式可得

$$\frac{d^2M(x)}{dx^2} = \frac{dF_S(x)}{dx} = q(x) \tag{3.6}$$

式中,剪力 F_S 和弯矩 M 的正负号按图 3.18 的规定,载荷集度 $q(x)$ 以向上为正。式(3.4)~
式(3.6)表明了 $q(x)$、$F_S(x)$、$M(x)$ 三者之间的关系。根据导数的几何意义,上述微分关系
反映了 $q(x)$ 曲线与 $F_S(x)$ 图线斜率、$F_S(x)$ 图线与 $M(x)$ 图线斜率及 $q(x)$ 曲线与 $M(x)$ 图线
凹凸性之间的变化规律及对应关系。对应于梁的同一 x 截面,它们有:

该截面 x 处的 $q(x)$ 值,等于 $F_S(x)$ 图曲线在 x 处的斜率;

该截面 x 处的剪力 $F_S(x)$,等于 $M(x)$ 图曲线在 x 处的斜率;

该截面 x 处的 $M(x)$ 图曲线的二阶导数,等于在 x 处的 $q(x)$ 值。

根据以上三条规律,从而确定了剪力图 $F_S(x)$ 曲线和弯矩图 $M(x)$ 曲线在各 x 截面的走

向,以及 $M(x)$ 曲线的凹凸方向。由式(3.4)、式(3.5)和式(3.6),可以得出下面一些推论。

(1)梁的某段上如无分布载荷作用,即 $q(x) = 0$,则在该段内,$F_S(x) = $ 常数 。故剪力图为水平直线[图3.19(b)],弯矩图为斜直线[图3.19(c)]。弯矩图的倾斜方向,由剪力的正负决定。若剪力为正,则弯矩图上斜;若剪力为负,则弯矩图下斜。

(2)梁的某段上如有均布载荷作用,即 $q(x) = $ 常数,则在该段内 $F_S(x)$ 为 x 的线性函数,而 $M(x)$ 为 x 的二次函数。故该段内的剪力图为斜直线,其倾斜方向由 $q(x)$ 是向上作用还是向下作用决定[图3.20(b)]。若 $q(x)$ 向上,则剪力图上斜;若 $q(x)$ 向下,则剪力图下斜。该段的弯矩图为二次抛物线[图3.20(c)]。

(3)由式(3.6)可知,当分布载荷向上作用,即 $q(x) > 0$ 时,弯矩图是凹曲线;当分布载荷向下作用,即 $q(x) < 0$ 时,弯矩图是凸曲线,如图3.24所示。

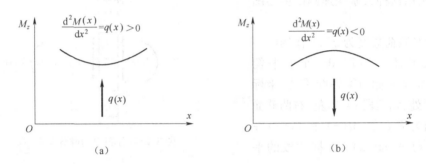

图3.24 弯矩与分布载荷的关系

(4)由式(3.6)可知,在分布载荷作用的一段梁内,$F_S(x) = 0$ 的截面上,弯矩 M 具有极值,见例3.5和例3.7。

(5)如分布载荷集度随 x 成线性变化,则剪力图为二次曲线,弯矩图为三次曲线。

(6)集中力作用处,左右两侧截面上的剪力不相等,剪力图有突变;剪力不相等即弯矩的导数不相等,弯矩图此处为折点。

(7)在集中力偶作用处,左右两侧截面上的弯矩不相等,弯矩图有突变。

由式(3.4)~式(3.6),在 AB 区间,不难得到以下的积分关系:

$$F_{SB} - F_{SA} = \Delta F_{SBA} = \int_A^B q(x)\,dx \tag{3.7}$$

上式表示,AB 区间剪力增量 ΔF_{SBA} ,等于该区间 $q(x)$ 图与 x 轴之间所围的面积;

$$M_B - M_A = \Delta M_{BA} = \int_A^B F_S(x)\,dx \tag{3.8}$$

上式表示,AB 区间的弯矩增量 ΔM_{BA} ,等于该区间 $F_S(x)$ 图与 x 轴之间所围面积和 $m(x)$ 图与 x 轴之间所围面积的代数和。

利用上述规律,可以方便地画出剪力图和弯矩图,而不需列出剪力方程和弯矩方程。具体做法是:

(1)**求出支座反力**(如果需要的话)。

(2)**求出控制截面的内力值**。支座处、集中载荷作用处和分布载荷起止处两侧的横截面一般称为控制面。利用截面法或式(3.7)、式(3.8)由左至右求出支座处、集中力作用处、集中力偶作用处以及分布载荷变化处两侧截面(控制面)的弯矩和剪力。

（3）**利用微分关系作内力图**。在控制截面之间，利用微分关系式(3.4)~式(3.6)，可以确定剪力图和弯矩图的曲线形状，最后得到剪力图和弯矩图。

（4）**求出内力的极值和极值位置**。若梁上某段内有分布载荷作用，则弯矩可能有极值，故需求出该段内极值(剪力 $F_S = 0$)截面位置和弯矩的极值。

例3.8　画图3.25(a)所示简支梁的剪力图和弯矩图。

解：（1）求支座反力

以梁的整体为研究对象，由平衡方程 $\sum M_A = 0$ 和 $\sum M_B = 0$，求得

$$F_{RA} = \frac{7}{4}qa , \quad F_{RB} = \frac{5}{4}qa$$

（2）画剪力图

不需列剪力方程和弯矩方程，利用上述规律可直接画出剪力图和弯矩图。截面 A 右侧截面、截面 C 两侧截面和截面 B 左侧截面均为控制面。

在支反力 F_{RA} 的右侧截面上，剪力为 $\frac{7}{4}qa$，截面 A 到截面 C 之间的载荷为均布载荷，剪力图为斜直线，由截面法或式(3.6)得到截面 C 左侧控制面的剪力为 $\frac{7}{4}qa - q \times a = \frac{3}{4}qa$，于是可确定这条斜直线。

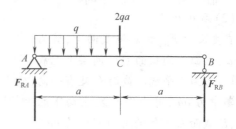

(a)

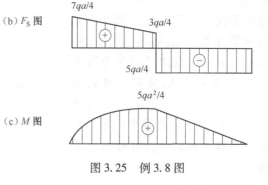

(b) F_S 图

(c) M 图

图 3.25　例 3.8 图

截面 C 处有一向下的集中力 $2qa$，剪力图将发生向下的突变，变化的数值即等于 $2qa$。故截面 C 右侧控制面的剪力为 $\frac{3}{4}qa - 2qa = -\frac{5}{4}qa$。从截面 C 到截面 B 之间梁上无载荷，剪力图为水平线。

于是整个梁的剪力图即可全部画出。根据支反力 F_{RB} 也可确定截面 B 左侧控制面截面上的剪力为 $-\frac{5}{4}qa$，这一般被用来作为对剪力图的校核。剪力图如图3.25(b)所示。

（3）画弯矩图

截面 A 上弯矩为零。从截面 A 到截面 C 之间梁上为均布载荷，弯矩图为抛物线。由式(3.8)求得

$$M_C = \frac{1}{2} \times \left(\frac{3}{4}qa + \frac{7}{4}qa \right) \times a = \frac{5}{4}qa^2$$

从截面 C 到截面 B 之间的梁上无载荷，弯矩图为斜直线。算出截面 B 上弯矩为零，于是就决定了这条直线。也可用该段梁上剪力图的面积来决定这条斜直线，弯矩图如图3.25

(c)所示。

例3.9 画图3.26(a)所示简支梁的剪力图和弯矩图。

解:(1)求支座反力

以梁的整体为研究对象,由平衡方程 $\sum M_A = 0$ 和 $\sum M_B = 0$,求得

$$F_{RA} = 2qa, \qquad F_{RB} = 3qa$$

(2)画剪力图

在支反力 F_{RA} 的右侧截面上,剪力为 $2qa$,截面 A 到截面 C 之间梁上无载荷,剪力图为水平线。截面 C 处有一向下的集中力 qa,剪力图将发生向下的突变,故截面 C 右侧的剪力将变为 qa。截面 C 到截面 D 之间梁上无载荷,剪力图也为水平线。截面 D 的左侧截面和右侧截面剪力无变化,均为 qa。从截面 D 到截面 B 之间梁上的载荷为均布载荷,剪力图为斜直线,且截面 B 左侧的剪力为 $qa - q \times 4a = -3qa$,于是可确定这条斜直线,整个梁的剪力图即可全部画出。根据支反力 F_{RB} 可对该值作一校核。

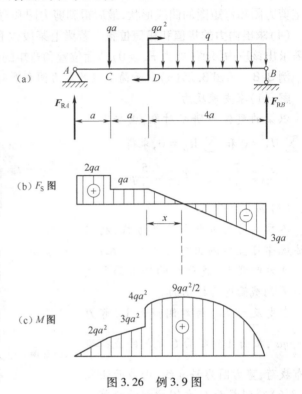

图3.26 例3.9图

(3)画弯矩图

截面 A 上弯矩为零。从截面 A 到截面 C 之间梁上无载荷,弯矩图为斜直线,算出截面 C 上的弯矩为 $2qa \times a = 2qa^2$。从截面 C 到截面 D 之间梁上也无载荷,弯矩图也是斜直线。算出截面 D 上的弯矩为 $2qa \times 2a - qa \times a = 3qa^2$。由于 AC 段和 CD 段上的剪力不相等,故这两段的弯矩图斜率也不同。截面 D 上有一顺时针方向集中力偶 qa^2,弯矩图突然变化,且变化的数值等于 qa^2。所以在截面 D 的右侧,$M = 3qa^2 + qa^2 = 4qa^2$。从截面 D 到截面 B 梁上为均布载荷,弯矩图为抛物线。该抛物线可这样决定:首先判断出截面 B 的弯矩为零,这样,抛物线两端的数值均已确定;其次,根据该段梁上均布载荷的方向判断出抛物线的凹凸方向为下凸;再次,在 DB 段内有一截面上的剪力 $F_S = 0$,在此截面上的弯矩有极值。可利用 DB 段内剪力图上的两个相似三角形求出该截面的位置为 $x = a$,如图3.26(b)所示。再利用截面一侧的外力计算出该截面的弯矩,也可用相应段剪力图(三角形)的面积来计算该值。在本例中,该值为 $M_{max} = \dfrac{9}{2}qa^2$。最后,根据 DB 段上三个截面的弯矩值描绘出该段的弯矩图。

*例3.10 长度为 l 的书架横梁由一块对称放置在两个支架上的木板构成,如图3.27(a)所示。设书的重量可视为均布载荷 q,为使木板内的最大弯矩为最小,试求两支架的间距 a。

解:(1)求支座反力

以梁的整体为研究对象,由结构对称性,可得

$$F_{RA} = \frac{1}{2}ql, \qquad F_{RB} = \frac{1}{2}ql$$

(2)最大弯矩为最小的条件

设两支座的间距为 a,则木板的弯矩图如图 3.27(b)所示。木板内的最大正弯矩和最大负弯矩分别为

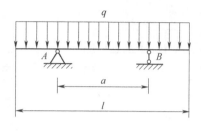

$$M_{max}^+ = \frac{ql}{2} \times \frac{a}{2} - \frac{ql^2}{8} \qquad (a)$$

$$M_{max}^- = -\frac{q}{2}\left(\frac{l-a}{2}\right)^2 \qquad (b)$$

可见,为了使木板内的最大弯矩为最小,应有式(a)的最大正弯矩与式(b)的最大负弯矩的绝对值相等,即

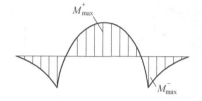

$$M_{max}^+ = |M_{max}^-| \qquad (c)$$

(3)最大弯矩为最小时的间距

由式(c)得

$$\frac{qla}{4} - \frac{ql^2}{8} = \frac{q}{8}(l-a)^2$$

$$a^2 - 4al + 2l^2 = 0$$

$$a = \frac{4l \pm \sqrt{(4l)^2 - 4(2l^2)}}{2} = (2 \pm \sqrt{2})l$$

(a)

(b)

图 3.27 例 3.10 图

所以,两支座间距应为

$$a = (2 - \sqrt{2})l = 0.586l$$

3.6 利用叠加原理作弯矩图

当梁在载荷作用下发生微小变形时,其跨长的改变可略去不计,因而在求梁的支反力、剪力和弯矩时,均可按其原始尺寸计算,而所得到的结果均与梁上载荷成线性关系。在这种情况下,当梁上受几项载荷共同作用时,某一横截面上的弯矩就等于梁在各项载荷单独作用下同一横截面上弯矩的代数和。于是可先分别画出每一种载荷单独作用下的弯矩图,然后将各个弯矩图叠加起来就得到总弯矩图。

例 3.11 试用叠加法作图 3.28(a)所示简支梁在均布载荷 q 和集中力偶 M_e 作用下的弯矩图。设 $M_e = \frac{1}{6}ql^2$。

解:(1)先考虑梁上只有集中力偶 M_e 作用,画出弯矩图如图 3.28(e)所示。

(2)再考虑梁上只有均布载荷 q 作用,画出弯矩图如图 3.28(f)所示。

(3)将以上两个弯矩图中相同截面上的弯矩值相加,便得到总的弯矩图,如图 3.28(d)所示。

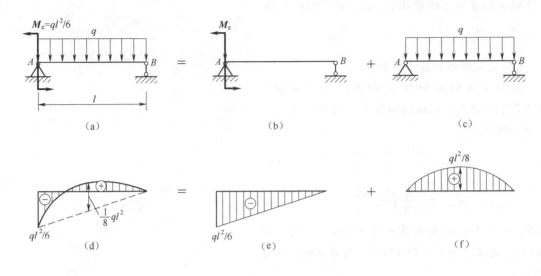

图 3.28　例 3.11 图

用叠加法画弯矩图,一般要求各载荷单独作用时梁的弯矩图可以比较方便地画出,且梁上所受载荷也不能太复杂。如果梁上载荷复杂,还是按载荷共同作用的情况画弯矩图比较方便。此外,在分布载荷作用的范围内,用叠加法不能直接求出最大弯矩,如果要求最大弯矩,还需用以前的方法。

*3.7　静定平面刚架的内力

在工程中,静定平面刚架的使用十分普遍,它是由同一平面内的若干根杆件组成的结构。通常把水平的杆件称为梁,竖向的杆件称为柱,其特点是具有刚结点(全部或部分)。刚结点的特征是各杆端不能相对移动也不能相对移动,可以传递力也能传递力矩。静定平面刚架的内力通常有轴力、剪力和弯矩,其计算方法原则上和静定梁相同,通常需要先求出支座反力。

为了不使内力符号发生混淆,规定在内力符号的右下角用两个脚标:前一个脚标表示该内力所属杆端,后一个脚标表示该杆段的另一端。如 AB 杆的 A 端截面弯矩用 M_{AB} 表示,B 端截面弯矩用 M_{BA} 表示。剪力和轴力也采用同样的方法。也可以用后一个脚标表示该杆的编号,如 AB 杆的编号为1,其 A 端截面的弯矩可用 M_{A1} 表示,其余同理。

内力及内力图的符号规定如下:

(1)轴力、剪力及轴力图、剪力图　轴力和剪力的正负号的规定与梁相同,轴力图和剪力图绘制在杆件的任一侧,但必须注明正负号。

(2)弯矩和弯矩图　通常平面刚架的弯矩以外侧受压为正,但在作弯矩图时一般不考虑正负号,规定弯矩图必须画在杆件受压的一侧,不用注明正负号。

平面曲杆横截面上的内力情况及其内力图的绘制方法,与平面刚架相类似,但曲杆的弯矩一般以曲率增大为正。

例 3.12　试作图 3.29(a)所示悬臂刚架的内力图。

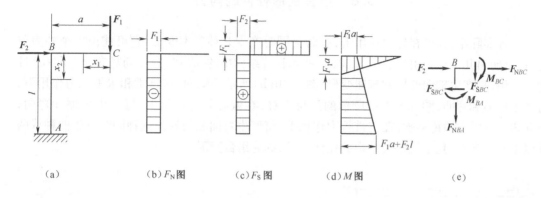

（a）　　　　　（b）F_N 图　　　　（c）F_S 图　　　　（d）M 图　　　　　（e）

图 3.29　例 3.12 图

解:（1）内力方程

悬臂刚架的计算与悬臂梁相似,可直接从自由端开始计算。下面分别列出杆件的内力方程

CB 段:
$$F_N(x_1) = 0$$
$$F_S(x_1) = F_1$$
$$M(x_1) = -F_1 x_1 , 0 \leq x_1 \leq a$$

BA 段:
$$F_N(x_2) = -F_1$$
$$F_S(x_2) = F_2$$
$$M(x_2) = -F_1 a - F_2 x_2 , 0 \leq x_2 \leq l$$

（2）内力图

根据各段杆的内力方程,即可绘出轴力、剪力和弯矩图(弯矩画在受压侧)。如图 3.29
(b)(c)(d)所示。

内力图作出后可以通过刚结点的平衡进行校核。例如用截面法取刚结点 B 为研究对
象,如图 3.29(e)所示,由

$$\sum M_B = 0 , \quad M_{BC} = M_{BA}$$

可以得到,如刚结点处没有外力偶矩作用时,横梁的弯矩值和立柱的弯矩值相等。

同样还可以得到刚结点处横梁的轴力和剪力与立柱的剪力和轴力之间的平衡关系,如
图 3.29(e)所示,即

$$\sum F_x = 0 , \quad F_{NBC} + F_2 - F_{SBA} = 0$$

$$\sum F_y = 0 , \quad F_{NBA} + F_{SBC} = 0$$

在大多数问题中,平面刚架以弯曲变形为主,因此常常仅研究弯矩的分布规律,只需确
定弯矩图,轴力图和剪力图暂不考虑。

3.8 组合变形杆件的内力

工程实际中,杆件在外力作用下,有时会同时产生几种基本变形,它可能由一个外力引起,也可能由几个外力引起。图 3.30(a)所示托架结构中的 AB 梁,它受到竖向力 F 和 CD 杆的力作用,将产生轴向变形和弯曲变形;图 3.30(b)所示的烟囱,在自重和水平风力作用下,将产生压缩和弯曲;图 3.30(c)所示的厂房立柱,在偏心外力作用下,将产生压缩和弯曲;图 3.30(d)所示的传动轴,在皮带拉力作用下,将产生弯曲和扭转。这种同时发生两种或两种以上基本变形,且不能略去其中的任何一种,称为**组合变形**。

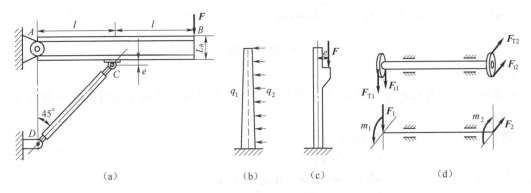

图 3.30 组合变形

对于组合变形下的构件,在线弹性、小变形条件下,可按照构件的原始形状和尺寸计算。因而,可先将载荷简化为符合基本变形外力作用条件的外力系,再分别计算构件在每一种基本变形下的内力。

3.8.1 拉伸(压缩)与弯曲组合

如图 3.31(a)所示梁,作用有轴向力 F 和集度为 q 的横向均布载荷,将产生拉伸和弯曲组合变形。如果杆的弯曲刚度很大,所产生的弯曲变形很小,则由轴向力所引起的附加弯矩很小,可以略去不计。因此分别计算由轴向力引起的轴力和由横向力引起的弯矩和剪力。内力方程为

$$F_N(x) = F, \quad F_S(x) = q(l - x), \quad M_z(x) = -\frac{q}{2}(l - x)^2$$

作出其轴力图、剪力图和弯矩图,如图 3.31(b)(c)(d)所示。

如图 3.32(a)所示,梁具有纵向对称面,过杆端的截面形心处,作用一与杆轴线成 α 角的集中载荷 F。将载荷 F 沿着 x、y 轴分解为:

$$F_x = F\cos \alpha, \quad F_y = F\sin \alpha$$

F_x 产生轴向拉伸,F_y 产生平面弯曲。其内力方程为:

$$F_N(x) = F_x = F\cos \alpha, \quad F_S(x) = F_y = F\sin \alpha, \quad M(x) = -F\sin \alpha(l - x)$$

作出其轴力图、剪力图和弯矩图,如图 3.32(b)(c)(d)所示。

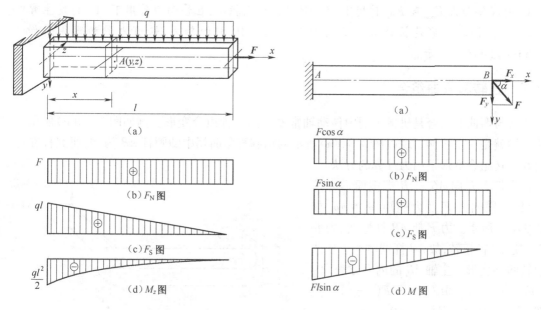

图 3.31　横向力与轴向力共同作用的拉弯组合变形　　图 3.32　斜拉引起的拉弯组合变形

例 3.13　图 3.33(a)所示托架,受载荷 $F=45$ kN 作用。试分析 AC 梁的内力,并绘其内力图。

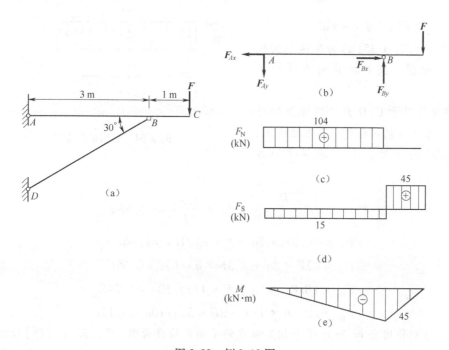

图 3.33　例 3.13 图

解:取 AC 杆分析,其受力情况如图3.33(b)所示。由平衡方程,求得

$$F_{Ay} = 15\ kN, \quad F_{By} = 60\ kN, \quad F_{Ax} = F_{Bx} = 104\ kN$$

AC 杆在轴向力 F_{Ax} 和 F_{Bx} 作用下,在 AB 段内受到拉伸;在横向力作用下,AC 杆发生弯曲。故 AB 段杆的变形是拉伸和弯曲的组合变形。AC 杆的轴力图、剪力图和弯矩图如图3.33(c)(d)(e)所示。

3.8.2 扭转和弯曲组合

扭转与弯曲的组合是机械工程中传动轴常发生的一种组合变形。例如图3.30(c)所示的传动轴就是一个实例。现以图3.34(a)所示的钢制直角曲拐中的圆杆 AB 为例,研究杆在弯曲和扭转组合变形下内力计算的方法。

首先将力 F 向 AB 杆 B 端截面形心简化,得到一横向力 F 及力偶矩 $M_x = Fa$,如图3.34(b)所示。力 F 使 AB 杆弯曲,力偶矩 M_x 使 AB 杆扭转,故 AB 杆同时产生弯曲和扭转两种变形。主轴 AB 的内力方程为:

$$F_S(x) = F, \quad M_z(x) = -F(l-x)$$
$$T(x) = -M_x = -Fa, \quad (0 \leqslant x \leqslant l)$$

AB 杆的扭矩图、剪力图和弯矩图,如图3.34(c)(d)所示。由内力图可见,固定端截面 A 截面的弯矩最大,其弯矩和扭矩值分别为

$$M_z = Fl, \quad T = -Fa$$

*例3.14 图3.35(a)为变速箱齿轮轴 AD 的示意图。试分析其内力并绘内力图。

解:将原作用于 C、D 齿轮边缘上的外力用等效力系平移到齿轮轴 AD 的轴线上,得计算简图[图3.35(b)]。根据平衡方程,有

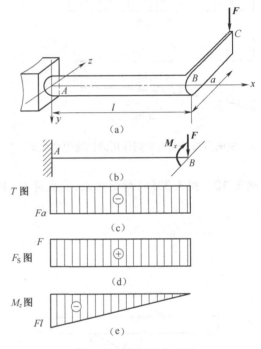

图3.34 弯扭组合变形

$$T = -2.5F \times \frac{D_2}{2} = -2.5F \times \frac{2.8a}{2} = -3.5Fa$$

$$F_{Ay} = (0.8F \times 2a - F \times a)/10a = 0.06F$$

$$F_{Az} = (2F \times 2a + 2.5F \times a)/10a = 0.65F$$

$$F_{By} = (0.8F \times 8a + F \times 11a)/10a = 1.74F$$

$$F_{Bz} = (2.5F \times 11a - 2F \times 8a)/10a = 1.15F$$

做外力分别作用在 xy 和 xz 两个相互垂直的平面内的载荷图[图3.35(c)(f)]和扭矩作用图[图3.35(j)],得相应的剪力图 F_{Sy} 和 F_{Sz}[图3.35(d)(g)]、弯矩图 M_z 和 M_y[图3.35

(e)、(h)],以及扭矩图 T[图 3.35(k)]。

在不同平面内作 M_z 和 M_y 弯矩图时,弯矩要画在受压面,符号可以不标注。在弯扭组合变形中剪力的影响较小,一般不考虑,可以不作剪力图。

由于齿轮轴是圆截面轴,常将各截面的 M_z 和 M_y 用合弯矩 $M = \sqrt{M_z^2 + M_y^2}$ 表示,如图 3.35(i)所示。实际上 $M(x)$ 一般不是一条平面曲线,而是一条空间曲线。

由图 3.35(i)(k)可知,轴的危险截面为截面 C,在截面 C 上的合弯矩 M 和扭矩 T 分别为

$$M = \sqrt{M_y^2 + M_z^2} = \sqrt{(0.48Fa)^2 + (5.2Fa)^2} = 5.22Fa$$
$$T = 3.5Fa$$

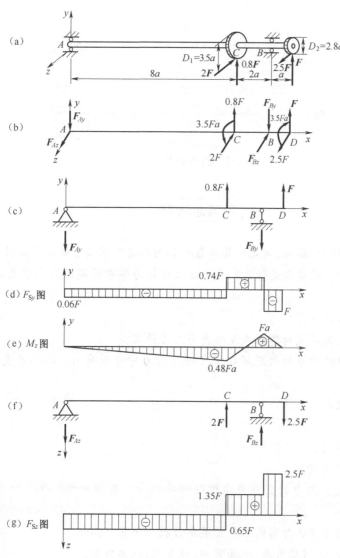

图 3.35 例 3.14 图

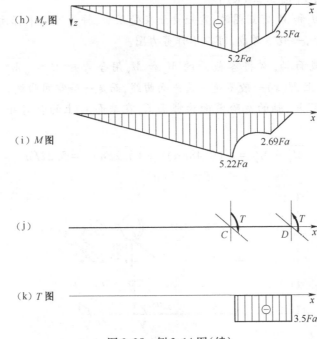

图 3.35　例 3.14 图(续)

复习思考题

3.1　何谓轴力、剪力、扭矩、弯矩? 其正负号如何确定? 正负号的含义是什么?

3.2　何谓截面法? 其步骤是什么? 截面法与理论力学中的截面法和节点法有何区别? 举例说明。

3.3　绘内力图有何规定?

3.4　用截面法能否求载荷作用点处的内力? 为什么?

3.5　理论力学中的力系简化原理在确定杆件内力时可否应用? 在确定支座反力时可否应用?

3.6　区分下列概念和术语:

(1)扭矩和弯矩;

(2)集中力和分布力;

(3)集中力偶和分布力偶。

3.7　载荷的集度和内力的微分关系说明哪些概念? 有何规律? 代表什么几何意义? 有何用途?

3.8　判断复习思考题 3.8 图所示悬臂梁是否属于平面弯曲。

3.9　区分下列概念:对称弯曲、平面弯曲、纯弯曲、横力弯曲。

3.10　用截面法确定内力时,应如何选取所列平衡方程的坐标系,如何规定截面上内力的正负号。

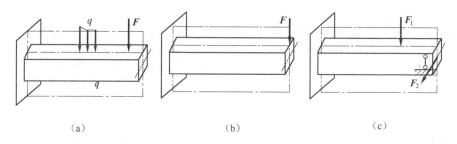

（a）　　　　　　（b）　　　　　　（c）

复习思考题 3.8 图

3.11 复习思考题 3.11 图所示受均布载荷作用的悬臂梁 *AB*,试按以下方式列出梁的弯矩方程和剪力方程,并比较哪一种方式列出的内力方程最简单。

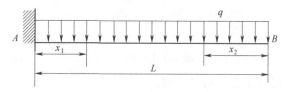

复习思考题 3.11 图

（1）取坐标 x_1,以左段梁为研究对象;
（2）取坐标 x_1,以右段梁为研究对象;
（3）取坐标 x_2,以左段梁为研究对象;
（4）取坐标 x_2,以右段梁为研究对象。

3.12 怎样解释在集中力作用处轴力图或剪力图会有突变? 在集中力偶作用处扭矩图或弯矩图会有突变?

习　题

3.1 用截面法确定题 3.1 图所示各结构在指定截面处的内力。

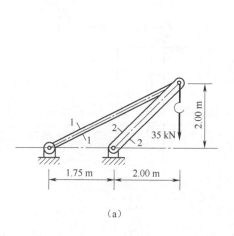

（a）

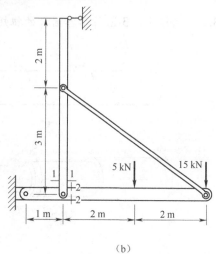

（b）

题 3.1 图

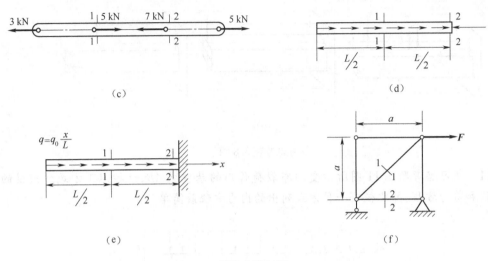

（c）

（d）

（e）

（f）

题3.1图(续)

3.2 试绘出图3.2图所示各杆的轴力图。

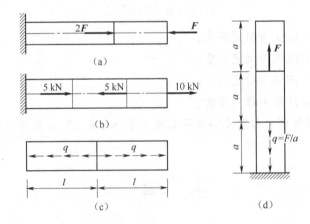

（a）

（b）

（c）

（d）

题3.2图

3.3 试作题3.3图所示各圆杆的扭矩图。

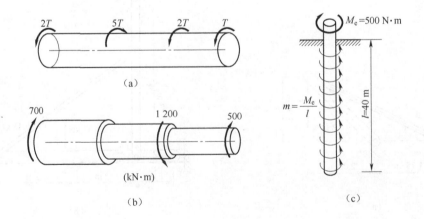

（a）

（b）

（c）

题3.3图

3.4 轴 AB 受扭矩作用,分别如题 3.4 图(a)(b)所示,要使题 3.4 图(b)轴 CD 段均布转矩 m_e 的合力矩与题 3.4 图(a)轴相同,求均布转矩 m_e,并比较两者扭矩图的差异。

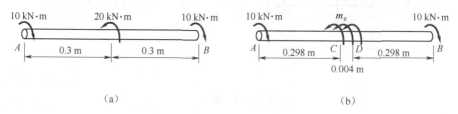

（a）　　　　　　　　　　　　　（b）

题 3.4 图

3.5 求题 3.5 图所示各梁指定截面上的内力。

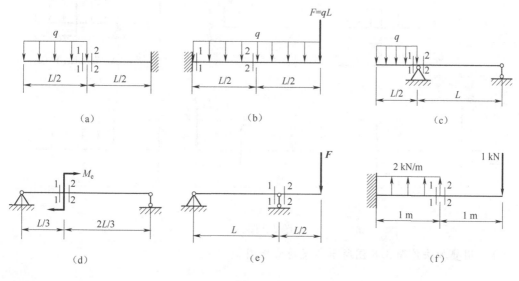

（a）　　　　　　（b）　　　　　　（c）

（d）　　　　　　（e）　　　　　　（f）

题 3.5 图

3.6 列出题 3.6 图所示下列各梁的内力方程、绘内力图。

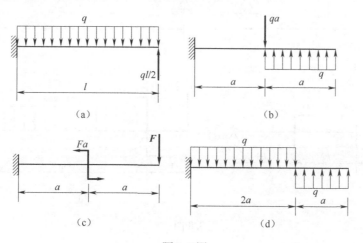

（a）　　　　　　　　　　　　（b）

（c）　　　　　　　　　　　　（d）

题 3.6 图

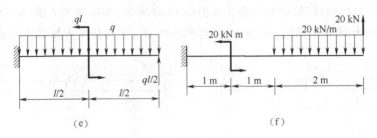

题 3.6 图(续)

3.7 利用剪力、弯矩和载荷集度的关系作题 3.7 图所示各梁的剪力图和弯矩图。

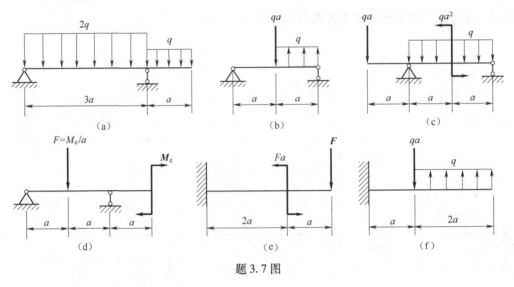

题 3.7 图

3.8 用叠加法作题 3.8 图所示各梁的弯矩图。

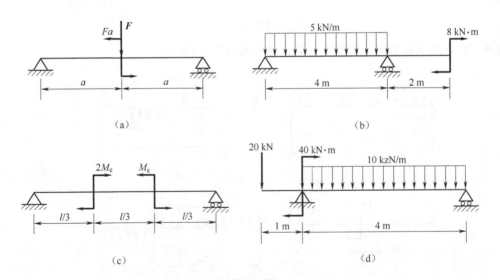

题 3.8 图

3.9 作题 3.9 图所示构件的内力图。

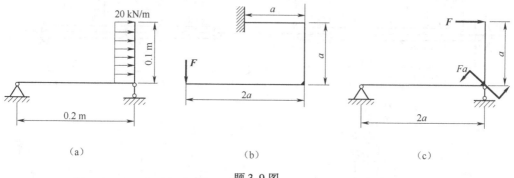

（a）　　　　　　　　（b）　　　　　　　　（c）

题 3.9 图

3.10 作题 3.10 图所示各梁的剪力图和弯矩图。

3.11 外伸梁受载如题 3.11 图所示,欲使 AB 中点的弯矩等于零时,需在 B 端加多大的集中力偶矩(将大小和方向标在图上)。

3.12 已知简支梁的弯矩图(见题 3.12 图),作出梁的载荷图和剪力图。

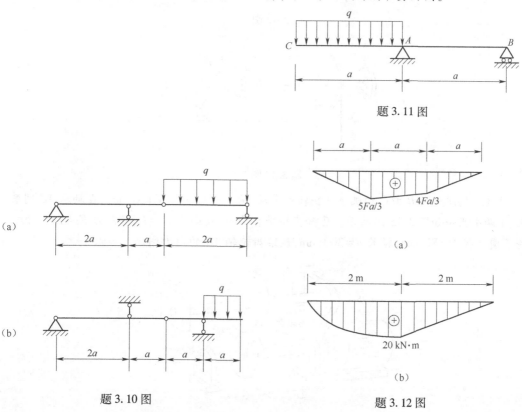

题 3.11 图

（a）

（b）

题 3.10 图

（a）

（b）

题 3.12 图

3.13 作出题 3.13 图所示各杆件的内力图。

3.14 题 3.14 图示圆轴,其上有两个直径均为 D 的皮带轮 C 和 E,其中 C 轮皮带处于水平位置(Oxz),E 轮皮带位于铅垂位置(Oxy),两轮皮带张力均为 $F_1 = 2F_2$,试绘轴的内力图。

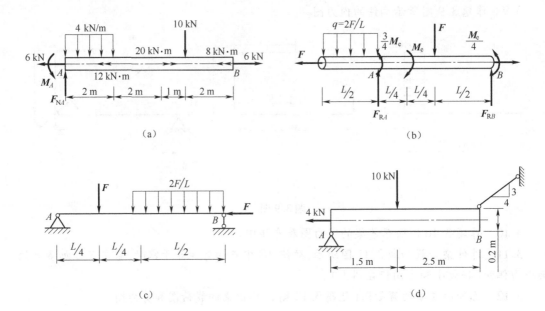

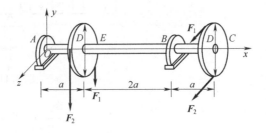

题 3.13 图

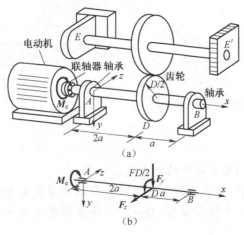

题 3.14 图

*3.15　齿轮轴 *AB* 由电动机通过联轴器带动,输入转矩 $M_e = 1\ kN \cdot m$。在轴承 *AB* 间装有上、下两个齿轮如题 3.15 图所示。已知齿轮啮合力有:切向力 $F_z = F$、径向力 $F_y = F\tan 20°$,齿轮节圆直径 $D = 80\ mm$,轴长 $a = 300\ mm$,试绘齿轮轴 *AB* 的内力图。

题 3.15 图

第4章 杆件的应力

第3章主要介绍了构件在载荷作用下横截面上的内力计算和内力图的绘制。内力只是杆件横截面上分布内力系的合力,确定了杆件的内力以后,还不能判断杆件的承载能力。要判断杆件是否满足强度和刚度的要求,必须知道杆件截面上应力的分布规律。

本章将讨论杆件在不同变形情况下的应力以及它们的分布规律,根据几何方面、物理方面和静力学方面的三个关系,得出杆件横截面上的应力计算公式,为今后对杆件的强度设计计算、确保杆件能正常工作、满足经济和安全的要求奠定基础。

4.1 轴向拉伸和压缩杆件的应力

轴向拉压杆件横截面上的内力是轴力,轴力的方向垂直于横截面,且通过横截面的形心,因此与轴力相对应的是垂直于横截面的正应力。正应力在截面上是怎样分布的呢？应力是看不见的,但是变形是可见的,应力与变形有关。因此解决这一问题,首先通过实验观察拉压杆的变形规律,找出应变的变化规律,即确定变形的几何关系。其次,由应变规律找出应力的分布规律,也就是建立应力和应变之间的物理关系。最后由静力学方法得到横截面上正应力的计算公式。

1. 几何方面

取一橡胶等直杆作为实验模型,为了便于实验观察,可在其表面画上与轴线相平行的纵向线 c_1c_2、d_1d_2…以及与轴线垂直的横向线 a_1a_2、b_1b_2…形成一系列方形的微网格[图 4.1(a)]。然后在杆两端加一对大小相等方向相反的轴向力 F。实验发现[图 4.1(b)],所有纵向线相互平行而伸长,横向线向两侧平移而缩短,方形微网格均变成大小相同的矩形网格。由外部得到的现象,可由表及里地对内部变形作如下假设:实验前原为平面的横截面,变形后仍保持为平面,且仍垂直于杆的轴线,称为拉(压)变形时的平面假设。

由平面假设,拉杆变形后两横截面将沿杆轴线作相对平移,也就是说,拉杆在其任意两个横截面之间纵向线段的伸长变形是均匀的。这就是变形的几何关系。

2. 物理方面

若杆件变形是均匀的,相应的受力也必然是均匀的。由于各纵向线的线应变 ε 相同,所以杆件横截面上的正应力 σ 为均匀分布,如图 4.1(c)所示,即

$$\sigma = 常量$$

由材料的力学性能可知,在线弹性阶段,应力和应变成正比。即在线弹性阶段,杆件横截面上的正应力 σ 与线应变 ε 既均匀分布又满足胡克定律

$$\sigma = E\varepsilon \tag{4.1}$$

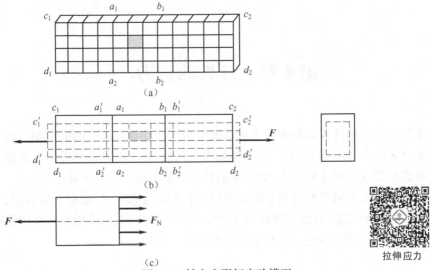

拉伸应力

图 4.1　轴向变形杆实验模型

3. 静力学方面

若以 A 表示杆的横截面面积,由于横截面上内力系的合力就是轴力 F_N,则横截面上的静力学关系为

$$F_N = \int_A \sigma \mathrm{d}A = \sigma A$$

由此可得,拉伸(压缩)杆件在横截面上的正应力为

$$\sigma = \frac{F_N}{A} \tag{4.2}$$

符号规定:正应力的正负号与轴力的正负号相对应,即拉应力为正,压应力为负。由式(4.2)可见正应力大小,只与横截面面积有关,与横截面的形状无关。对于横截面沿杆长连续缓慢变化的变截面杆,其横截面上的正应力也可用上式作近似计算。

当等直杆受几个轴向外力作用时,由轴力图可求出其最大轴力 F_{Nmax},代入式(4.2)即得杆件内最大正应力为

$$\sigma_{max} = \frac{F_{Nmax}}{A} \tag{4.3}$$

例 4.1　一横截面为正方形的砖柱分上、下两段,其受力情况、各段横截面尺寸如图 4.2(a)所示,已知 $F = 50$ kN,试求载荷引起的最大工作应力。

解:首先作立柱的轴力图如图 4.2(b)所示。

由于砖柱为变截面杆,故须利用式(4.2)分段求出每段横截面上的正应力,再进行比较确定全柱的最大的工作应力。

上段:　$\sigma_{上} = \dfrac{F_{N上}}{A_{上}} = \left(\dfrac{-50 \times 10^3}{240 \times 240 \times 10^{-6}} \right) \text{N/m}^2$

$$= -0.87 \times 10^6 \text{ Pa} = -0.87 \text{ MPa}(压应力)$$

下段:　$\sigma_{下} = \dfrac{F_{N下}}{A_{下}} = \left(\dfrac{-150 \times 10^3}{370 \times 370 \times 10^{-6}} \right) \text{N/m}^2$

$$= - 1.1 \times 10^6 \, \text{Pa} = - 1.1 \, \text{MPa} (压应力)$$

由上述计算结果可见,砖柱的最大工作应力在柱的下段,其值为 1.1 MPa,是压应力。

例 4.2 图 4.3(a)所示结构,试求杆件 AB、CB 的应力。已知 $F = 20$ kN;斜杆 AB 为直径 20 mm 的圆截面杆,水平杆 CB 为 15 mm×15 mm 的正方形截面杆。

解:(1)计算各杆件的轴力

设斜杆 AB 为 1 杆,水平杆 BC 为 2 杆,用截面法取节点 B 为研究对象[图 4.3(b)]

$$\sum F_x = 0, \quad F_{N1} \cos 45° + F_{N2} = 0$$

$$\sum F_y = 0, \quad F_{N1} \sin 45° - F = 0$$

$$F_{N1} = 28.3 \, \text{kN}, \quad F_{N2} = - 20 \, \text{kN}$$

(2)计算各杆件的应力

$$\sigma_1 = \frac{F_{N1}}{A_1} = \frac{28.3 \times 10^3}{\dfrac{\pi}{4} \times 20^2 \times 10^{-6}} = 90 \times 10^6 \, \text{Pa} = 90 \, \text{MPa}$$

$$\sigma_2 = \frac{F_{N2}}{A_2} = \frac{- 20 \times 10^3}{15^2 \times 10^{-6}} = - 89 \times 10^{-6} \, \text{Pa} = - 89 \, \text{MPa}$$

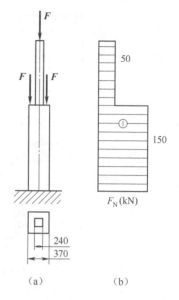

图 4.2 例 4.1 图

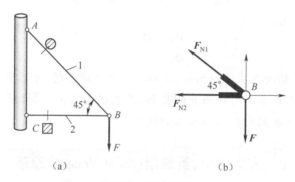

图 4.3 例 4.2 图

由此可见,AB 杆承受拉应力,应采用塑性材料制成的杆,如钢杆;BC 杆承受压应力,采用脆性材料制成的杆,如木杆或铸铁杆。

＊例 4.3 壁厚为 t,内径为 D,且 $t \leqslant D/20$ 的薄壁压力容器受内压强 p 作用[图 4.4(a)],试证明容器的轴向正应力和周向正应力之比为 1/2。

解:薄壁容器在化工、充压气瓶、飞机气密座舱、作动筒缸体中经常采用。由于容器壁薄,在筒壁上引起的应力认为是均匀分布。在筒的横截面和包含直径截出段的纵向截面上[图 4.4(b)(c)]受到的内力分别为压强 p 乘以其所作用的相应投影面积,即

$$F_x = \frac{p\pi D^2}{4}, \quad F_y = pDl$$

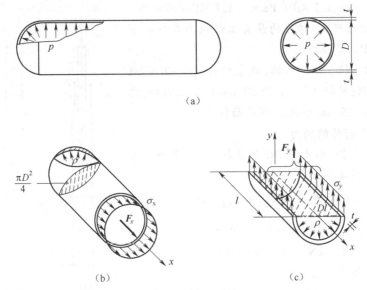

图 4.4 例 4.3 图

内力 F_x 所作用的筒横截面面积为 $A_x = \pi Dt$，F_y 所作用的筒截出段的纵向截面面积为 $A_y = 2tl$，从而得容器的轴向正应力 σ_x 和周向正应力 σ_y 为

$$\sigma_x = \frac{F_x}{A_x} = \frac{p\pi D^2}{4\pi Dt} = \frac{pD}{4t}, \quad \sigma_y = \frac{F_y}{A_y} = \frac{pDl}{2tl} = \frac{pD}{2t}$$

轴向正应力和周向正应力之比为

$$\frac{\sigma_x}{\sigma_y} = \frac{1}{2}$$

由于周向正应力是轴向正应力的两倍，所以在做爆破试验时，容器裂口沿着轴线方向。

实际上，垂直于筒壁还受到内压强 p 的作用，产生径向应力，读者试分析径向应力沿壁厚是否均匀分布，与轴向和周向应力相比又如何？

4.2 应力集中、圣维南(Saint-Venant)原理

用橡胶直杆做实验，若试样两端用刚性夹板夹持，受力 F 压后，原划有一系列纵横线形成的网格，变形后形成均匀的网格[图 4.5(a)(b)]。若试样两端无夹板夹持而将力 F 直接压在试样上将出现图 4.5(c)所示的现象，在邻近集中力 F 作用点的附近，变形严重，极不均匀，应变和应力都很大，但在离开力作用面一定范围，变形又趋于均匀，应变和应力接近均匀分布，这个实验证实了一个非常重要的原理——**圣维南(Saint-Venant)原理**。圣维南原理指出：不同的静力等效的外力系，只影响作用区域局部的应力分布，远离作用区域其影响可以不计。例如，在离开力作用面为板宽 b 的距离处，用式(4.2)计算该处的正应力，最大误差小于 2.7%。

因此，杆端外力的作用方式不同，只对杆端附近的应力分布有影响。离杆端愈近的横截面上，影响愈大[图 4.5(d)]；在离杆端距离大于横向尺寸的横截面上，应力趋于均匀分布，

在这些截面上,可用式(4.2)计算正应力。一般拉压杆的横向尺寸远小于轴向尺寸,因此其计算正应力可不必考虑杆端外力作用方式的影响。

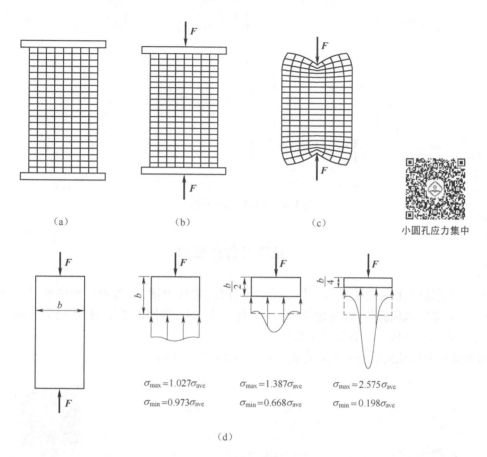

图 4.5 圣维南原理

工程实际中,由于结构或功能上的需要,有些零件必须有切口、孔槽、螺纹、轴肩等,使零件尺寸或形状发生突变,实验和理论分析表明,该处的应力会急剧增大,这种现象称为**应力集中**,使该处应力比平均应力大 2~3 倍,所以一般情况下应设法改善或避免应力集中。

例如图 4.6(a)为一受轴向拉伸的直杆,在轴线上开一小圆孔。在横截面 1-1 上,应力分布不均匀,靠近孔边的局部范围内应力很大,在离开孔边稍远处,应力明显降低[图 4.6(b)]。在离开圆孔较远的 2-2 截面上,应力仍为均匀分布[图 4.6(c)]。可见 1-1 截面上小圆孔附近处存在应力集中现象。

设发生在应力集中截面上的最大应力、平均应力分别为 σ_{max}、σ_0,则比值

$$\alpha = \frac{\sigma_{max}}{\sigma_0} \tag{4.4}$$

称为**应力集中系数**,α 是大于 1 的数,它反映应力集中的程度。不同情况下的 α 值一般可在设计手册中查到。

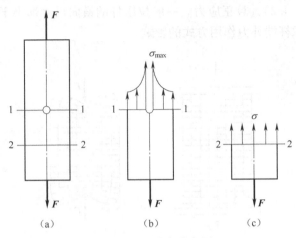

（a）　　　　　（b）　　　　　（c）

图 4.6　孔口应力分布图

4.3　扭转杆件的应力

工程中受扭的杆件有两类。一类是圆截面杆件,常称为轴,如各种机械中常见的传动轴;另一类是非圆截面杆件,如在建筑、造船和航空结构中,常用的工字钢、槽钢等各种薄壁型材,以及曲柄连杆机中的矩形截面曲柄等。

圆截面和非圆截面的扭转变形有很大区别[图 4.7(a)(b)]。

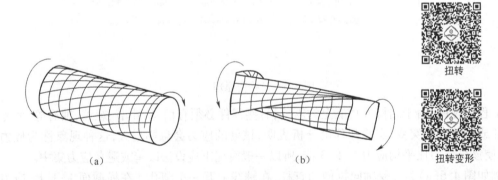

（a）　　　　　　　　　　　　（b）

图 4.7　扭转模型实验

下面重点研究圆轴的扭转问题,对非圆截面扭转只作简单介绍,且仅给出矩形截面自由扭转的有关结论。

为了研究圆轴扭转时的应力和应变,仍需要采用与讨论杆件轴向拉压的相同方法,从几何方面、物理方面和静力学方面三个方面分析。

4.3.1　圆轴扭转的应力

1. 几何方面

为了便于观察扭转变形的特征,取一橡胶圆直杆作为研究对象,在其表面画上圆周线和

轴向线,它们所围成的小方格,可看成
是从轴上所取单元体的表面(图
4.8)。当杆两端作用大小相等、方向
相反的一对外力偶矩 M_e 后,在小变形
条件下,可以观察到:

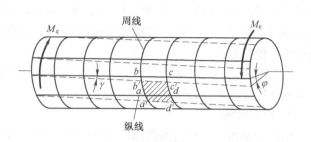

图 4.8　圆轴扭转模型实验

(1)变形后所有圆周线的大小、
形状和间距均未改变,只是绕杆的轴
线作相对的转动。

(2)所有的纵线都转过了同一角
度 γ,因而所有的矩形网格(如 $abcd$)都变成了平行四边形(如 $a'b'c'd'$)。对应的圆周线在横
截面平面内绕轴线 x 旋转了一个角度 φ,称**扭转角**,如图 4.8 所示。

因此可假设:变形前为平面的横截面,变形后仍为平面,如同刚性圆片一样绕杆轴旋转,
横截面上任一直径始终保持为直线,且尺寸不变。这一假设称为**平面假设**。

根据平面假设,用截面法以相邻为 $\mathrm{d}x$ 的两横截面 $m-m$ 和 $n-n$,从轴中取出微段 $\mathrm{d}x$
[图 4.9(a)(b)],扭转变形后截面 $n-n$ 相对于截面 $m-m$ 作刚性转动,半径 O_2C 和 O_2D 都
同向转动同一角度 $\mathrm{d}\varphi$ 到达新位置 O_2C' 和 O_2D',外表面纵向线 BC 和 AD 的倾斜角为 γ_R,而
内层距轴心 O_1O_2 的半径 ρ 处的轴向线 FG 和 EH 的倾斜角为 γ_ρ,这就是切应变。由图 4.9
(b)可见,γ_ρ 和 γ_R 与扭转角 $\mathrm{d}\varphi$ 的几何关系可写成

$$\gamma_\rho \approx \tan\gamma_\rho = \frac{GG'}{FG} = \frac{\rho\mathrm{d}\varphi}{\mathrm{d}x} \tag{4.5}$$

$$\gamma_R \approx \tan\gamma_R = \frac{CC'}{BC} = \frac{R\mathrm{d}\varphi}{\mathrm{d}x} \tag{4.6}$$

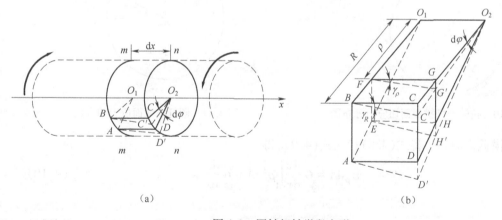

(a)　　　　　　　　　　　　　　　　(b)

图 4.9　圆轴扭转微段变形

式(4.5)、式(4.6)说明了圆轴扭转变形时切应变沿半径方向的变化规律。基于刚性圆
片的平面假设,横截面上各点处的扭转角均相等。扭转角 φ 仅为杆长 x 的函数,$\varphi=\varphi(x)$。
式中的 $\dfrac{\mathrm{d}\varphi}{\mathrm{d}x}$ 表示扭转角 φ 沿杆长 x 的变化率,对于给定的横截面,x 为一定值,$\dfrac{\mathrm{d}\varphi}{\mathrm{d}x}$ 是个常量。

切应变 γ_ρ 与该处到圆心的距离 ρ 成正比,距圆心等距离的圆周线上所有各点的切应变都相等,圆心处的切应变必为零,在圆轴横截面周边上各点的切应变为最大,切应变所在的平面与圆轴半径相垂直。

由于圆轴扭转时相邻两横截面间的距离不变,所以圆轴轴向尺寸不变,无轴向线应变;且横截面尺寸亦不变,故沿轴线方向无正应力。

2. 物理方面

切应变是由于矩形的两侧相对错动而引起的,发生在垂直于半径的平面内,所以与它对应的切应力的方向也垂直于半径。由剪切胡克定律,在弹性范围内,垂直圆轴半径上的切应力与该点的切应变成正比,即

$$\tau = G\gamma \tag{4.7}$$

由式(4.5)和式(4.7)可得横截面上任一点处的切应力为

$$\tau_\rho = G\gamma_\rho = G\rho\frac{\mathrm{d}\varphi}{\mathrm{d}x} \tag{4.8}$$

由此可知,横截面上各点处的切应力与 ρ 成正比,沿半径 ρ 成线性分布,半径相同的圆周上各点处的切应力相同,切应力的方向垂直于半径。如图 4.10 所示,实心圆杆横截面上的切应力分布规律,在圆杆周边上各点处的切应力具有相同的最大值,在圆心处切应力为零。

3. 静力学方面

图 4.11 所示横截面上的扭矩 T,是由无数个微面积 $\mathrm{d}A$ 上的微内力 $\tau_\rho\mathrm{d}A$ 对圆心 O 点的力矩合成得到的,即

$$T = \int_A \rho\tau_\rho\mathrm{d}A \tag{4.9}$$

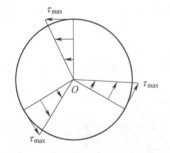

图 4.10 扭转圆杆横截面切应力分布图

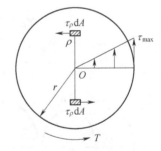

图 4.11 圆杆横截面应力的合成

式中 A 为横截面面积。将式(4.8)代入式(4.9),得

$$T = \int_A \rho\tau_\rho\mathrm{d}A = G\frac{\mathrm{d}\varphi}{\mathrm{d}x}\int_A \rho^2\mathrm{d}A = G\frac{\mathrm{d}\varphi}{\mathrm{d}x}I_P \tag{4.10}$$

令

$$I_P = \int_A \rho^2\mathrm{d}A \tag{4.11}$$

I_P 定义为横截面面积对形心 O 的**极惯性矩**,它是横截面的形状与尺寸的几何量,量纲是长度的四次方,单位为米^{4}或毫米^4(m^4 或 mm^4),故上式可写为

$$\frac{\mathrm{d}\varphi}{\mathrm{d}x} = \frac{T}{GI_P} \tag{4.12}$$

将式(4.12)代入式(4.8),得到等直圆杆截面上任一点处的切应力公式

$$\tau_{\rho} = \frac{T\rho}{I_P} \tag{4.13}$$

横截面上最大的切应力发生在 $\rho = R$ 处,其值为

$$\tau_{max} = \frac{TR}{I_P} \tag{4.14}$$

令

$$W_t = \frac{I_P}{\rho_{max}} = \frac{I_P}{R} = \frac{I_P}{D/2} \tag{4.15}$$

则

$$\tau_{max} = \frac{T}{W_t} \tag{4.16}$$

式中 W_t 定义为圆轴的**抗扭截面系数**,它与圆轴截面的几何尺寸有关,也是一个几何量,量纲是长度的三次方,单位是米^{3}或毫米^3(m^{3}或 mm^3)。

利用式(4.13)和式(4.16)可以计算圆轴扭转横截面上任一点的切应力和最大切应力。应该指出,上述公式只适用于应力和应变满足胡克定律的等直圆轴或圆轴横截面沿轴线有缓慢改变的小锥度圆锥轴。

4. 极惯性矩 I_P 和抗扭截面系数 W_t 的计算

（1）实心圆轴

对于直径为 D 的实心圆轴(图 4.12),可取薄圆环形作为横截面的微面积 $dA = 2\pi\rho d\rho$,ρ 为横截面上任一点到轴心的距离,则极惯性矩

$$I_P = \int_A \rho^2 dA = \int_0^{D/2} \rho^2 2\pi\rho d\rho = \frac{\pi D^4}{32} \tag{4.17}$$

再由式(4.15),求出抗扭截面系数

$$W_t = \frac{I_P}{R} = \frac{\pi D^3}{16} \tag{4.18}$$

（2）空心圆轴

对于外径为 D、内径为 d 的空心圆轴(图 4.13),令内、外径比为 $\alpha = \dfrac{d}{D}$,则极惯性矩

$$I_P = \int_A \rho^2 dA = \int_{d/2}^{D/2} 2\pi\rho^3 d\rho = \frac{\pi D^4}{32}(1 - \alpha^4) \tag{4.19}$$

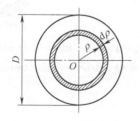

图 4.12　实心圆轴

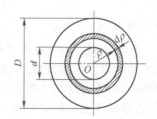

图 4.13　空心圆轴

由式(4.15),可得抗扭截面系数

$$W_{\mathrm{t}} = \frac{I_P}{D/2} = \frac{\pi D^3}{16}(1 - \alpha^4) \qquad (4.20)$$

注意:对于空心圆截面 $I_P = \dfrac{\pi}{32}(D^4 - d^4)$,而 $W_{\mathrm{t}} \neq \dfrac{\pi}{16}(D^3 - d^3)$ 。

5. 空心圆轴扭转的切应力分布

实心圆轴扭转时,切应力在横截面上的分布图如图 4.14(a)所示。对于空心圆轴,切应力分布如图 4.14(b)所示,其内、外径边缘的切应力分别为

$$\tau_{\min} = \frac{T\rho_{\min}}{I_P} = \frac{Td/2}{\dfrac{\pi D^4}{32}(1 - \alpha^4)} = \frac{16Td}{\pi D^4(1 - \alpha^4)} \qquad (4.21)$$

$$\tau_{\max} = \frac{T}{W_{\mathrm{t}}} = \frac{16T}{\pi D^3(1 - \alpha^4)} \qquad (4.22)$$

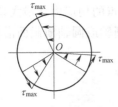 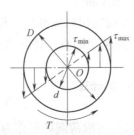 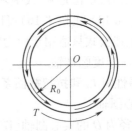

（a）实心圆的切应力分布　　（b）空心圆的切应力分布　　（c）薄壁圆管的切应力分布

图 4.14　圆轴扭转的切应力分布

如果空心圆轴的内外径尺寸相差很小, $d \approx D$,或 $\alpha = \dfrac{d}{D} \geqslant \dfrac{9}{10}$,称这样的空心圆轴为**薄壁圆管**。受扭后 $\tau_{\min} \approx \tau_{\max}$,或取内、外径边缘切应力的平均值 τ_{m} 计算薄壁圆管扭时的切应力,误差不超过 5% 。由于壁厚 t 很薄,可认为扭转切应力在管壁上是均匀分布的。若取 R_0 代表薄壁圆管的平均半径,t 为壁厚,则

$$\int_A R_0 \tau \mathrm{d}A = \int_0^{2\pi R_0} R_0 \tau t \mathrm{d}s = 2\pi R_0^2 t \cdot \tau = T$$

故得薄壁圆管扭转时的切应力计算公式为

$$\tau = \frac{T}{2\pi R_0^2 t} \qquad (4.23)$$

薄壁圆筒扭转

切应力分布如图 4.14(c)所示。

例 4.4　直径 $d = 100$ mm 的实心圆轴,两端受力偶矩 $M_e = 10$ kN·m 作用而扭转,求横截面上的最大切应力。若改用内、外直径比值为 0.5 的空心圆轴,且横截面面积和实心圆轴横截面面积相等,问最大切应力是多少?

解:圆轴各横截面上的扭矩均为 $T = 10$ kN·m。

（1）实心圆轴

$$W_{\mathrm{t}} = = \frac{\pi d^3}{16} = \left(\frac{3.14 \times 100^3 \times 10^{-9}}{16} \right) \mathrm{m}^3 = 1.96 \times 10^{-4} \ \mathrm{m}^3$$

$$\tau_{max} = \frac{M_e}{W_t} = \left(\frac{10 \times 10^3}{1.96 \times 10^{-4}}\right) \text{N/m}^2 = 51 \times 10^6 \text{ Pa} = 51.0 \text{ MPa}$$

（2）空心圆轴

令空心圆截面的内、外直径分别为 d_1、D。由面积相等及内外径比值 $\alpha = \frac{d_1}{D} = 0.5$ 的条件，可求得空心圆截面的内、外直径，即有

$$\frac{1}{4}\pi d^2 = \frac{1}{4}\pi(D^2 - d_1^2) = \frac{1}{4}\pi D(1 - \alpha^2)$$

根据上式可求得

$$d_1 = 57.5 \text{ mm}, \qquad D = 115 \text{ mm}$$

$$W_t = = \frac{\pi D^3}{16}(1 - \alpha^4) = \left(\frac{3.14 \times 115^3 \times 10^{-9}}{16} \times (1 - 0.5^4)\right) \text{ m}^3$$

$$\tau_{max} = \frac{M_e}{W_t} = \left(\frac{10 \times 10^3}{2.8 \times 10^{-4}}\right) \text{N/m}^2 = 35.7 \times 10^6 \text{ Pa} = 35.7 \text{ MPa}$$

计算结果表明，空心圆截面上的最大切应力比实心圆截面上的小。这是因为在面积相同的条件下，空心圆截面的 W_t 比实心圆截面的大。此外，扭转切应力在截面上的分布规律表明，实心圆截面中心部分的切应力很小，这部分面积上的微内力 $\tau_\rho dA$ 离圆心近，力臂小，所以组成的扭矩也小，材料没有被充分利用。而空心圆截面的材料分布得离圆心较远，截面上各点的应力也较均匀，微内力对圆心的力臂大，在组成相同扭矩的情况下，最大切应力必然减小。

4.3.2 切应力互等定理

用相邻两个横截面和相邻两个纵向平面自薄壁圆管中取出一个单元体，如图 4.15(a)(b) 所示，它在三个方向的尺寸表示为 dx、dy 和 t。单元体左、右两侧面即为薄壁圆管横截面的微面积，其上作用着大小相等、方向相反的切应力，可按式(4.23)计算，它们组成一个 $\tau t dy dx$ 的力偶矩。因为薄壁圆管原来是平衡的，从中取出的单元体也应该满足平衡条件，所以在单元体上、下两个纵向侧面上一定存在着大小相等、方向相反的切应力 τ'，而 $\tau' t dy dx$ 组成的力偶矩应与 $\tau t dy dx$ 相平衡，故由单元体的平衡条件，$\sum M_z = 0$，得

$$(\tau t dy) dx = (\tau' t dx) dy$$

即
$$\tau = \tau' \tag{4.24}$$

上式表明：在相互垂直的两个平面上，切应力必然成对出现，数值相等，方向都垂直于两个平面的交线，且共同指向或共同背离这一交线，这就是**切应力互等定理**。

在图 4.15(b) 所示单元体的四个侧面上，只有切应力而无正应力，这种状态称为**纯剪切应力状态**。在纯剪切应力状态下，单元体的相对两侧面有微小的错动，使原来正交的棱边出现夹角，这就是**切应变 γ**。

符号规定：材料力学中规定，单元体上的切应力对任一点形成的矩为顺时针转向时，该切应力定为正；反之，为负。按此规定，图 4.15(b) 的 τ 值为正，τ' 值为负。

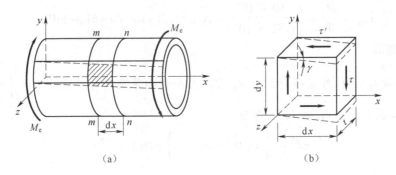

（a）   （b）

图 4.15　纯剪切单元体

切应力互等定理在应力分析中有
很重要的作用。例如在圆杆扭转时,当
已知横截面上的切应力及其分布规律
后,由切应力互等定理便可知道纵截面
上的切应力及其分布规律,如图 4.16
所示。切应力互等定理除在扭转问题
中成立外,在其他的变形情况下也同样
成立。但须特别指出,这一定理只适用
于一点处或在一点处所取的单元体。

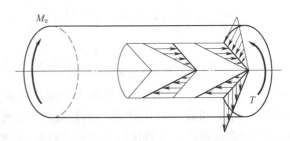

图 4.16　纵截面切应力分布

如果边长不是无限小的单元体或一点处两个不相正交的方向上,便不能适用。切应力互等
定理具有普遍性,若单元体的各面上还同时存在正应力时,也同样适用。

*4.3.3　非圆截面杆扭转简介

工程中有些受扭杆件的截面是非圆截面的,如曲柄轴中的曲柄、机械中的摇臂等。非圆
截面杆件受扭变形后,横截面不再保持为平面,发生翘曲(图 4.17)。此时,平截面假设不不
再成立,前面得到的圆轴扭转时的有关结论,也不再适用。

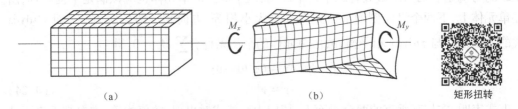

（a）   （b）   矩形扭转

图 4.17　矩形截面杆扭转

非圆截面杆件的扭转可分为自由扭转和约束扭转。

当杆件两端不受约束时,翘曲不受限制,纵向纤维的长度无变化,因此各横截面都有相
同的翘曲,这种横截面可自由翘曲的扭转,称为**自由扭转**,横截面上只有切应力而无正应力。
图 4.18(a)即表示工字钢的自由扭转。

如果受扭杆件的一端有约束限制,则造成各横截面有不同程度的翘曲,这势必引起相邻

两截面间纵向纤维的长度改变,此时,受扭杆的横截面上既有切应力,又有正应力,这种横截面翘曲受到限制的扭转,称为**约束扭转**。图 4.18(b)即为工字钢约束扭转的示意图。像工字钢、槽钢等薄壁杆件,约束扭转时横截面上的正应力往往是相当大的。但一些实体杆件,如截面为矩形或椭圆形的杆件,因约束扭转而引起的正应力很小,与自由扭转并无太大差别。

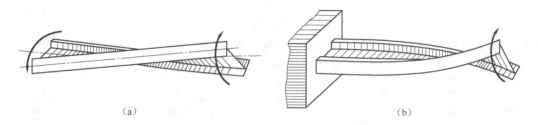

图 4.18 工字钢的自由扭转与约束扭转

矩形截面杆扭转时,由于截面翘曲,无法用材料力学的方法分析杆的应力和变形。现在介绍由弹性力学分析所得到的一些主要结果。

(1)边缘的切应力平行于边界,凸角处无切应力。

矩形截面杆扭转时,横截面上沿截面周边、对角线及对称轴上的切应力分布情况如图 4.19(a)所示。由图可见,横截面周边上各点处的切应力平行于周边。这个事实可由切应力互等定理及杆表面无应力的情况得到证明。如图 4.19(b)所示的横截面上,在周边上任一点 A 处取一单元体,在单元体上若有任意方向的切应力,则必可分解成平行于周边的切应力 τ 和垂直于周边的切应力 τ'。由切应力互等定理可知,当 τ' 存在时,则单元体的左侧面上必有 τ'',但左侧面是杆的外表面,其上没有切应力,故 $\tau''=0$,由此可知,$\tau'=0$,于是该点只有平行于周边的切应力 τ。用同样的方法可以证明凸角处无切应力存在。

(2)截面的最大切应力在长边中点处。

由图 4.19(a)还可看出,长边中点处的切应力是整个横截面上的最大切应力。短边中点的切应力 τ_1 是短边上的最大切应力。

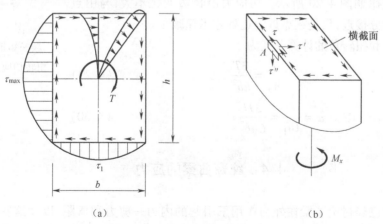

图 4.19 矩形截面杆横截面切应力分析

切应力的计算公式为

$$\tau_{\max} = \frac{T}{\alpha b^2 h} \tag{4.25}$$

$$\tau_1 = \gamma \tau_{\max} \tag{4.26}$$

杆件两端的相对扭转角计算公式为

$$\varphi = \frac{Tl}{G\beta b^3 h} \tag{4.27}$$

式中，α、β、γ 均为与边长比值 h/b 有关的系数，列于表 4.1 中。

表 4.1　矩形截面杆扭转时的系数 α、β、γ

h/b	α	β	γ	h/b	α	β	γ
1.00	0.208	0.141	1.000	4.00	0.282	0.281	0.745
1.20	0.219	0.166	0.930	5.00	0.291	0.291	0.744
1.50	0.231	0.196	0.858	6.00	0.299	0.299	0.743
1.75	0.239	0.214	0.820	8.00	0.307	0.307	0.743
2.00	0.246	0.229	0.796	10.00	0.313	0.313	0.743
2.50	0.258	0.249	0.767	∞	0.333	0.333	0.743
3.00	0.267	0.263	0.753				

（3）对于狭长矩形截面 $\left(\dfrac{h}{b} \geq 10 \right)$，由表 4.1 可知 $\alpha = \beta \approx \dfrac{1}{3}$，于是有

$$\left.\begin{array}{l} W_t = \dfrac{1}{3} h b^2 \\[2mm] I_t = \dfrac{1}{3} h b^3 \end{array}\right\} \tag{4.28}$$

式中，W_t 仍称为**抗扭截面系数**；I_t 称为截面的**相当极惯性矩**。截面上的切应力分布规律如图 4.20 所示。切应力沿长边变化不大，与中点的最大切应力十分接近，只是在靠近短边处才迅速减小。

最大切应力和扭转角的计算公式为

$$\tau_{\max} = \frac{T}{W_t} = \frac{3T}{hb^2} \tag{4.29}$$

$$\varphi = \frac{Tl}{GI_t} = \frac{3Tl}{Ghb^3} \tag{4.30}$$

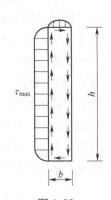

图 4.20
狭长矩形截面
扭转切应力分布

4.4　纯弯曲梁的应力

在第 3 章中已经讨论了梁在外力作用下引起的内力—剪力和弯矩，以及这些内力沿梁轴线的变化规律—内力图。在一般情况下，剪力和弯矩分别作用在梁横截面的切向平面（Oyz）和梁的纵向平面（Oxy），由截面上分布内力系的合成关系可知，横截面上与正应力有

关的法向内力元素 $dF_N = \sigma dA$ 能合成为弯矩；而与切应力有关的切向内力元素 $dF_S = \tau dA$ 能合成为剪力。所以在梁的横截面上一般是既有正应力，又有切应力（图 4.21）。首先研究梁在对称弯曲时横截面上的正应力。

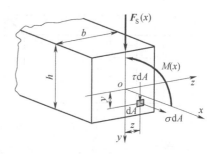

图 4.21　梁横截面上的内力和应力

以图 4.22（a）为例，其计算简图、剪力图、弯矩图如图 4.22（b）（c）（d）。由图可见，梁在 CD 段之间剪力为零，弯矩为常量，则该段梁的弯曲称为**纯弯曲**；在 AC 和 DB 段，既有剪力、又有弯矩，则该段梁的弯曲称**横力弯曲**（或称剪切弯曲）。

（a）

梁的弯曲

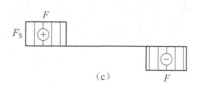

（b）

（c）

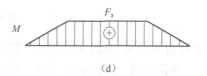

（d）

图 4.22　简支梁及其内力图

4.4.1　纯弯曲梁的正应力

为简单起见，先研究只有弯曲正应力的纯弯曲梁段。

分析梁纯弯曲时的正应力，仍需综合分析几何变形、物理关系、静力平衡三个方面。

1. 几何方面

如果采用容易变形的材料，如橡胶、海绵等制成梁的模型，在其侧表面上画纵向线和横向线 [图 4.23（a）]。取 dx 微段，有纵向线 aa、bb 和横向线 mm、nn [图 4.23（b）]。梁受纯弯曲变形后，可观察到以下变形现象 [图 4.23（c）]。

（1）横向线 $m'm'$ 和 $n'n'$ 仍保持直线，但相对转动一个角度。

（2）纵向线 $a'a'$ 和 $b'b'$ 变为弧线，仍与变形后的横向线相垂直。变形后凸边纤维 $a'a'$ 长度增加，而凹边纤维 $b'b'$ 长度减小。

（3）在纵向线伸长区，梁的横截面宽度变小；缩短区的横截面宽度增大。与杆件拉伸（或压缩）时的横向变形相似。

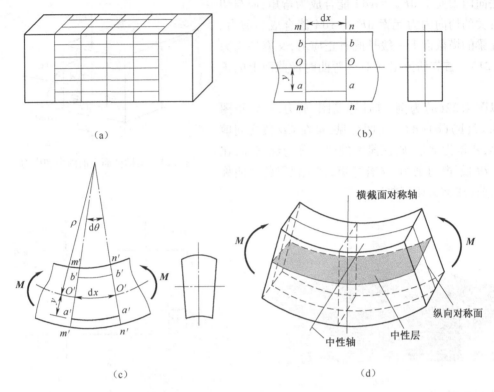

图 4.23 纯弯曲变形

通过实验观察,由表及里作如下假设:

(1)**平面假设** 梁的横截面在变形前后仍保持为平面,并仍与梁弯曲后的轴线垂直,只是绕横截面内的某一轴线转动一个角度。

(2)**单向受力假设** 设想梁的材料是由无数个纵向纤维组成,纤维之间无挤压,弯曲变形时,仅沿纤维长度方向有拉伸或压缩变形,处于单向拉伸(压缩)受力变形状态。

根据以上假设,纯弯曲变形过程中梁的纵向纤维之间无相对错动,始终与横截面垂直,所以横截面上各点都无切应变,纤维在弯成凹边一侧有压缩变形,而在凸边一侧为伸长变形。考虑到变形的连续性和平面假设的存在,由压缩区向伸长区过渡时,中间必有一层纤维既不伸长,也不缩短,但由直线变为曲线,这一纤维层称为**中性层**;中性层与横截面的交线,称为**中性轴**[图 4.23(d)]。

当作用在梁上的载荷都在其纵向对称面内时,梁的轴线在该平面内弯成一条平面曲线,这就是**平面弯曲**。梁的整体变形对称于纵向对称面,中性轴必然垂直于截面的对称轴,所以,横截面都绕中性轴转动一个 $\mathrm{d}\theta$ 角度。

用相距为 $\mathrm{d}x$ 的 mm 和 nn 两横截面从梁中截取一微段,并取坐标系如图 4.24(a)所示,其中 y 轴即为截面的对称轴,z 轴为中性轴,但其位置尚待确定。弯曲变形后[图 4.24(b)],中性层的曲率半径设为 ρ,距中性层为 y 处的纵向纤维由 $\overline{aa}(\overline{aa} = \overline{oo} = \mathrm{d}x)$ 弯成 $\overset{\frown}{a'a'}[\overset{\frown}{a'a'} = (\rho + y)\mathrm{d}\theta$,$\mathrm{d}\theta$ 是相邻两截面 mm 和 nn 的相对转角],所以,$\overline{aa}$ 的伸长位移为

$$a'a' - \overline{aa} = (\rho + y)\mathrm{d}\theta - \mathrm{d}x = (\rho + y)\mathrm{d}\theta - \rho\mathrm{d}\theta = y\mathrm{d}\theta$$

变形前后中性层内的纤维 oo 的长度不变

$$\overline{oo} = \mathrm{d}x = \widehat{o'o'} = \rho\mathrm{d}\theta$$

得纤维 aa 的线应变为

$$\varepsilon = \frac{(\rho + y)\mathrm{d}\theta - \mathrm{d}x}{\mathrm{d}x} = \frac{y\mathrm{d}\theta}{\rho\mathrm{d}\theta} = \frac{y}{\rho} \tag{4.31}$$

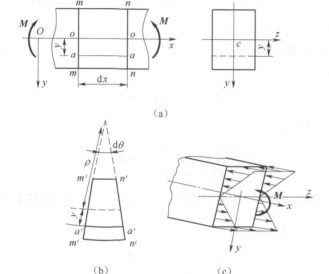

图 4.24　纯弯曲梁的应变与应力分布

由此可见，纵向纤维的线应变 ε 与它到中性层的距离 y 成正比，即沿梁的高度线性变化。

2. 物理方面

基于纯弯曲时梁的纵向纤维处于单向拉(压)受力状态，当应力不超过材料的比例极限 σ_P，且材料的拉压弹性模量相同时，正应变与正应力服从拉(压)胡克定律，由式(4.1)，得弯曲正应力为

$$\sigma = E\varepsilon = E\frac{y}{\rho} \tag{4.32}$$

式(4.32)表明，正应力 σ 与它到中性层的距离 y 成正比，与中性层的曲率半径 ρ 成反比，即正应力沿梁截面高度成线性规律变化，在中性轴上各点的正应力均为零[图 4.24(c)]。

由于曲率半径 ρ 和中性轴的位置尚未确定，所以式(4.32)虽说明了正应力的变化规律，但还不能计算正应力的大小。

3. 静力学方面

横截面上各点的正应力与所在微面积 $\mathrm{d}A$ 的乘积组成微内力，形成了平行于轴线 x 轴的空间平行力系(图 4.25)，其向坐标原点简化可得轴力 F_N 为零，弯矩 M_y 为零，只有弯矩 M_z 不为零，即为横截面上的内力弯矩 M。

（1）
$$F_N = \int_A \sigma dA = 0 \qquad (4.33)$$

将式（4.32）代入式（4.33），得到

$$\int_A \frac{E}{\rho} y dA = 0$$

并注意到对横截面积分时，$\dfrac{E}{\rho}$ 常量，从而有静矩

$$S_z = \int_A y dA = 0 \qquad (4.34)$$

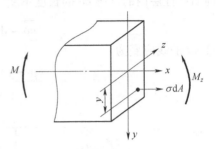

图 4.25　纯弯曲梁段

此式表示横截面对中性轴（即 z 轴）的静矩等于零。因此，中性轴必定通过横截面的形心，这就确定了中性轴的位置。

（2）
$$M_y = \int_A z \sigma dA = 0 \qquad (4.35)$$

将式（4.32）代入式（4.35）得

$$\frac{E}{\rho} \int_A yz dA = \frac{E}{\rho} I_{yz} = 0$$

上式中的积分为横截面对 y、z 轴的惯性积 I_{yz}。因为 $\dfrac{E}{\rho}$＝常量，则有 $I_{yz} = 0$，即 yz 平面为主惯性平面。由于 y 轴为对称轴，故这一条件自然满足。

（3）
$$M_z = \int_A y \sigma dA = M \qquad (4.36)$$

将式（4.32）代入式（4.36），得

$$\frac{E}{\rho} \int_A y^2 d = M$$

由于

$$I_z = \int_A y^2 dA \qquad (4.37)$$

为横截面对中性轴 z 的惯性矩 I_z，故上式可写为

$$\frac{1}{\rho} = \frac{M}{EI_z} \qquad (4.38)$$

上式反映了梁弯曲变形后的曲率半径 ρ 与弯矩 M 和 EI_z 的关系，是分析弯曲变形问题的一个重要公式。其中 EI_z 称为梁的**弯曲刚度**。

将式（4.38）代入式（4.32），即得等直梁纯弯曲时横截面上任一点处正应力的计算公式

$$\sigma = \frac{My}{I_z} \qquad (4.39)$$

式中，M 为横截面上的弯矩；I_z 为截面对中性轴 z 的惯性矩；y 为所求点到中性轴 z 的距离。

符号规定：弯曲正应力的正负号可直接根据梁弯曲时的凹凸情况来判定。以中性轴为界，梁凸出的一侧是拉应力；凹入的一侧为压应力。

由式（4.39）可知，梁横截面上离中性轴越远处，其弯曲正应力越大；当 $y = y_{max}$，即横截

面离中性轴最远的边缘上各点处,弯曲正应力达最大值。当中性轴为横截面的对称轴时,最大拉应力和最大压应力的数值相等,横截面上的最大弯曲正应力为

$$\sigma_{max} = \frac{M \cdot y_{max}}{I_z} \tag{4.40}$$

引用记号

$$W_z = \frac{I_z}{y_{max}} \tag{4.41}$$

W_z 称为**抗弯截面系数**,是与梁横截面的形状和尺寸相关的几何量,量纲是长度的三次方,单位是米³或毫米³(m^3 或 mm^3)。则弯曲正应力的最大值也可表达为

$$\sigma_{max} = \frac{M}{W_z} \tag{4.42}$$

由于 y、z 轴都过截面形心,且惯性积 $I_{yz} = 0$,所以这一对轴为**形心主惯性轴**,由此求得的 I_z 为**形心主惯性矩**。因此可得:对于实心或空心截面梁,不论横截面有无对称轴,只要外力作用于形心主惯性平面内,就可利用式(4.39)计算横截面上任一点的弯曲正应力,用式(4.40)或式(4.42)计算最大弯曲正应力。

4.4.2　形心主惯性矩 I_z 和抗弯截面系数 W_z 的计算

在利用以上公式计算弯曲应力时,需要知道截面的形心主惯性矩 I_z 和抗弯截面系数 W_z。

(1)矩形截面

设矩形截面的高为 h,宽为 b[图 4.26(a)],z 轴通过截面形心 c 并与截面宽度平行。取微面积 $dA = bdy$,由式(4.37)得形心主惯性矩为

$$I_z = \int_A y^2 dA = \int_{-h/2}^{h/2} y^2 b dy = \frac{by^3}{3}\Big|_{-h/2}^{h/2} = \frac{bh^3}{12} \tag{4.43}$$

由式(4.41)得抗弯截面系数为

$$W_z = \frac{I_{z_c}}{y_{max}} = \frac{bh^3/12}{h/2} = \frac{bh^2}{6} \tag{4.44}$$

类似可求得

$$I_y = \frac{hb^3}{12} \tag{4.45}$$

$$W_y = \frac{hb^2}{6} \tag{4.46}$$

(2)圆截面

设圆截面直径为 D[图 4.26(b)],z 轴过截面形心 c,取微面积 $dA = \rho d\theta d\rho$,$y = \rho \sin \theta$,由式(4.37),得主形心惯性矩为

$$I_z = \int_A y^2 dA = \int_0^{D/2} \int_0^{2\pi} (\rho \sin \theta)^2 (\rho d\theta d\rho) = \frac{\pi D^4}{64} \tag{4.47}$$

由于圆截面的 $I_z = I_y = \frac{\pi D^4}{64}$,而 $\rho^2 = y^2 + z^2$,故有

$$I_P = I_y + I_z = \frac{\pi D^4}{32} \tag{4.48}$$

I_P 即为扭转时圆截面的极惯性矩。

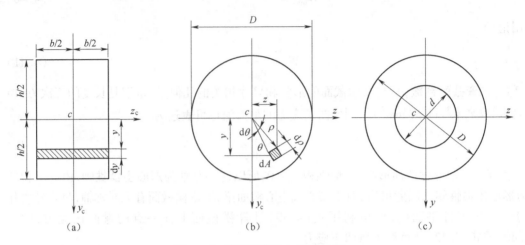

图 4.26 截面图形的 I_z 和 W_z 计算

圆截面的抗弯系数为

$$W_z = \frac{I_z}{y_{\max}} = \frac{\pi D^4 / 64}{D/2} = \frac{\pi D^3}{32} \tag{4.49}$$

（3）空心圆截面

设空心圆截面的内、外直径为 d 与 D[图 4.26（c）]，内外径比为 $\alpha = \dfrac{d}{D}$，z 轴过截面形心，则主形心惯性矩和抗弯截面系数分别为

$$I_z = \frac{\pi D^4}{64} - \frac{\pi d^4}{64} = \frac{\pi D^4}{64}(1 - \alpha^4) \tag{4.50}$$

$$W_z = \frac{I_z}{D/2} = \frac{\pi D^3}{32}(1 - \alpha^4) \tag{4.51}$$

4.5 横力弯曲梁的应力

纯弯曲条件下建立的弯曲正应力公式是在平面假设与单向受力假设的基础上得到的。在横力弯曲时，截面上既有弯矩又有剪力，因此梁的横截面上不仅有正应力，而且有切应力。由于切应力的存在，横截面会发生翘曲。此外，在与中性层平行的纵截面上，还有由横向力引起的挤压应力。因此，梁在纯弯曲时所作的平面假设和各纵向纤维间互不挤压的假设都不成立。但分析结果表明，对于跨长与横截面高度之比 l/h 大于 5 的梁，横截面上的最大正应力按纯弯曲时的公式计算，其误差不超过 1%。而工程上常用的梁，其跨高比远大于 5。因此，用纯弯曲正应力公式（4.39）计算，可满足工程上的精度要求。

4.5.1 横力弯曲梁的正应力

横力弯曲时,弯矩随截面位置不同而变化,所以弯矩是 x 的函数,即 $M=M(x)$。对于等截面梁,危险截面一般都位于弯矩绝对值为最大的地方,$M(x)=|M|_{max}$,代入式(4.40)或式(4.42),得

$$\sigma_{max} = \frac{|M|_{max} \cdot y_{max}}{I_z} \qquad (4.52)$$

或

$$\sigma_{max} = \frac{|M|_{max}}{W_z} \qquad (4.53)$$

如果不是等截面梁,则为

$$\sigma_{max} = \left|\frac{M}{I_z}\right|_{max} \cdot y_{max} \qquad (4.54)$$

或

$$\sigma_{max} = \left|\frac{M}{W_z}\right|_{max} \qquad (4.55)$$

例4.5 一简支梁及其所受载荷如图 4.27(a)所示。若分别采用截面面积相同的矩形截面、圆形截面和工字形截面,试求以上三种截面梁的最大拉应力。设矩形截面高为 140 mm,宽为 100 mm,面积为 14×10^3 mm^2。

解: 首先作梁的弯矩图,如图 4.27(b)所示,该梁 C 截面的弯矩最大,$M_{max}=30$ kN·m,故全梁的最大拉应力发生在该截面的最下边缘处,现计算最大拉应力的数值。

(1)矩形截面

$$W_{z1} = \frac{1}{6}bh^2 = \left(\frac{1}{6} \times 100 \times 140^2\right) mm^3 = 3.27 \times 10^5 mm^3$$

$$\sigma_{max1} = \frac{M_{max}}{W_{z1}} = \left(\frac{30 \times 10^3}{3.27 \times 10^5 \times 10^{-9}}\right) Pa = 91.7 \times 10^6 Pa = 91.7 MPa$$

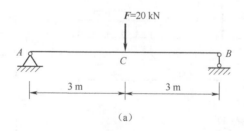

(a)

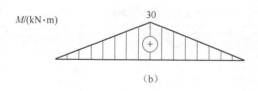

(b)

图 4.27 例 4.5 图

（2）圆形截面

当圆形截面的面积和矩形截面的面积相同时，圆形截面的直径为

$$d = \sqrt{\frac{4 \times 14 \times 10^3}{\pi}} \text{ mm} = 133.5 \text{ mm}$$

$$W_{z2} = \frac{1}{32}\pi d^3 = \left(\frac{\pi}{32} \times 133.5^3\right) \text{ mm}^3 = 2.34 \times 10^5 \text{ mm}^3$$

$$\sigma_{max2} = \frac{M_{max}}{W_{z2}} = \left(\frac{30 \times 10^3}{2.34 \times 10^5 \times 10^{-9}}\right) \text{ Pa} = 128.2 \times 10^6 \text{ Pa} = 128.2 \text{ Pa}$$

（3）工字形截面

由附录 B 型钢表，选用 50C 工字钢，其截面面积为 139 cm²，与矩形面积近似相等。其抗弯截面系数

$$W_{z3} = 2\ 080 \text{ cm}^3$$

$$\sigma_{max3} = \frac{M_{max}}{W_{z3}} = \left(\frac{30 \times 10^3}{2\ 080 \times 10^{-6}}\right) \text{ Pa} = 14.4 \times 10^6 \text{ Pa} = 14.4 \text{ MPa}$$

以上计算结果表明，在承受相同载荷截面面积相同（即用料相同）的条件下，工字形截面梁所产生的最大拉应力最小，矩形次之，圆形最大。反过来说，使三种截面的梁所产生的最大拉应力相同时，工字梁所能承受的载荷最大。这是因为在面积相同的条件下，工字形截面的 W_z 最大。此外，弯曲正应力在截面上的分布规律表明，靠近中性轴部分的正应力很小，这部分面积上的微内力 σdA 离中性轴近，力臂小，所以组成的力矩也小，材料没有被充分利用。工字形截面的材料分布离中性轴较远，在组成相同弯矩的情况下，最大正应力必然减小。因此工字形截面最为经济合理，矩形截面次之，圆形截面最差，但必须指出这仅是从用料这个角度来说的，实际工程中具体采用何种截面考虑的因素很多，如施工工艺、美观等。

例 4.6 一 T 形截面外伸梁及其所受载荷如图 4.28（a）所示。试求最大的拉应力及最大的压应力。已知截面的惯性矩 $I_z = 186.6 \times 10^{-6}$ m⁴。

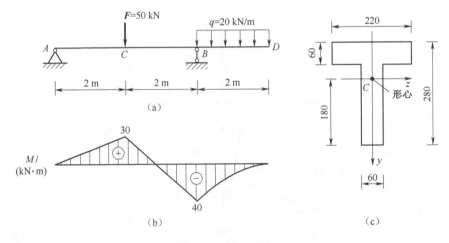

图 4.28　例 4.6 图

解：首先作梁的弯矩图，如图 4.28（b）所示，由图可见最大的正弯矩在 C 截面上，最大的

负弯矩在 B 截面上,其值分别为

$$M_C = 30 \text{ kN} \cdot \text{m}, \quad M_B = 40 \text{ kN} \cdot \text{m}$$

虽然 B 截面弯矩的绝对值大于 C 截面弯矩,但该梁的截面不对称于中性轴,横截面上下边缘到中性轴的距离不相等,故需分别计算 B、C 截面的最大拉应力和最大压应力,然后进行比较。

(1)B 截面

B 截面弯矩为负,该截面上边缘各点处产生最大拉应力,下边缘各点处产生最大压应力,其值分别为

$$\sigma_{max}^+ = \frac{M_B y_t}{I_z} = \left(\frac{40 \times 10^3 \times 100 \times 10^{-3}}{186.6 \times 10^{-6}} \right) \text{Pa} = 21.4 \times 10^6 \text{ Pa} = 21.4 \text{ MPa}$$

$$\sigma_{max}^- = \frac{M_B y_c}{I_z} = \left(\frac{40 \times 10^3 \times 180 \times 10^{-3}}{186.6 \times 10^{-6}} \right) \text{Pa} = 38.6 \times 10^6 \text{ Pa} = 38.6 \text{ MPa}$$

(2)C 截面

C 截面弯矩为正,该截面下边缘各点处产生最大拉应力,上边缘各点处产生最大压应力,其值分别为

$$\sigma_{max}^+ = \frac{M_C y_t}{I_z} = \left(\frac{30 \times 10^3 \times 180 \times 10^{-3}}{186.6 \times 10^{-6}} \right) \text{Pa} = 28.9 \times 10^6 \text{ Pa} = 28.9 \text{ MPa}$$

$$\sigma_{max}^- = \frac{M_C y_c}{I_z} = \left(\frac{30 \times 10^3 \times 100 \times 10^{-3}}{186.6 \times 10^{-6}} \right) \text{Pa} = 16.1 \times 10^6 \text{ Pa} = 16.1 \text{ MPa}$$

由计算可知,全梁最大的拉应力为 28.9 MPa,发生在 C 截面下边缘各点处,最大的压应力为 38.6 MPa,发生在 B 截面下边缘各点处。

若将截面倒置,则最大的拉应力和压应力又为多少?读者可按此法计算,并分析何种放置承载能力更大。

4.5.2 横力弯曲梁的切应力

梁弯曲变形时,一般以正应力作为强度计算的主要依据。但对于跨度较小的短梁(跨高比 $l/h = 2 \sim 5$ 的简支梁)、腹板较薄的型材梁或横力作用在支座附近的梁,此时剪力的影响不可忽视,切应力可能达到很大值,甚至不比弯曲正应力逊色,因此必需计算剪力 F_S 引起的切应力。

由于梁的切应力与截面形状有关,故需就不同的截面形状分别研究。

1. 矩形截面梁

下面先以矩形截面梁为研究对象,说明分析弯曲切应力的基本方法,然后推广应用到其它截面形式。

在轴向拉压、扭转和纯弯曲问题中,求横截面上的应力时,都是首先由平面假设,得到应变的变化规律,再结合物理方面得到应力的分布规律,最后利用静力学方面得到应力公式。但分析梁在横力弯曲下的切应力时,无法用简单的几何关系确定与切应力对应的切应变的变化规律。

设有图 4.29(a)(c)所示矩形截面梁,横截面高为 h,宽为 b,在纵向对称面内受外力作用,引起横力弯曲。对于狭长矩形截面,由于梁的侧边上无切应力,故横截面上侧边各点处的切应力必与侧边平行,而在对称弯曲的情况下,对称轴 y 处的切应力必沿着 y 方向,且狭长矩形截面上切应力沿截面宽度的变化不可能大。为了简化分析,对于矩形截面梁的切应力,可首先作出以下两个假设。

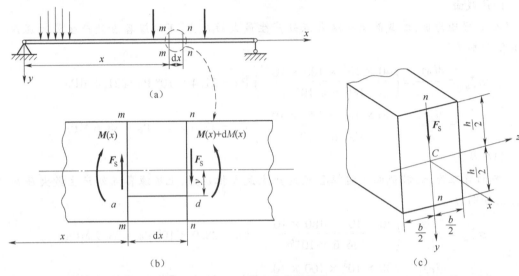

图 4.29　横力弯曲梁微段

(1)横截面上各点处的切应力平行于侧边。因为根据切应力互等定理,横截面两侧边上的切应力必平行于侧边。

(2)切应力沿横截面宽度方向均匀分布。

即使对于非狭长矩形截面,在截面高度 h 大于宽度 b 的情况下,由上述假定得到的解与精确解相比,其误差在工程上常可以忽略。

图 4.30 给出了横截面上切应力沿宽度方向均匀分布的情况。

在图 4.29(a)所示梁内,沿轴线用相距 dx 的两个横截面 $m-m$ 和 $n-n$ 自梁中取出一个微段作为研究对象[图 4.29(b)]。设在该两截面上均有剪力 $F_S(x)$,弯矩分别为 $M(x)$ 和 $M(x)+dM(x)$,因此,这两个截面上的弯曲正应力也不相等,其分布如图 4.31(a)所示。

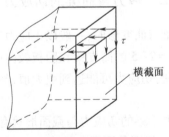

图 4.30　矩形截面横截面上的
切应力沿宽度均匀分布

为了求出距中性轴为 y 处水平面上的切应力,假想沿水平面再将梁截开,取 $admna'd'm'n'$ 这一部分分析,如图 4.31(b)所示。

由于 $maa'm'$ 和 $ndd'n'$ 两截面上高度相同的点处的正应力不同,故该两截面上的由法向微内力 $\sigma_m dA$、$\sigma_n dA$ 合成的内力 F_{Nm} 和 F_{Nn} 不相等,且 $F_{Nm} < F_{Nn}$。但该部分处于平衡状态,故 $aa'd'd$ 截面上必存在切应力 τ',其切向内力 $dF_S' = \tau' b dx$。由切应力互等定理和以上

对切应力分布所作假设，τ' 与 τ 是大小相等、方向相反、沿梁宽度 b 是均匀分布的。由图 4.31(c) 可见，取出的作用在微分体各个面上的内力所组成的空间平行力系应满足以下平衡方程

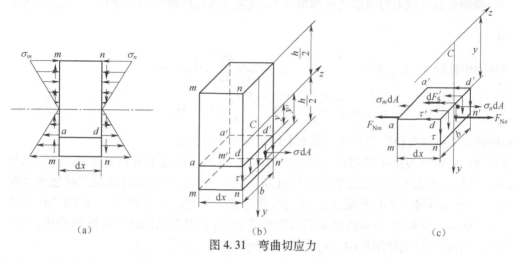

图 4.31　弯曲切应力

$$F_{Nm} = \int_{A_1} \sigma_m dA = \int_{A_1} \frac{M(x) \cdot y_1}{I_z} dA = \frac{M(x)}{I_z} \int_{A_1} y_1 dA = \frac{M(x)}{I_z} S_z^*$$

$$F_{Nn} = \int_{A_1} \sigma_n dA = \int_{A_1} \frac{M(x) + dM(x)}{I_z} y_1 dA = \frac{M(x) + dM(x)}{I_z} \int_{A_1} y_1 dA = \frac{M(x) + dM(x)}{I_z} S_z^*$$

$$dF_S' = \tau' b dx$$

式中　$S_z^* = \int_{A_1} y_1 dA$ 是微段横截面面积 $A_1 = A_{ndd'n'}$ 对中性轴 z 的静矩。

由 $\sum F_x = 0$，得

$$F_{Nn} - dF_S' = F_{Nm}$$

即

$$\frac{M(x) + dM(x)}{I_z} S_z^* - \tau' b dx - \frac{M(x)}{I_z} S_z^* = 0$$

化简后，得

$$\tau' = \frac{dM(x)}{dx} \cdot \frac{S_z^*}{I_z \cdot b} = \frac{F_S(x) S_z^*}{I_z b}$$

因此

$$\tau = \frac{F_S(x) S_z^*}{I_z b} \tag{4.56}$$

式中：$F_S(x)$——横截面上的剪力；

　　　I_z——整个梁横截面面积的主形心惯性矩；

　　　b——切应力 τ 处横截面的宽度 dd；

　　　S_z^*——为距中性轴为 y 的横向线 dd 以下部分面积 A_1 对中性轴的静矩。

对于图 4.31(c) 的矩形截面，取 $dA = b dy$，其静矩为

$$S_z^* = \int_{A_1} y_1 dA = \int_y^{h/2} b y_1 dy = \frac{b}{2}\left(\frac{h^2}{4} - y^2\right)$$

所以，式(4.56)可写成

$$\tau = \frac{F_S(x)}{2I_z}\left(\frac{h^2}{4} - y^2\right) \qquad (4.57)$$

式(4.57)说明弯曲切应力沿截面宽度均匀分布,而沿截面高度成抛物线分布。$|y|_{max} = \pm\dfrac{h}{2}$ 处,$\tau = 0$;

$y = 0$ 的中性轴处,$\tau_{max} = \tau_0 = \dfrac{F_S(x)h^2}{8I_z}$ 由于 $I_z = \dfrac{bh^3}{12}$,代入,得

$$\tau_{max} = \frac{3}{2}\frac{F_S(x)}{bh} = 1.5\frac{F_S(x)}{A} = 1.5\tau_m \qquad (4.58)$$

可见矩形截面梁的最大切应力为该截面上平均切应力的1.5倍。

矩形截面的切应力是按抛物线变化的[图4.32(b)]。截面不再保持平面,发生翘曲[图4.32(c)],当剪力不随截面位置而变化时,$F_S(x) = F_S$ 为常量,则各横截面的翘曲程度相同,不影响纵向纤维长度的改变,所以不会改变弯曲正应力的分布和计算,式(4.39)仍然适用。如果剪力不是常数,各截面的翘曲程度将不相同,会引起纵向纤维长度的变化,但对细长梁其影响甚微,故仍使用式(4.39)计算其弯曲正应力。

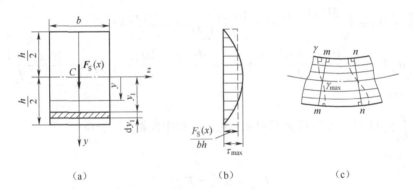

（a）　　　　　　　　（b）　　　　　　　　（c）

图 4.32　切应力和切应变

2. 工字形截面梁的切应力

工字形截面由上、下翼缘及腹板构成(图4.33),翼缘和腹板均是狭长矩形,故关于矩形截面梁切应力分布的两个假设完全适用。因此导出相同的切应力计算公式

$$\tau = \frac{F_S S_z^*}{I_z t} \qquad (4.59)$$

式中,t 为狭长矩形的宽度;I_z 为横截面对中性轴的惯性矩;S_z^* 为切应力 τ 处以外部分的面积 A^* 对中性轴的静矩。

由式(4.59),可得腹板上的切应力

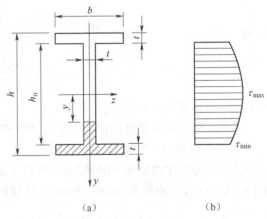

（a）　　　　　　　　（b）

图 4.33　腹板的弯曲切应力

$$\tau = \frac{F_S}{I_z t}\left[\frac{b}{2}\left(\frac{h^2}{4} - \frac{h_0^2}{4}\right) + \frac{t}{2}\left(\frac{h_0^2}{4} - y^2\right)\right]$$

由上式可见,工字形截面梁腹板部分的切应力 τ 沿腹板高度按二次抛物线规律变化,其最大切应力发生在中性轴上,即 $y=0$ 处。腹板上的最小切应力在与翼缘交界处,即 $y = \pm\frac{h_0}{2}$ 处。由式(4.59),有

当 $y=0$ 时
$$\tau_{max} = \frac{F_S}{I_z t}\left[\frac{b}{2}\left(\frac{h^2}{4} - \frac{h_0^2}{4}\right) + \frac{t h_0^2}{8}\right]$$

当 $y = \pm\frac{h}{2}$ 时
$$\tau_{min} = \frac{F_S}{I_z t}\left(\frac{b h^2}{8} - \frac{b h_0^2}{8}\right)$$

从以上两式可以看出,翼缘宽度 b 远远大于腹板宽度 t,因而 τ_{max} 和 τ_{min} 相差不大,工程上常忽略其差异,认为腹板的切应力大致是均匀分布的。根据计算,腹板上切应力所组成的剪力 $F_{S'}$ 约占横截面上总剪力 F_S 的95%左右,即腹板承担了绝大部分的剪力,所以通常近似地认为腹板上的剪力 $F_{S'} \approx F_S$,而腹板的切应力又可认为均匀分布,因此近似可得腹板的切应力为

$$\tau = \frac{F_S}{h_0 t} \qquad\qquad (4.60)$$

翼缘上的竖直切应力分布复杂,其值很小,无工程意义,可不必计算。但是,在翼缘上还存在着平行于翼缘边界的水平切应力,它与腹板切应力相比,一般情况下也是次要的。如要计算,可仿照与矩形截面相同的分析方法,由式(4.59)导出。

对工字形截面梁横截面上的切应力的分析和计算,同样适用于 T 形、槽形和箱形等截面梁。

工字形截面梁以腹板主要承担弯曲切应力及剪力、以翼缘主要承担弯曲正应力及弯矩的合理设计,在工程中得到广泛使用。

例 4.7 高、宽比为 h/b 的矩形截面简支梁,在跨中受集中力 F 作用,梁长 l,[图 4.34(a)],试求梁最大切应力 τ_{max} 与最大正应力 σ_{max} 的比值。

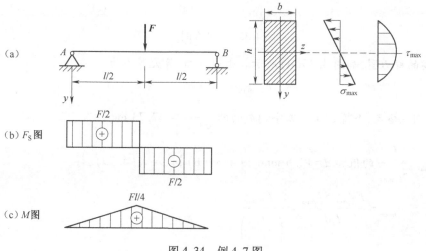

图 4.34 例 4.7 图

解:简支梁的剪力图和弯矩图如图 4.34(b)(c)所示。

按式(4.58)和式(4.53)求得最大切应力和最大正应力为：

$$\tau_{max} = \frac{3}{2}\frac{F_{S,max}}{A} = \frac{3}{2}\frac{F/2}{bh} = \frac{3}{4}\frac{F}{bh}$$

$$\sigma_{max} = \frac{M_{max}}{W_z} = \frac{Fl/4}{bh^2/6} = \frac{3}{2}\frac{Fl}{bh^2}$$

两种应力的比值为

$$\frac{\tau_{max}}{\sigma_{max}} = \frac{\dfrac{3}{4}\dfrac{F}{bh}}{\dfrac{3}{2}\dfrac{Fl}{bh^2}} = \frac{h}{2l}$$

由于多数梁为细长梁,$l \gg h$,所以切应力远小于正应力。对于一般细长的非薄壁梁,弯曲正应力往往是影响弯曲强度的主要因素。

例题 4.8 图 4.35(a)(b)所示为 56a 号工字钢梁,其截面简化后的尺寸见图 4.35(b),$F = 150$ kN。试求梁的最大切应力 τ_{max} 和同一截面腹板部分在 a 点[图 4.35(b)]处的切应力 τ_a,并分析切应力沿腹板高度的变化规律。

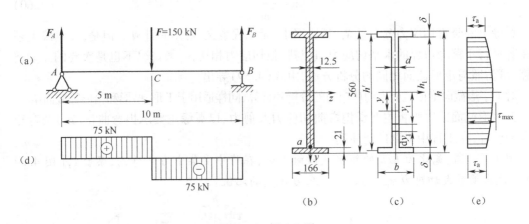

图 4.35 例 4.8 图

解:作梁的剪力图,如图 4.35(d)所示。由图可知,最大剪力为

$$F_{S,max} = 75 \text{ kN}$$

利用型钢规格表,查得 56a 号工字钢截面的 $\dfrac{I_z}{S_{z,max}^*} = 47.73$ cm。

将 $F_{S,max}$,$\dfrac{I_z}{S_{z,max}^*}$ 的值和 $d = 12.5$ mm[图 4.35(b)]代入式(4.59),得

$$\tau_{max} = \frac{F_{S,max}S_{z,max}^*}{I_z d} = \frac{F_{S,max}}{\left(\dfrac{I_z}{S_{z,max}^*}\right)d}$$

$$= \frac{75 \times 10^3 \text{ N}}{(47.73 \times 10^{-2} \text{ m})(12.5 \times 10^{-3} \text{ m})} = 12.6 \times 10^6 \text{ Pa} = 12.6 \text{ MPa}$$

为计算 τ_a ,先求下翼缘截面面积对中性轴的静矩 S_{za}^* 。根据图 4.35(b)所示尺寸可得

$$S_{za}^* = 166 \text{ mm} \times 21 \text{ mm} \times \left(\frac{560 \text{ mm}}{2} - \frac{21 \text{ mm}}{2} \right) = 940 \times 10^3 \text{ mm}^3$$

由式(4.60)及已知值,得

$$\tau_a = \frac{F_{S,\max} S_{za}^*}{I_z d} = \frac{(75 \times 10^3 \text{ N})(940 \times 10^{-6} \text{ m}^3)}{(65\,586 \times 10^{-8} \text{ m}^4)(12.5 \times 10^{-3} \text{ m})}$$

$$= 8.6 \times 10^6 \text{ Pa} = 8.6 \text{ MPa}$$

至于切应力 τ 沿腹板高度的变化规律,因腹板壁厚 d 为常量,故与 S_z^* 的变化规律相同。现写出 S_z^* 的展开式,并取 $d \cdot \mathrm{d}y_1$ [图 4.35(c)]为腹板部分的面积元素 $\mathrm{d}A$,从而有

$$S_z^* = \frac{b\delta h'}{2} + \int_y^{\frac{h_1}{2}} y_1 \cdot \mathrm{d} \cdot \mathrm{d}y_1 = \frac{b\delta h'}{2} + \frac{d}{2}\left(\frac{h_1^2}{4} - y^2 \right)$$

上式表明, τ 沿腹板高度是按二次抛物线规律变化的[图 4.35(e)]。

*例 4.9　如图 4.36(a)(b)所示倒 T 形外伸梁,已知 $q = 3$ kN/m, $F_1 = 12$ kN, $F_2 = 18$ kN,形心主惯性矩 $I_z = 39\,800 \text{ cm}^4$ 。(1)试求梁的最大拉应力和最大压应力及其所在的位置;(2)若该梁是由两个矩形截面的厚板条沿图示截面上的 ab 线(实际是一水平面)胶合而成,为了校核该梁的胶合连接强度,试确定水平接合面上的最大切应力。

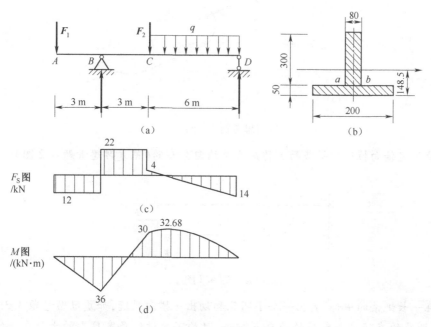

图 4.36　例 4.9 图

解:作梁的剪力图和弯矩图,如图 4.36(b)(c)。由图可知:

$$|M_{\max}^-| = 36 \text{ kN} \cdot \text{m}, \qquad |M_{\max}^+| = 32.68 \text{ kN} \cdot \text{m}, \qquad |F_{S\max}| = 22 \text{ kN}$$

参照例 4.6 可知,最大拉应力发生在 B 截面上:

$$\sigma^+ = \frac{36 \times 10^3 \text{ Nm} \times (350 - 148.5) \times 10^{-3} \text{ m}}{39\ 800 \times 10^{-4} \text{ m}^4} = 16.5 \text{ MPa}$$

最大压应力发生在 $F_S = 0$ 的截面上：

$$\sigma^- = \frac{32.68 \times 10^3 \text{ Nm} \times (350 - 148.5) \times 10^{-3} \text{ m}}{39\ 800 \times 10^{-4} \text{ m}^4} = 15 \text{ MPa}$$

ab 线上最大切应力发生在 BC 段，

$$S_z^* = 200 \times 50 \times (148.5 - 25) = 1\ 235 \times 10^3 \text{ mm}^3$$

代入公式

$$\tau = \frac{F_S S_z}{I_z b}$$

得到

$$\tau_{ab\max} = \frac{22 \times 10^3 \text{ N} \times 1\ 235 \times 10^3 \text{ mm}^3}{39\ 800 \times 10^4 \text{ mm}^4 \times 80\text{m}} = 0.85 \text{ MPa}$$

复习思考题

4.1　复习思考题 4.1 图所示横截面为任意形状的等直杆。已知横截面上的正应力为均匀分布,试证明拉力 F 的作用线必与杆轴重合。

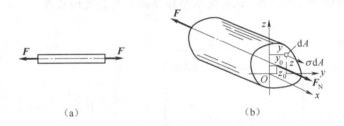

（a）　　　　　　　　　　　（b）

复习思考题 4.1 图

4.2　试论述轴向拉压杆斜截面上的应力是均匀分布的(见复习思考题 4.2 图)。

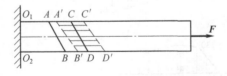

复习思考题 4.2 图

4.3　在一长纸条的中部,打出一个小圆孔和切出一横向裂缝,如复习思考题 4.3 图(a)所示。若小圆孔的直径 d 与裂缝的长度 a 相等,且均不超过纸条宽度 b 的十分之一($d = a \leq \frac{b}{10}$)。小圆孔和裂缝均位于纸条宽度的中间,然后,在纸条两端均匀受拉,试问纸条将从何处破裂,为什么?

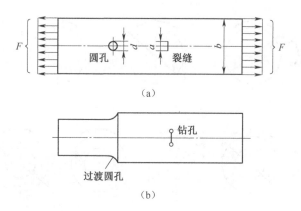

复习思考题 4.3 图

4.4　说明以下公式在什么条件下是成立的：

$$\sigma = \frac{F_N}{A}, \quad \tau = \frac{T}{I_P}\rho, \quad \tau = \frac{T}{W_t}, \quad \sigma = \frac{M}{I_z}y, \quad \sigma = \frac{M}{W_z}, \quad \tau = \frac{F_S S_z^*}{I_z b}$$

4.5　横截面的轴惯性矩与极惯性矩,抗扭截面系数与抗弯截面系数可否都采用叠加的方法计算?

4.6　判断复习思考题 4.6 图所示截面应力分布图的正误。

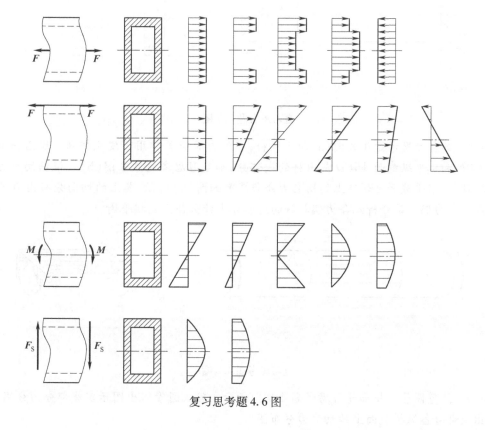

复习思考题 4.6 图

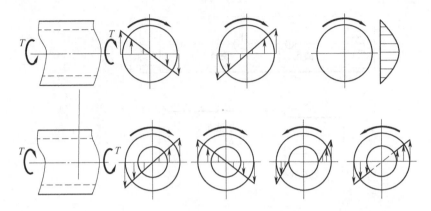

复习思考题4.6图(续)

4.7 复习思考题4.7图所示悬臂梁,其横截面分别由一块整料图(b)或锯成两块矩形拼接成图(c)(d)所示,试比较三者的承载能力,分别绘出它们的正应力分布图和切应力分布图。

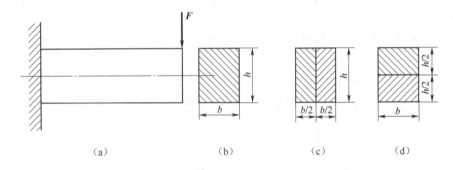

复习思考题4.7图

4.8 如复习思考题4.8图(a)所示圆杆,在外力偶矩 T 作用下发生扭转。现沿横截面 ABE、CDF 和水平纵截面 $ABCD$ 截出杆的一部分,如复习思考题4.8图(b)。根据切应力互等定理可知,水平截面 $ABCD$ 上的切应力分布情况如图(b)所示,其上的切向分布内力 $\tau'\mathrm{d}A$ 将组成一合力偶。试分析此合力偶与杆的这部分中什么合力偶相平衡。

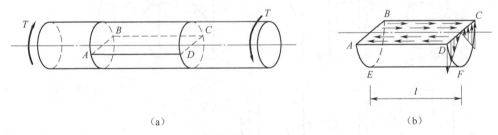

复习思考题4.8图

4.9 薄壁圆管受扭如复习思考题4.9图所示。若从圆管取出图示实线部分为分离体,试画出该部分各纵横截面上的切应力分布图。

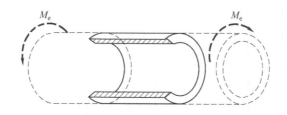

复习思考题4.9图

4.10　梁横截面中性轴上的正应力是否一定为零？切应力是否一定为最大？试举例说明。梁的最大应力一定发生在内力最大的横截面上吗？为什么？

习　题

4.1　一根中间部分对称开槽的直杆如题4.1图所示，已知材料的弹性模量 $E=70$ GPa。试求横截面 1-1 和 2-2 上的正应力。

4.2　连杆 BD 由两个矩形等截面($A=12\times40$ mm^2)钢杆组成，用直径 $d=10$ mm 的销钉连接，在题4.2图示条件下，当(1)$\alpha=0°$，(2)$=90°$时，分别求连杆所受的最大平均正应力。

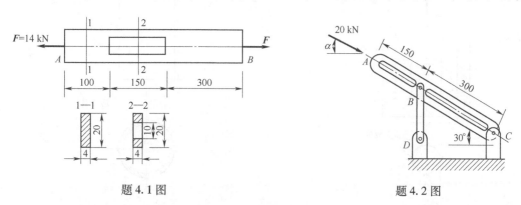

题 4.1 图　　　　　　　　　　　　　　题 4.2 图

4.3　如题4.3图所示作用在曲柄连杆机构上的力偶 $M_e=1.40$ kN·m，在图示位置下要求计算：(1)保持系统平衡在活塞上所施加的 F 力；(2)等截面连杆 BC($A=465$ mm^2)所受的正应力。

4.4　已知题图4.4图所示结构的吊杆 BE 为矩形等截面杆($A=12\times25$ mm^2)，它受到的正应力为 $+90$ MPa，试确定所受的 F 力？如假设三个 $F=4$ kN，等截面吊杆 BE 受到的正应力为 $+100$ MPa，试求吊杆的横截面面积。

4.5　测力传感器如题图4.5所示，在弹性元件上贴有应变片，通过应变的测量来确定传感器所传递的力 F。设弹性元件的弹性模量 $E=200$ GPa，直径 $d=20$ mm，测得的应变值 $\varepsilon=200\times10^{-6}$，试求外力 F。

4.6　电子秤的弹性元件由图题4.6所示空心圆筒制成。元件材料的弹性模量 $E=200$ GPa，当电子秤受到重物 $F=20$ kN 作用后，求筒壁产生的轴向线应变 ε。

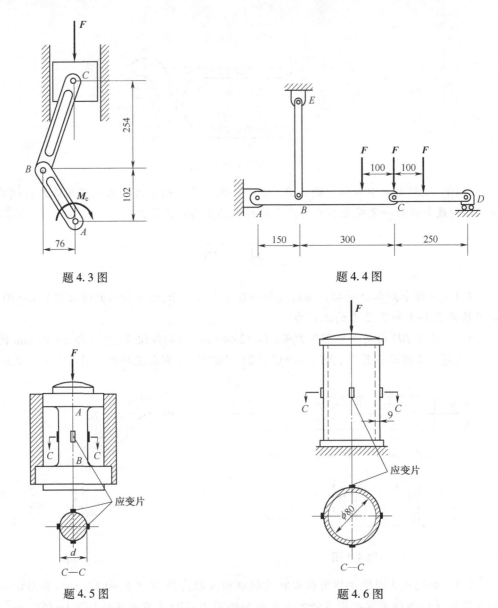

题 4.3 图

题 4.4 图

题 4.5 图

题 4.6 图

4.7　悬臂吊车如题 4.7 图所示。钢杆 CD 在起吊重量为 F 时测得轴向线应变 $\varepsilon = 390 \times 10^{-6}$，已知钢的弹性模量 $E = 200$ GPa，试求重量 F。

4.8　杆系如题 4.8 图所示。两杆的横截面面积均为 $A = 20$ mm^2，材料的弹性模量均为 $E = 200$ GPa，试验测得杆 1 和杆 2 的轴向线应变分别为 $\varepsilon_1 = 400 \times 10^{-6}$ 和 $\varepsilon_2 = 200 \times 10^{-6}$。试求载荷 F 及其方位角 θ。

4.9　如题 4.9 图所示，AB 为刚梁，AC 为钢杆（$E_S = 200$ GPa），BD 为铜杆（$E_{bra} = 100$ GPa）。试求使刚梁 AB 保持水平时载荷 F 的作用位置。若此时 $F = 30$ kN，求 AC 和 BD 两杆的轴向正应力。

4.10　直径 $d = 10$ mm 的圆截面直杆，在轴向拉力作用下，直径减小了 0.002 5 mm，材料的弹性模量 $E = 210$ GPa，泊松比 $\mu = 0.3$，试求轴向拉力 F。

4.11 直径为 $d=10$ mm、长为 1 200 mm 的柔性钢环,中间撑有面积为 $A=400$ mm² 的方形截面钢杆 AC,形成平行四边形状,如题 4.11 图所示。在钢环上下用直径为 12 mm 的钢吊索 BG 和 DE 承受一对拉力 F。已知钢环和钢吊索允许承受的最大应力皆为 180 MPa,方形钢杆 AC 允许承受的最大应力为 60 MPa,试求图示结构所能承受的最大拉力 F。

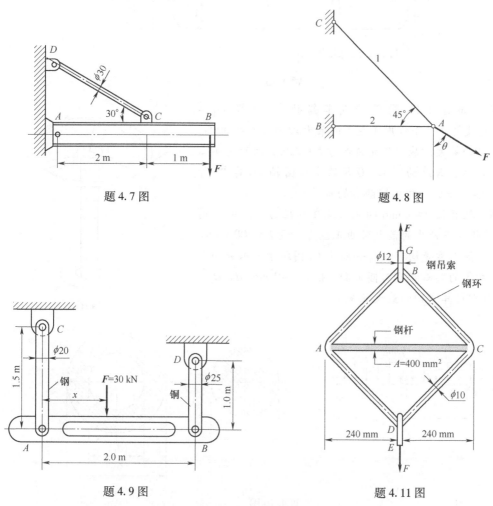

题 4.7 图

题 4.8 图

题 4.9 图

题 4.11 图

4.12 题 4.12 图所示传动轴,已知 BC 段为空心圆截面,外径 $D=140$ mm,内径 $d=110$ mm,AB 和 CD 段均为实心圆截面,直径为 d_0,该轴允许承受的最大切应力为 65 MPa,要求:(1)计算 BC 段轴截面上的最大切应力和最小切应力;(2)确定 AB 和 CD 段的直径 d_0。

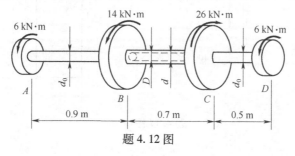

题 4.12 图

4.13 一端固定、一端自由的钢圆轴,其几何尺寸及受力情况如题4.13图所示,试求:
(1)轴的最大切应力。(2)两端截面的相对扭转角($G = 80$ GPa)。

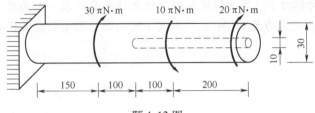

题 4.13 图

4.14 如题 4.14 图所示汽车驾驶盘,直径 $D_1 =$ 520 mm,驾驶员每只手作用于盘上的最大切向力 $F = 200$ N,转动轴材料的最大切应力不允许超过 50 MPa。试确定实心转动轴的直径。若改为 $d/D = 0.8$ 的空心圆轴,则其内、外径 d 和 D 各为多少?并比较两者的重量。

4.15 把直径 $d = 1$ mm 的钢丝绕在直径为 2 m 的卷筒上,试计算钢丝中产生的最大弯曲正应力。设 $E = 200$ GPa。

4.16 简支梁受均布载荷如题4.16图所示。若分别采用截面积相等的实心和空心圆截面,且 $D_1 = 40$ mm,$d_2/D_2 = 3/5$。试分别计算它们的最大正应力。

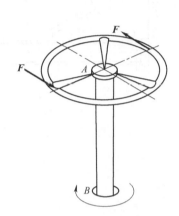

题 4.14 图

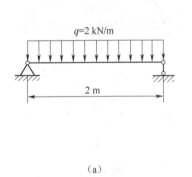

(a)   (b)   (c)

题 4.16 图

4.17 简支梁如题4.17图所示。试求 I–I 截面上 A、B 两点处的正应力。

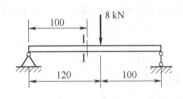

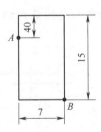

题 4.17 图

4.18　固定在一起的三根截面为 25 mm×100 mm 的木构件组成一工字形截面木梁。若一截面上的弯矩为 8 kN·m，求该截面上的最大弯曲正应力。

4.19　将两块 400 mm×50 mm 的翼缘板焊到一块 600 mm×25 mm 的腹板上，组成一工字梁。在平行于腹板的对称面内加载。试问翼缘将承受横截面上总弯矩的百分之几？

4.20　矩形截面悬臂梁如题 4.20 图所示。已知 $l = 4$ m，$b/h = 2/3$，弯曲最大正应力为 10 MPa，试求此梁横截面的高 h 和宽 b。

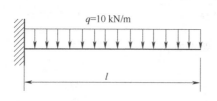
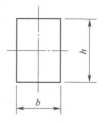

题 4.20 图

4.21　20a 工字钢梁的支承及受力情况如题 4.21 图所示，若最大弯曲正应力不得超过 160 MPa，试求载荷 F 的最大值。

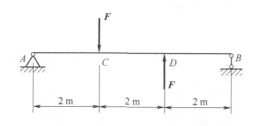

No.20a

题 4.21 图

4.22　题 4.22 图所示为一纯弯曲梁的截面，该截面上的最大拉应力和最大压应力之比为 1/4。试求水平翼缘的宽度 b。

4.23　⊥形截面铸铁悬臂梁，尺寸及载荷如题 4.23 图所示，若梁的最大拉应力不得超过 40 MPa，最大压应力不得超过 160 MPa，试计算载荷 F 的最大值。截面对形心轴 z_c 的惯性矩 I_{zc} $= 1.018×10^8$ mm^4，$h_1 = 96.4$ mm。

4.24　题 4.24 图示为一 20 号槽钢在纯弯曲变形时，测出 A、B 两点间长度的改变 $\Delta l = 27 × 10^{-2}$ mm，$\delta = 5$ mm，材料的 $E = 200$ GPa，试求梁横截面上的弯矩。

4.25　题 4.25 图(a)及题 4.25 图(c)所示梁的横截面分别如题 4.25(b)图和题 4.25(d)图所示。试求：

(1)梁内最大拉应力及其位置；

(2)梁内最大压应力及其位置。

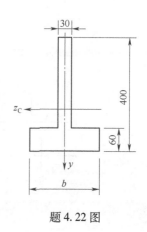

题 4.22 图

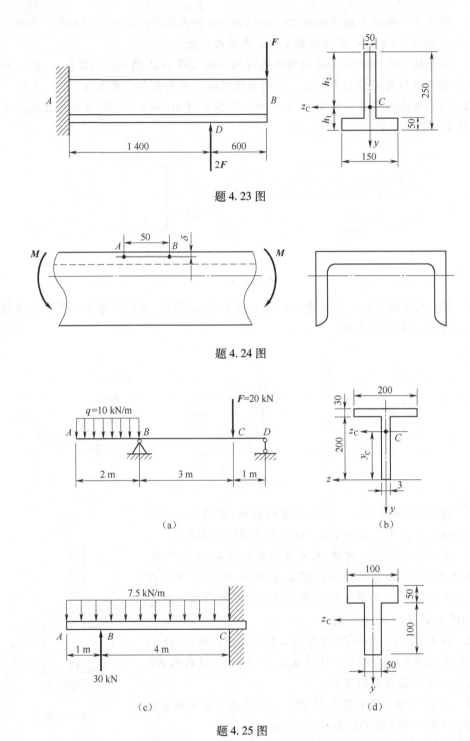

题 4.23 图

题 4.24 图

（a）

（b）

（c）

（d）

题 4.25 图

4.26 题 4.26 图所示梁的最大弯曲正应力不得超过 160 MPa，试分别选择矩形 $\left(\dfrac{h}{b}=2\right)$、工字形、圆形及圆环形 $\left(\dfrac{D}{d}=2\right)$ 四种截面，并比较其截面面积。

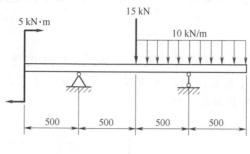

题 4.26 图

4.27　题 4.27 图示梁 AB 是由 16 号工字钢制成,在 C 处由圆截面钢杆 CD 支承,钢杆 CD 的直径 $d=20$ mm,若杆及梁的最大正应力均不得超过 160 MPa,试求均布载荷 q 的最大值。

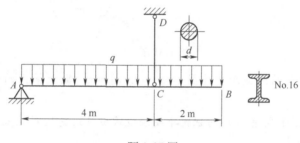

题 4.27 图

4.28　题 4.28 图示一矩形截面简支梁,$h=200$ mm,$b=100$ mm,$l=3$ m,试求集中力 $F=6$ kN 作用处偏左截面上 B 点的正应力 σ 及切应力 τ。

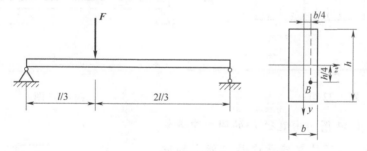

题 4.28 图

4.29　试计算题 4.29 图示工字形截面梁内的最大正应力和最大切应力。

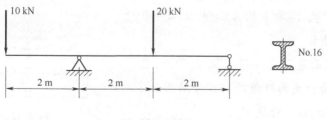

题 4.29 图

4.30 已知悬臂梁承受均布载荷 q,梁截面为矩形,其高为 h,宽为 b,梁的长度为 l,试证明 $\dfrac{\tau_{max}}{\sigma_{max}} = 0.5\left(\dfrac{h}{l}\right)$。

4.31 由三根木条胶合而成的悬臂梁截面尺寸如题 4.31 图所示。若胶合面上的最大切应力不得超过 0.34 MPa,木梁内的最大弯曲正应力和最大弯曲切应力分别不得超过 100 MPa 和 1 MPa,试求载荷 F 的最大值。

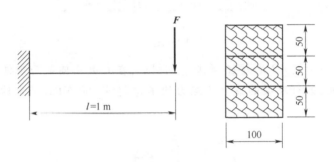

题 4.31 图

4.32 承受均布载荷的圆截面外伸梁如题 4.32 图所示,欲使梁内的弯曲正应力最小,试求 x 值。

*4.33 题 4.33 图示重量为 F 的独轮车要经过跳板 AB,支座 C 应置于何处,才能使跳板内的最大弯曲正应力为最小?

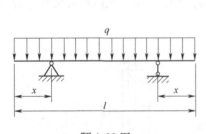

题 4.32 图

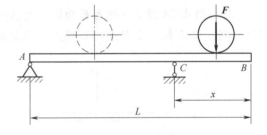

题 4.33 图

*4.34 题 4.34 图示由直径 D 的圆木中截锯出一矩形截面梁。为了使梁能承受尽可能大的弯矩,梁的高、宽比应为多少?

*4.35 受均布载荷的矩形截面简支梁如题 4.35 图所示,其中 q、l、b 和 h 均为已知,试求梁弯曲变形后底边的总伸长。

*4.36 T 形截面悬臂梁如题 4.36 图所示,在载荷作用下测得顶面和底面纤维的应变分别为 ε_1、ε_2、h、I_z 和 E 均为已知,试求外载 M_e。

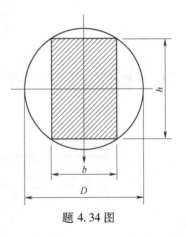

题 4.34 图

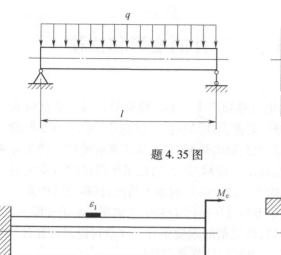

题 4.35 图

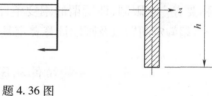

题 4.36 图

第 5 章　杆件的变形和位移

　　杆件在外力作用下将会发生位移和产生变形。位移是针对一个截面或一个点而言;变形是针对一段杆件而言,不同的内力引起不同的变形;变形的程度常可用位移来度量。位移过大会影响机械、结构等正常的使用。例如桥梁或吊车梁,当结构所产生的竖向最大位移过大,则在机车通过时将发生很大的振动;在机械制造中,如机床变形过大会影响加工精度;抗震设计中对一般的框架结构要求层间相对位移不超过层高的 1/450,否则将影响填充墙的质量。所以在工程上对杆件的位移要有一定限制,即所谓的刚度条件。本章讨论杆件在弹性变形范围的位移计算,为今后分析超静定问题以及刚度计算奠定基础。

风力机叶片运输

5.1　杆的拉伸和压缩变形

　　杆受到轴向外力拉伸或压缩时,主要在轴线方向产生伸长或缩短,同时横向尺寸也缩小或增大,即同时发生纵向(轴向)变形和横向变形。如图 5.1 所示的矩形截面杆,长度为 l,边长为 $b \times h$。当受到轴向外力拉伸后,l 增至 l_1,b 和 h 分别缩小到 b_1 和 h_1。

　　杆件的轴向变形(纵向变形)为

$$\Delta l = l_1 - l$$

横向变形为

$$\Delta b = b_1 - b, \quad \Delta h = h_1 - h$$

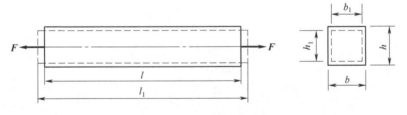

图 5.1　拉伸变形、位移

　　杆件在轴向载荷作用下,轴向和横向都处于均匀变形状态,轴向应变为

$$\varepsilon = \frac{\Delta l}{l}$$

而两个边长方向的横向应变分别为 $\Delta b/b$ 和 $\Delta h/h$,根据泊松比关系 $\varepsilon' = -\mu\varepsilon$,任何方向的横向应变均相等,故横向应变可表示为

$$\varepsilon' = \frac{\Delta b}{b} = \frac{\Delta h}{h}$$

根据胡克定律

$$\sigma = E\varepsilon$$

即

$$\frac{F_N}{A} = E \cdot \frac{\Delta l}{l}$$

可以得到轴向受力杆件的轴向位移为

$$\Delta l = \frac{F_N l}{EA} \tag{5.1}$$

式(5.1)表明,杆的轴向位移与轴力 F_N 及杆长 l 成正比,与 EA 成反比。E 为材料的**弹性模量**,由拉伸试验在弹性变形阶段测定。式中的 EA 称为杆**抗拉（抗压）刚度**,它表示杆件抵抗轴向变形的能力。当 F_N 和 l 不变时,EA 越大,则杆的轴向变形越小;EA 越小,则杆的轴向变形越大。当轴力 F_N 为正(拉力),变形也为正,杆件伸长;反之为负,杆件缩短。

当杆件受到多个轴向力作用,且每段的杆长、弹性模量、截面尺寸都不相同时,杆件两端的总位移可分段计算代数叠加而成,即

$$\Delta l = \sum_{i=1}^{n} \Delta l_i = \sum_{i=1}^{n} \frac{F_{Ni} l_i}{E_i A_i} \tag{5.2}$$

例 5.1 一木柱受力如图 5.2(a)所示,柱的横截面为边长 200 mm 的正方形,材料可认为服从胡克定律,其弹性模量 $E = 10$ GPa,如不计柱的自重,试求木柱顶端 A 截面的位移。

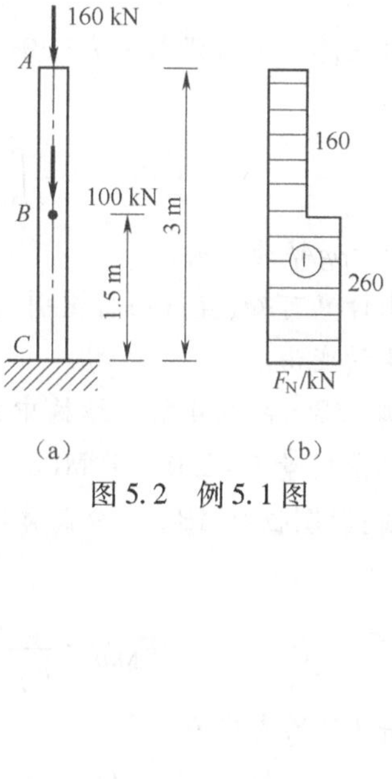

解:首先作立柱的轴力图如图 5.2(b)所示。

因为木柱下端固定,故顶端 A 截面的位移 ΔA 就等于全杆的总缩短变形 Δl。由于木柱 AB 段和 BC 段的内力不同,故应利用式(5.1)分别计算各段的变形,然后求其代数和,求得全杆的总变形。

图 5.2 例 5.1 图

$$AB \text{ 段}: \Delta l_{AB} = \frac{F_{NAB} l_{AB}}{EA} = \left(\frac{-160 \times 10^3 \times 1.5}{10 \times 10^9 \times 200 \times 200 \times 10^{-6}} \right) \text{m}$$

$$BC \text{ 段}: \Delta l_{BC} = \frac{F_{NBC} l_{BC}}{EA} = \left(\frac{-260 \times 10^3 \times 1.5}{10 \times 10^9 \times 200 \times 200 \times 10^{-6}} \right) \text{m}$$

$$= -0.000\ 975 \text{ m} = -0.975 \text{ mm}$$

全杆的总变形为

$$\Delta l = \Delta l_{AB} + \Delta l_{BC} = (0.6 - 0.975) \text{mm} = -1.575 \text{ mm}$$

可知,木柱顶端 A 截面的位移等于 1.575 mm,方向向下。

例 5.2 求图 5.3(a)所示的等截面直杆由自重引起的最大应力以及杆的轴向变形。设该杆的横截面面积 A,材料 ρ 的密度和弹性模量 E 均已知。

解:自重为体力力。对于均质材料的等截面杆,可将杆的自重简化为沿轴线作用的均布载荷,其集度 $q = \rho \cdot g \cdot A \cdot 1 = \rho g A$。

首先应用截面法,求得离杆顶端距离为 x 的横截面[图 5.3(b)]上的轴力为

$$F_N(x) = -qx = -\rho g A x$$

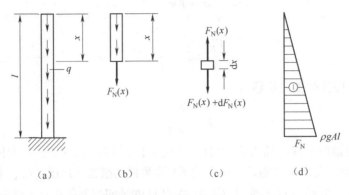

图 5.3　例 5.2 图

并作出杆的的轴力图如图 5.3(d) 所示。

由于杆的各个横截面上的内力均不同。因此不能直接用式 (5.1) 计算变形。为此,先计算 dx 长的微段[图 5.3(c)]的变形 $d(\Delta l)$。

$$d(\Delta l) = \frac{F_N(x)dx}{EA}$$

杆的总变形可沿杆长 l 积分得到,即

$$\Delta l = \int_0^l d(\Delta l) = \int_0^l \frac{F_N(x)dx}{EA} = \int_0^l \frac{-\rho gAxdx}{EA} = -\frac{\rho gAl \cdot l}{2EA} = -\frac{\dfrac{W}{2}l}{EA}$$

式中 $W = \rho gAl$ 为杆的总重。

由计算可知,直杆因自重引起的变形,在数值上等于将杆的总重的一半集中作用在杆端所产生的变形。

例 5.3　图 5.4 所示结构中 ABC 杆可视为刚性杆,BD 杆的横截面面积 $A = 400 \text{ mm}^2$,材料的弹性模量 $E = 2.0 \times 10^5 \text{ MPa}$。试求 B 点的竖直位移 Δ_{By}。

解: 取刚性杆 ABC 为分离体[图 5.4(b)],对 A 点应用力矩平衡方程可求得 BD 杆的轴力为

$$F_{NBD} = \frac{m}{l_{AB} \cdot \sin 45°} = \left(\frac{2}{1 \cdot \sin 45°}\right) \text{kN} = 2.83 \text{ kN}$$

杆 BD 的变形为

$$\Delta l_{BD} = \frac{F_{NBD}l_{BD}}{EA} = \left(\frac{2.83 \times 10^3 \times \sqrt{2}}{2.0 \times 10^5 \times 10^6 \times 400 \times 10^{-6}}\right) \text{m} = 5 \times 10^{-5} \text{ m}$$

杆 BD 与刚性杆 ABC 在未受力之前 B 点铰结在一起,变形后还应铰结在一起,即满足变形的协调关系。变形后 B 点的新位置可由如下的方法确定:先假想地将两杆在 B 点处拆开,让 BD 杆自由变形,伸长 Δl 到 B_1 点,而杆 ABC 为刚性杆,不发生变形,故 AB 的长度不变,在分别以 A、D 为圆心,以 AB、DB_1 为半径作圆弧,它们的交点 B' 即为 B 点的新位置,如图 5.4(a) 所示。但因变形微小,故可过 B_1、B 点分别作杆 BD、ABC 的垂线以代替上述所作的圆弧,此两垂线的交点 B'' 即为 B 点的新位置。如图 5.4(c) 所示。由图中的几何关系求得 B 点

的竖直位移为

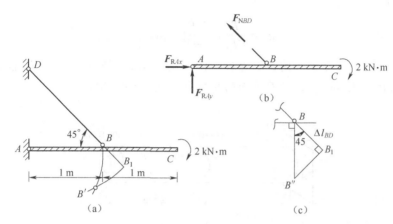

图 5.4 例 5.3 图

$$\Delta_{By} = \overline{BB''} = \frac{\Delta l_{BD}}{\cos 45°} = \frac{5 \times 10^{-5} \times 2}{\sqrt{2}} \, \text{m} = 7.07 \times 10^{-5} \, \text{m} = 0.070 \, 7 \, \text{mm}$$

5.2 圆轴的扭转变形

等直圆轴的扭转变形,是用两横截面绕杆轴相对转动的相对扭转角 φ 度量的。在第 4 章研究圆轴扭转应力时,得到相距 $\mathrm{d}x$ 的两横截面间的相对扭转角为

$$\mathrm{d}\varphi = \frac{T\mathrm{d}x}{GI_P} \tag{5.3}$$

因此,长为 l 的一段圆轴两端面间的相对扭转角 φ 为

$$\varphi = \int_l \mathrm{d}\varphi = \int_0^l \frac{T\mathrm{d}x}{GI_P} \tag{5.4}$$

当等直圆杆仅在两端受一对外力偶作用时,则所有横截面上的扭矩 T 均相同,且等于杆端的外力偶矩 M_e。此外,当 G 和 I_P 为常数时,则

$$\varphi = \frac{Tl}{GI_P} \quad \text{或} \quad \varphi = \frac{M_e l}{GI_P} \tag{5.5}$$

当圆轴沿轴长受到多个外力偶矩作用时,与轴向拉压变形相似,也可由叠加的方法得到两端的相对扭转角,即

$$\varphi = \sum_{i=1}^n \mathrm{d}\varphi_i = \sum_{i=1}^n \frac{T_i l_i}{G_i I_{Pi}} \tag{5.6}$$

式中 GI_P 称为圆杆的**抗扭刚度**,它表示圆轴抵抗扭转变形的能力。GI_P 越大,则扭转角越小;GI_P 越小,则扭转角越大。扭转角的单位为弧度(rad)。

单位长度的扭转角用 φ' 表示

$$\varphi' = \frac{T}{GI_P} \tag{5.7}$$

φ' 单位为 rad/m。工程中 φ' 的单位常用单位为°/m。若把上式中的弧度换算成度,则式(5.7)可表示为

$$\varphi' = \frac{T}{GI_P} \times \frac{180}{\pi}(°/m) \tag{5.8}$$

例 5.4 一圆轴 AC 受力如图 5.5 所示。AB 段为实心,直径为 50 mm;BC 段为空心,外径为 50 mm,内径为 35 mm。试求 C 截面的扭转角。设 $G = 80$ GPa。

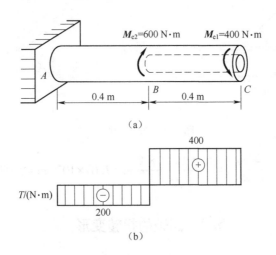

图 5.5 例 5.4 图

解: 由截面法可求得 AB、BC 段扭矩分别为:$T_1 = -200$ N·m;$T_2 = 400$ N·m,作圆杆的扭矩图,如图 5.5(b)所示。

AB、BC 段扭矩及极惯性矩不同,求 C 截面的扭转角,应分段考虑。

$$\varphi_{AB} = \frac{T_1 l_1}{GI_{P1}} = \left(\frac{-200 \times 400 \times 10^{-3}}{80 \times 10^9 \times \frac{\pi}{32} \times 50^4 \times 10^{-12}} \right) \text{rad} = -0.001\,63 \text{ rad}$$

$$\varphi_{BC} = \frac{T_2 l_2}{GI_{P2}} = \left(\frac{400 \times 400 \times 10^{-3}}{80 \times 10^9 \times \frac{\pi}{32} \times (50^4 - 35^4) \times 10^{-12}} \right) \text{rad} = 0.004\,29 \text{ rad}$$

$$\varphi_{AC} = \varphi_{AB} + \varphi_{BC} = -0.001\,63 + 0.004\,29 = 0.002\,66 \text{ rad}$$

由于 A 端固定,因此 C 截面的扭转角即为 C 端相对于 A 端的扭转角。

例 5.5 材料和自重均相同的两根轴[图 5.6(a)(b)]其中(a)为空心圆轴,内、外径比 $\alpha = \frac{d}{D} = \frac{100 \text{ mm}}{150 \text{ mm}}$;(b)为实心圆轴。两轴允许承受的最大切应力为 $\tau_{max} = 82$ MPa,切变模量为 $G = 80$ GPa,要求:(1)比较两轴所能承受的最大转矩 M_{emax};(2)比较两轴在它们各自所能承受的最大转矩下的单位长度扭转角 $\theta°/m$。

解:(1)计算两轴所能承受的最大转矩。

计算空心轴和实心轴的极惯性矩分别为

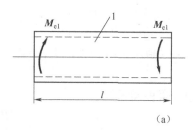
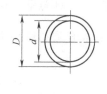

（a）

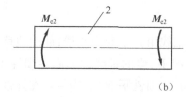

（b）

图 5.6　例 5.5 图

$$I_{P1} = \frac{\pi D^4}{32}(1 - \alpha^4) = \frac{\pi (150)^4}{32}(1 - 0.198) = 39.9 \times 10^6 \text{ mm}^4$$

$$I_{P2} = \frac{\pi D^4}{32} = \frac{\pi (2r)^4}{32}$$

根据题意，两轴的材料和自重相等，即两轴横截面面积应相等，$A_1 = A_2$：

$$\frac{\pi D^2}{4}(1 - \alpha^2) = \frac{\pi (2r)^2}{4}$$

得

$$2r = \sqrt{D^2(1 - \alpha^2)} = \sqrt{150^2(1 - 0.667^2)} = 112 \text{ mm}$$

$$I_{P2} = \frac{\pi (2r)^4}{32} = \frac{\pi (112)^4}{32} = 15.4 \times 10^6 \text{mm}^4$$

因此可确定两轴所能承受的最大转矩分别为

$$T_1 = M_{e1} = \frac{I_{P1}}{D/2}\tau_{max} = \frac{39.9 \times 10^6 \times 10^{-12} \text{ m}^4}{\frac{150}{2} \times 10^{-3} \text{ m}} \times 82 \times 10^6 \text{ Pa} = 43.6 \text{ kN} \cdot \text{m}$$

$$T_2 = M_{e2} = \frac{I_{p2}}{r}\tau_{max} = \frac{15.4 \times 10^6 \times 10^{-12} \text{ m}^4}{\frac{112}{2} \times 10^{-3} \text{ m}} \times 82 \times 10^6 \text{ Pa} = 22.6 \text{ kN} \cdot \text{m}$$

$$\frac{T_1}{T_2} = \frac{43.6}{22.6} = 1.93$$

（2）计算两轴的单位长度扭转角

由两轴所能承受的最大扭矩 T_1 和 T_2，分别可得

$$\varphi_1' = \frac{T_1}{GI_{P1}} \times \frac{180°}{\pi} = \frac{43.6 \times 10^3 \times 180°}{80 \times 10^9 \times 39.9 \times 10^{-6}\pi} = 0.783°/\text{m}$$

$$\varphi_2' = \frac{T_2}{GI_{P2}} \times \frac{180°}{\pi} = \frac{22.6 \times 10^3 \times 180°}{80 \times 10^9 \times 15.4 \times 10^{-6}\pi} = 1.05°/\text{m}$$

在自重相同的条件下,实心轴与空心轴的刚度比为 $\dfrac{\varphi_2'}{\varphi_1'} = \dfrac{1.05°/\text{m}}{0.783°/\text{m}} = 1.34$。

由此可得,在材料和自重相同的条件下,空心轴比实心轴变形小,抗变形能力强。

5.3 梁的弯曲变形

5.3.1 概述

梁在外力作用下将产生弯曲变形。梁的轴线由直线变为曲线,此曲线称为梁的**挠曲线**,一般是一条光滑连续的曲线。在平面弯曲情况下,梁的轴线在形心主惯性平面内弯成一条平面曲线,如图5.7所示(图中 xAy 平面为形心主惯性平面)。当材料在弹性范围时,挠曲线也称为弹性曲线。

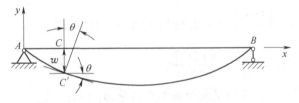

图 5.7 梁的挠度和转角 　　　　　　　　　　　　　**桥梁弯曲变形**

对于细长梁(跨高比较大的梁),一般可忽略剪力对其变形的影响,在弯曲过程中各横截面始终保持平面,且与梁的轴线正交。梁的变形后的弯曲程度可用曲率度量;产生的位移可用挠度和转角度量。

挠度 梁的轴线上任一点 C 在垂直于 x 轴方向的位移 CC',称为该点的挠度,用 w 表示(图 5.7)。实际上,梁轴线弯曲成曲线后,在 x 轴方向也将发生位移。但在小变形情况下,后者是二阶微量,可略去不计。

转角 梁变形后,其任一横截面将相对于原始位置绕中性轴转过一个角度,这一角度称为该截面的转角,用 θ 表示(图 5.7)。此角度等于挠曲线上该点的切线与 x 轴的夹角。

在图 5.7 所示坐标系中,挠曲线可用下式表示

$$w = w(x)$$

该式称为挠曲线方程或挠度方程。式中 x 为梁变形前轴线上任一点的横坐标,w 为该点的挠度。挠曲线上任一点的斜率为 $w' = \tan\theta$,在小变形情况下,$\tan\theta \approx \theta$,所以

$$\theta = w' = w'(x)$$

即挠曲线上任一点的斜率 w' 就等于该处横截面的转角。该式称为转角方程。

由此可见,只要确定了挠曲线方程,梁上任一点的挠度和任一横截面的转角均可确定。

注意:挠度和转角的正负号与所取坐标系有关。在图 5.7 所示的坐标系中,正值的挠度向上,负值的挠度向下;正值的转角为逆时针转向,负值的转角为顺时针转向。

5.3.2　挠曲线近似微分方程

梁的变形程度与梁变形后的曲率有关。在横力弯曲的情况下,曲率既和梁的刚度相关,也和梁的剪力与弯矩有关。对于细长梁,剪力对梁变形的影响很小,可以忽略,因此可以只考虑弯矩对梁变形的作用。利用第 4 章式(4.38)有

$$\frac{1}{\rho(x)} = \frac{M(x)}{EI_z} \tag{5.9}$$

式(5.9)表明,梁弯曲变形后的曲率 $\frac{1}{\rho}$ 与弯矩 M 成正比,与 EI_z 成反比。EI_z 称为梁的**抗弯刚度**,它表示梁抵抗弯曲变形的能力。如梁的弯曲刚度越大,则其曲率越小,即梁的弯曲程度越小。反之,梁的弯曲刚度越小,则其曲率越大,即梁的弯曲程度越大。

在数学中,平面曲线的曲率与曲线方程导数间的关系有

$$\frac{1}{\rho(x)} = \pm \frac{w''}{(1 + w'^2)^{\frac{3}{2}}} \tag{5.10}$$

由式(5.9)和式(5.10)得

$$\frac{M(x)}{EI_z} = \pm \frac{w''}{(1 + w'^2)^{\frac{3}{2}}}$$

式中右边的正负号取决于坐标系的选择和弯矩的正负号规定。取图 5.7 示的坐标系,则凸向下时 $w'' > 0$ 为正值,曲线凸向上时 $w'' < 0$ 为负值。而按弯矩的正、负号的规定,正弯矩对应着正的 w'',负弯矩对应着负的 w'',分别如图 5.8(a)(b)所示,故上式右边应取正号,即

$$\frac{M(x)}{EI_z} = \frac{w''}{(1 + w'^2)^{\frac{3}{2}}} \tag{5.11}$$

由于梁的挠曲线是一条平坦的曲线,因此 $w' = \mathrm{d}w/\mathrm{d}x$ 是一个很小的量,w'^2 远远小于 1,可略去不计,故式(5.11)简化为

$$w'' = \frac{M(x)}{EI_z} \tag{5.12}$$

上式中由于略去了剪力 F_S 的影响,并在 $(1 + w'^2)^{3/2}$ 中略去了 w'^2 项,故称为梁的**挠曲线的近似微分方程**。

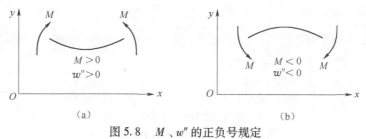

图 5.8　M、w'' 的正负号规定

5.3.3 积分法求弯曲变形

对于等截面梁,抗弯刚度 EI_z 为常量,式(5.12)写为

$$EI_z w'' = M(x) \qquad\qquad (5.13)$$

将梁的弯矩方程 $M(x)$ 代入式(5.13),积分一次得转角方程

$$EI_z w' = EI_z \theta(x) = \int M(x)\,\mathrm{d}x + C \qquad\qquad (5.14)$$

再积分一次,得挠度方程

$$EI_z w(x) = \int \left[\int M(x)\,\mathrm{d}x \right]\mathrm{d}x + Cx + D \qquad\qquad (5.15)$$

式中 C 和 D 为积分常数。利用梁弯曲变形时,根据约束点处已知的挠度或转角来确定 C、D 的值。

图 5.9(a)所示的简支梁,边界条件是左、右两支座处的挠度 w_A 和 w_B 均应为零。

图 5.9(b)所示的悬臂梁,边界条件是固定端处的挠度 w_A 和转角 θ_A 均应为零。

此外如果挠曲线为对称曲线,则在挠曲线的对称点处的转角也为零,等等。这些条件统称为梁的**边界条件(约束条件)**。

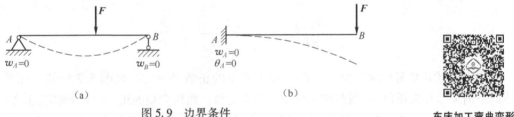

(a)　　　　　　　　　　(b)

图 5.9　边界条件

车床加工弯曲变形

若由于梁上的载荷不连续等原因使得梁的弯矩方程需分段写出时,各段梁的挠曲线近似微分方程也就不同。而对各段梁的挠曲线近似微分方程积分后,各段挠曲线方程中都将出现两个积分常数。要确定这些积分常数,除利用支座处的约束条件外,还需利用相邻两段梁在交界处的**连续条件**。

如前所述,挠曲线除了在有中间铰处,应该是一条光滑连续曲线,不可能出现图 5.10 (a)(b)所示的不连续和不光滑的现象。在有中间铰处,转角可以出现不光滑,但挠度还是连续的[图 5.10(c)]。

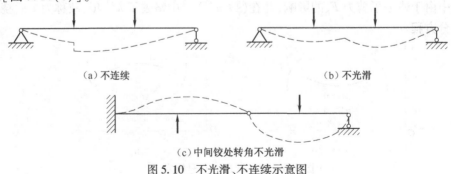

(a)不连续　　　　　　　　　　(b)不光滑

(c)中间铰处转角不光滑

图 5.10　不光滑、不连续示意图

例 5.6　铝合金矩形管梁，尺寸和受力如图 5.11 所示。已知铝合金的比例极限 $\sigma_p = 150$ MPa，管梁允许承受的最大应力 $\sigma_{max} = 100$ MPa，弹性模量 $E = 70$ GPa，求该梁所能承受的最大外力偶矩 M_e 和管弯曲变形后的曲率半径 ρ 以及管梁底边弯曲变形后的长度及伸长量。

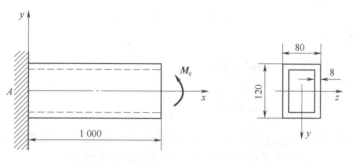

图 5.11　例 5.6 图

解： $\sigma_{max} < \sigma_p$ 仍在弹性变形范围，由 $\sigma_{max} = \dfrac{M_{max}}{W_z}$，则

$$M = M_e = W_z \sigma_{max} = 100 \times 10^6 W_z \tag{a}$$

$$
W_z = \frac{I_z}{120 \times 10^{-3}\,\text{m}/2} = \frac{\dfrac{1}{12}\left[80 \times 120^3 - 64 \times 104^3\right] \times 10^{-12}\,\text{m}^4}{120 \times 10^{-3}\,\text{m}/2}
$$

$$
= \frac{5.52 \times 10^{-6}\,\text{m}^4}{60 \times 10^{-3}\,\text{m}} = 92 \times 10^{-6}\,\text{m}^3 \tag{b}
$$

将式（b）代入式（a），得

$$M = M_e = 92 \times 10^{-6}\,\text{m}^3 \times 100 \times 10^6\,\text{Pa} = 9\,200\,\text{N}\cdot\text{m} = 9.20\,\text{kN}\cdot\text{m}$$

由式 $\dfrac{1}{\rho} = \dfrac{M}{EI_z}$ 得梁弯曲变形后的曲率半径为

$$\rho = \frac{EI_z}{M} = \frac{70 \times 10^9\,\text{Pa} \times 5.52 \times 10^{-6}\,\text{m}^4}{9.2 \times 10^3\,\text{N}\cdot\text{m}} = 42.0\,\text{m}$$

管梁底边 $\sigma_{max} = 100$ MPa，在纯弯条件下，底边各点的正应力都相等，应变为常量

$$\varepsilon_{max} = \frac{\sigma_{max}}{E} = \frac{100 \times 10^6\,\text{Pa}}{70 \times 10^9\,\text{Pa}} = 1.43 \times 10^{-3}$$

则管梁底边弯曲后的长度为

$$l_{AB} = l(1 + \varepsilon_{max}) = 1\,\text{m} \times (1 + 1.43 \times 10^{-3}) = 1.001\,43\,\text{m}$$

伸长量为 0.001 43 m，为原长的 1.43/1 000。

例 5.7　一悬臂梁在自由端受集中力 F 作用，如图 5.12 所示，试求梁的转角方程和挠度方程，并求最大的转角和挠度。已知梁的抗弯刚度为 EI。

解：（1）建立坐标系如图 5.12 所示。列

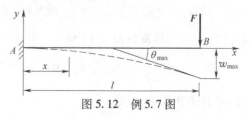

图 5.12　例 5.7 图

出弯矩方程为

$$M(x) = -F(l - x)$$

（2）求转角及挠度方程

梁的挠度曲线近似微分方程为

$$EIw'' = M(x) = -F(l - x)$$

积分两次得到

$$EIw' = EI\theta = -Flx + \frac{Fx^2}{2} + C \tag{a}$$

$$EIw = -\frac{Flx^2}{2} + \frac{Fx^3}{6} + Cx + D \tag{b}$$

将悬臂梁的边界条件 $\theta|_{x=0} = 0$，$w|_{x=0} = 0$ 代入式（a）、式（b），得到积分常数 $C = 0$ 和 $D = 0$，再回代入式（a）、式（b）得到该梁的转角方程和挠度方程为

$$w' = \theta = -\frac{Flx}{EI} + \frac{Fx^2}{2EI} \tag{c}$$

$$w = -\frac{Flx^2}{2EI} + \frac{Fx^3}{6EI} \tag{d}$$

梁的挠曲线形状如图 5.12 所示。

（3）求最大的转角和挠度

转角及挠度的最大值均发生在自由端 B 处，以 $x = l$ 代入（c）（d）两式得到

$$\theta_{\max} = \theta|_{x=l} = -\frac{Fl^2}{2EI}$$

$$w_{\max} = w|_{x=l} = -\frac{Fl^3}{3EI}$$

$\theta_{\max}$ 为负值，表明 B 截面顺时针转动；$w_{\max}$ 为负值，表明 B 点的位移向下。

例5.8 一简支梁受均布载荷 q 作用，如图 5.13 所示，试求梁的转角方程和挠度方程，并求最大的挠度和 A、B 截面的转角。已知梁的抗弯刚度为 EI。

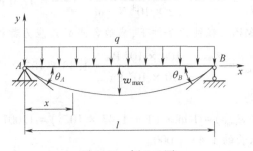

图 5.13 例 5.8 图

解：（1）建立坐标系如图 5.13 所示。列出弯矩方程为

$$M(x) = \frac{qlx}{2} - \frac{qx^2}{2}$$

（2）求转角及挠度方程

梁的挠度曲线近似微分方程为

$$EIw'' = M(x) = \frac{qlx}{2} - \frac{qx^2}{2}$$

积分两次得到

$$EIw' = EI\theta = \frac{ql}{4} \times \frac{x^2}{2} - \frac{q}{2} \times \frac{x^3}{3} + C \qquad (a)$$

$$EIw = \frac{ql}{2} \times \frac{x^3}{2 \times 3} - \frac{q}{2} \times \frac{x^4}{3 \times 4} + Cx + D \qquad (b)$$

将悬臂梁的边界条件 $w\big|_{x=0} = 0$, $w\big|_{x=l} = 0$ 代入式(a)、式(b),得到积分常数 $C = -\frac{ql^2}{24}$ 和 $D = 0$,再回代入式(a)、式(b)得到该梁的转角方程和挠度方程为

$$w' = \theta = \frac{qlx^2}{4EI} - \frac{qx^3}{6EI} - \frac{ql^3}{24EI} \qquad (c)$$

$$w = \frac{qlx^3}{12EI} - \frac{qx^4}{24EI} - \frac{ql^3x}{24EI} \qquad (d)$$

梁的挠曲线形状如图 5.13 所示。

(3)求最大的挠度和 A、B 截面的转角

由对称性可知,跨中挠度最大。以 $x = \frac{l}{2}$ 代入式(d)得到

$$w_{max} = w\big|_{x=\frac{l}{2}} = -\frac{5ql^4}{384EI}$$

以 $x = 0$ 和 $x = l$ 代入式(c)得到 A、B 截面的转角

$$\theta_A = \theta\big|_{x=0} = -\frac{ql^3}{24EI}$$

$$\theta_B = \theta\big|_{x=l} = \frac{ql^3}{24EI}$$

例 5.9 一简支梁 AB 在 D 点受集中力 F 作用,如图 5.14 所示,试求梁的转角方程和挠度方程,并求最大的挠度。已知梁的抗弯刚度为 EI。

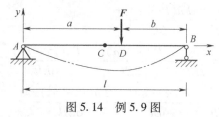

图 5.14 例 5.9 图

解:(1)建立坐标系如图 5.14 所示。分段列出弯矩方程为

AD 段:

$$M_1(x) = \frac{Fb}{l}x \qquad (0 \leqslant x \leqslant a)$$

DB 段:

$$M_2(x) = \frac{Fb}{l}x - F(x-a) \qquad (a \leqslant x \leqslant l)$$

（2）根据梁的挠度曲线近似微分方程及变形条件求转角及挠度方程

AD 段：

$$EIw_1'' = M_1(x) = \frac{Fb}{l}x$$

$$EIw_1' = EI\theta_1 = \frac{Fb}{l}\frac{x^2}{2!} + C_1 \tag{a}$$

$$EIw_1 = \frac{Fb}{l}\frac{x^3}{3!} + C_1x + D_1 \tag{b}$$

DB 段：

$$EIw_2'' = M_2(x) = \frac{Fb}{l}x - F(x-a)$$

$$EIw_2' = EI\theta_2 = \frac{Fb}{l}\frac{x^2}{2!} - \frac{F(x-a)^2}{2!} + C_2 \tag{c}$$

$$EIw_2 = \frac{Fb}{l}\frac{x^3}{3!} - \frac{F(x-a)^3}{3!} + C_2x + D_2 \tag{d}$$

对于该段梁的挠曲线近似微分方程进行积分时，对含有 $(x-a)$ 的项是以 $(x-a)$ 作为积分变量，这样可使下面确定积分常数的工作得到简化。

式（a）~（d）中有四个积分常数，可由该梁四个变形条件确定。由梁的连续条件得到

$$\theta_1\big|_{x=a} = \theta_2\big|_{x=a}$$
$$w_1\big|_{x=a} = w_2\big|_{x=a}$$

由梁的约束条件得到

$$w_1\big|_{x=0} = 0$$
$$w_2\big|_{x=l} = 0$$

将边界条件代入式（a）~（d）可得到

$$D_1 = D_2 = 0 , \ C_1 = C_2 = -\frac{Fb}{6l}(l^2 - b^2)$$

将积分常数再回代入式（a）~（d）得到该梁的转角方程和挠度方程为

AD 段：
$$w_1' = \theta_1 = \frac{Fbx^2}{2EIl} - \frac{Fb(l^2 - b^2)}{6EIl} \tag{e}$$

$$w_1 = \frac{Fbx^3}{6EIl} - \frac{Fb(l^2 - b^2)x}{6EIl} \tag{f}$$

DB 段：
$$w_2' = \theta_2 = \frac{Fbx^2}{2EIl} - \frac{F(x-a)^2}{2EI} - \frac{Fb(l^2 - b^2)}{6EIl} \tag{g}$$

$$w_2 = \frac{Fbx^3}{6EIl} - \frac{F(x-a)^3}{6EI} - \frac{Fb(l^2 - b^2)x}{6EIl} \tag{h}$$

梁的挠曲线形状如图 5.14 所示。当 $a > b$ 时，最大挠度发生在较长的 AD 段内，其位置由 $w_1' = 0$ 的条件确定。由式（e），令 $w_1' = 0$，得到

$$x_0 = \sqrt{\frac{l^2 - b^2}{3}} \tag{i}$$

将式（i）代入式（f）式，得到最大的挠度

$$w_{\max} = -\frac{Fb}{9\sqrt{3}\,EIl}\sqrt{(l^2 - b^2)^3} \tag{j}$$

由式(i)可见,当 $b = l/2$ 时,即集中力 F 作用于梁的中点时,$x_0 = l/2$,即最大挠度发生在梁的中点,此时显然有 $w_{\max} = w_C$;当集中力 F 向右移动时,最大挠度发生的位置将偏离梁的中点越远;在极端情况下,即集中力 F 靠近右端支座,即 $b \to 0$ 时,由式(i)有 $x_0 = \sqrt{l^2/3} = 0.577l$,即最大挠度的位置距梁的中点仅 $0.077l$。由式(j)有

$$w_{\max} = -\frac{Fb\,(l^2 - b^2)^{3/2}}{9\sqrt{3}\,EIl} \approx -\frac{Fbl^2}{9\sqrt{3}\,EI} = -0.064\,2\,\frac{Fbl^2}{EI}$$

将 $x = \dfrac{l}{2}$ 代入式(f),当 $b \to 0$ 时,可得中点 C 的挠度为

$$w_C = -\frac{Fb}{48EIl}(3l^2 - 4b^2) \approx -\frac{Fbl^2}{16EI} = -0.062\,5\,\frac{Fbl^2}{EI}$$

$w_{\max}$ 与 w_C 仅相差 3%,因此,受任意载荷作用的简支梁,只要挠曲线上无拐点其最大挠度值都可采用梁跨中点的挠度值来代替,其计算精度可以满足工程计算要求。

5.3.4 叠加法求挠度和转角

当梁的变形微小,且梁的材料在线弹性范围内工作时,梁的挠度和转角均与梁上的载荷成线性关系。在此情况下,当梁上有若干个载荷作用时,梁的某个截面处的弯矩 M 等于每个载荷单独作用下该截面的弯矩 M_i 的代数和;梁的某个截面处的挠度和转角就等于每个载荷单独作用下该截面的挠度和转角的代数和,这就是计算梁的位移时的**叠加法**。

设梁受 n 个载荷作用,则任一截面上的弯矩 $M(x)$ 为每一个载荷引起的弯矩 $M_i(x)$ 的代数和

$$M(x) = \sum_{i=1}^{n} M_i(x) \tag{a}$$

当第 i 个载荷单独作用时,其挠曲线微分方程为

$$EI_z w_i'' = M_i(x) \tag{b}$$

当所有载荷共同作用时,梁的挠曲线微分方程为

$$EI_z w'' = M(x) \tag{c}$$

将式(a)代入式(c),并结合式(b),得

$$EI_z w'' = M(x) = \sum_{i=1}^{n} M_i(x) = \sum_{i=1}^{n} EI_z w_i'' = EI_z \sum_{i=1}^{n} w_i'' \tag{5.16}$$

可见在同一段梁上,当载荷和位移呈线性关系时,梁的挠曲线就是各载荷分别作用下的挠曲线的代数和。显然,这可以推广到拉压变形和扭转变形的情况。工程中常用叠加法求梁的位移,表 5.1 中列出了几种类型的梁在简单载荷作用下的转角和挠度。

用叠加法求梁的位移时,可表达为

$$\theta(x) = \sum_{i=1}^{n} \theta_i(x) \tag{5.17}$$

$$w(x) = \sum_{i=1}^{n} w_i(x) \tag{5.18}$$

式中，$\theta_i(x)$ 和 $w_i(x)$ 代表同一个梁在同一位置 x 处的由载荷 i 引起的转角和挠度。

例 5.10 一简支梁及其所受载荷如图 5.15(a) 所示。试用叠加法求梁中点的挠度 w_C 和梁左端截画的转角 θ_A。已知梁的抗弯刚度为 EI。

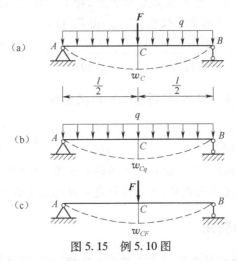

图 5.15　例 5.10 图

解： 先分别求出集中载荷和均布载荷作用所引起的变形[图 5.15(b)(c)]，然后叠加，即得两种载荷共同作用下所引起的变形。由表 5.1 查得简支梁在 q 和 F 分别作用下的变形，叠加后得到：

$$w_C = w_{Cq} + w_{CF} = -\frac{5ql^4}{384EI} - \frac{Fl^3}{48EI} = -\frac{5ql^4 + 8Fl^3}{384EI}$$

$$\theta_A = \theta_{Aq} + \theta_{AF} = -\frac{ql^3}{24EI} - \frac{Fl^2}{16EI} = -\frac{2ql^3 + 3Fl^2}{48EI}$$

例 5.11 一悬臂梁及其所受载荷如图 5.16 所示。试用叠加法求梁自由端的挠度 w_C 和转角 θ_C。已知梁的抗弯刚度为 EI。

解： 悬臂梁 BC 段不受载荷作用，它仅随 AB 段的变形作刚性转动，只产生刚体位移。自由端 C 点的变形根据 B 点的变形得到。由表 5.1 查得悬臂梁在 q 作用下 B 点的变形：

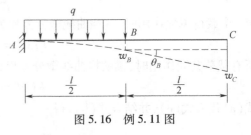

图 5.16　例 5.11 图

$$\theta_B = -\frac{q\left(\dfrac{l}{2}\right)^3}{6EI} = -\frac{ql^3}{48EI}$$

$$w_B = -\frac{q\left(\dfrac{l}{2}\right)^4}{8EI} = -\frac{ql^4}{128EI}$$

BC 段没有发生变形，故自由端 C 截面的转角与 B 截面转角相等，即

$$\theta_C = \theta_B = -\frac{q\left(\dfrac{l}{2}\right)^3}{6EI} = -\frac{ql^3}{48EI}$$

C 截面的挠度 w_C 包含两部分，分别由 w_B 和 θ_B 引起。

$$w_C = w_B + \theta_B \cdot \frac{l}{2} = -\frac{ql^4}{128EI} - \frac{ql^3}{48EI} \cdot \frac{l}{2} = -\frac{7ql^4}{384EI}$$

例 5.12 等截面外伸梁在其外伸端作用集中力 F 如图 5.17(a)，已知 F、l、a、EI_z，试求外伸端 C 截面的挠度 w_C 和转角 θ_C。

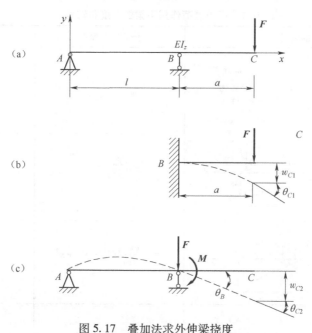

图 5.17 叠加法求外伸梁挠度

解：在 F 力作用下，梁 ABC 产生弯曲变形。C 截面的挠度和转角既与 BC 段的变形有关，也与 AB 段的变形有关。因此，把 C 截面的挠度和转角分解为两部分：BC 段自身弯曲变形所引起的挠度与转角；AB 段弯曲变形引起 BC 段刚体位移所产生的挠度和转角；分别计算后再予以叠加。

（1）BC 段自身弯曲变形引起 C 截面的挠度 w_{C1} 和转角 θ_{C1}。先将 AB 段刚化(不变形)，只考虑 BC 段的变形，这样，可将 AB 视为固定端，BC 段成为悬臂梁，如图 5.17(b) 所示，C 截面的挠度和转角可查表格 5.1，得 $w_{C1} = -\dfrac{Fa^3}{3EI_z}$，$\theta_{C1} = -\dfrac{Fa^2}{2EI_z}$。

（2）AB 段弯曲变形引起 C 截面的挠度和转角。将 BC 段刚化，把原作用在 C 处的集中力 F 平移到支座 B，根据力线平移定理附加一集中力偶 $M = Fa$，如图 5.17(c) 所示。梁 AB 段的弯曲变形中只有支座 B 截面的转角 θ_B 会引起 C 截面的挠度和转角，而支座 B 上的集中力 F，不会使 AB 段梁产生弯曲变形，在集中力偶 $M = Fa$ 作用下引起的 B 截面转角 θ_B 由表格 5.1 查得为

$$\theta_B = -\frac{Ml}{3EI_z} = -\frac{(Fa)l}{3EI_z}$$

由此带来 BC 段梁的刚性倾斜,使 C 截面下垂的挠度和转角为

$$w_{C2} = \theta_B \cdot a = -\frac{Fa^2 l}{3EI_z} \qquad \theta_{C2} = \theta_B = -\frac{Fa^2}{3EI_z}$$

将(1)、(2)两者叠加,得梁在 C 截面的总挠度 w_C 和总转角 θ_C 分别为

$$w_C = w_{C1} + w_{C2} = -\frac{Fa^3}{3EI_z} - \frac{Fa^2 l}{3EI_z} = -\frac{Fa^2}{3EI_z}(a + l)$$

$$\theta_C = \theta_{C1} + \theta_{C2} = -\frac{Fa^2}{2EI_z} - \frac{Fa^2}{3EI_z} = -\frac{5Fa^2}{6EI_z}$$

表 5.1　简单载荷作用下梁的挠度和转角

	梁的简图	挠曲线方程式	转角和挠度
1		$w = -\dfrac{M_e x^2}{2EI}$	$\theta_B = -\dfrac{M_e l}{EI}$ $w_B = -\dfrac{M_e l^2}{2EI}$
2		$w = -\dfrac{Fx^2}{6EI}(3l - x)$	$\theta_B = -\dfrac{Fl^2}{2EI}$ $w_B = -\dfrac{Fl^3}{3EI}$
3		$w = -\dfrac{qx^2}{24EI}(6l^2 - 4lx + x^2)$	$\theta_B = -\dfrac{ql^3}{6EI}$ $w_B = -\dfrac{ql^4}{8EI}$
4		$w = -\dfrac{M_e x}{6EIl}(l - x)(2l - x)$	$\theta_A = -\dfrac{M_e l}{3EI} \quad \theta_B = \dfrac{M_e l}{6EI}$ $w_C = -\dfrac{M_e l^2}{16EI}$
5		$w = -\dfrac{Fx}{48EI}(3l^2 - 4x^2)$ $\left(0 \leqslant x \leqslant \dfrac{l}{2}\right)$	$\theta_A = -\dfrac{Fl^2}{16EI} \quad \theta_B = \dfrac{Fl^2}{16EI}$ $w_C = -\dfrac{Fl^3}{48EI}$
6		$w = -\dfrac{qx}{24EI}(l^3 - 2lx + x^3)$	$\theta_A = -\dfrac{ql^3}{24EI} \quad \theta_B = \dfrac{ql^3}{24EI}$ $w_C = -\dfrac{5ql^4}{384EI}$

*5.4　杆件的应变能

在变形固体力学中,与功和能有关的某些定理和原理,称为**能量原理**。应用能量原理求杆件的位移和应力或求解超静定问题的一般方法,称为**能量法**。由于能量法计算问题广泛、简便,又富有规范性,在分析复杂结构以及采用计算机编程计算中备受关注,也是计算力学的基础。限于篇幅,在此仅提供能量法最基本的内容。

在外力作用下,变形固体发生变形,载荷作用点沿载荷方向,随之产生位移。当载荷从零开始缓慢地增加到某一值时,相应发生的位移也从零开始增大到某一值。在变形过程中,由于载荷增加缓慢,可略去动能、热能、或其他能量的损失,根据能量守恒定律,可以认为在弹性变形范围,载荷所作的功 W,全部转为**应变能** V_ε 储存于变形固体中,即

$$W = V_\varepsilon \tag{5.19}$$

当载荷缓慢解除时,应变能会逐步释放出来。例如拉弯的弓在回弹时能将箭射中箭靶;被拧紧的发条在放松时会带动齿轮转动等等。

下面首先讨论杆件在基本变形时应变能的计算。

杆件的应变能可以用两种方法确定,一是根据功能原理,外力所做的功等于杆件内所储存的应变能;另一种方法是用单位体积里的应变能——**应变能密度** v_ε 对体积进行积分。

1. 轴向拉伸(压缩)**杆件的应变能**

由上一章可知,当变形固体服从胡克定律,杆件或杆系在小变形下不影响载荷的作用方向和位置,它们的内力、应力和位移等均与载荷成正比,这样的杆件(杆系)**称线弹性体**。

对于轴向受力杆,受力和变形如图 5.18(a)(b)所示。载荷 F 在位移上 Δl 所作的功 W 为

$$W = \frac{1}{2} F \Delta l \tag{5.20}$$

即图 5.18(b)的三角形 Oab 的面积。

拉(压)杆的内力为 $F_N = F$,抗拉(压) 刚度为 EA,杆长为 l,杆件的伸长(缩短)量为 $\Delta l = \dfrac{F_N l}{EA}$,则拉(压)杆内的应变能 V_ε 数值上等于载荷 F 在位移上 Δl 所作的功 W,即

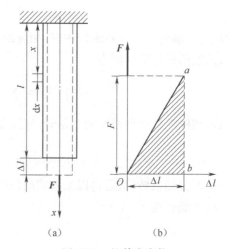

图 5.18　拉伸应变能

$$V_\varepsilon = W = \frac{1}{2} F \Delta l = \frac{F_N{}^2 l}{2EA} \tag{5.21}$$

对于由 n 根杆组成的杆系,其拉压应变能为

$$V_\varepsilon = \sum_{i=1}^{n} V_{\varepsilon i} = \sum_{i=1}^{n} \frac{F_{Ni}^2 l_i}{2E_i A_i} \tag{5.22}$$

当杆件所受轴力 F_N 不是常数,而是沿轴线 x 的变数,则 $F_N = F_N(x)$,在微段 $\mathrm{d}x$ 长的应

变能为

$$\mathrm{d}V_\varepsilon = \frac{F_N^2(x)\,\mathrm{d}x}{2EA(x)}$$

杆长 l 的应变能为

$$V_\varepsilon = \int_l \frac{F_N^2(x)\,\mathrm{d}x}{2EA(x)} \tag{5.23}$$

式中 $A(x)$ 代表变截面杆在 x 处的面积。

应变能密度可表示为

$$v_\varepsilon = \frac{V_\varepsilon}{Al} = \frac{1}{2}\sigma\varepsilon \tag{5.24}$$

2. 扭转圆轴的应变能

对于受扭圆轴[图 5.19(a)],扭矩 $T = M_e$,扭转角 $\varphi = \dfrac{Tl}{GI_P}$。扭转力偶矩 M_e 所做的功 W 为图 5.19(b)中三角形 Oab 的面积

$$W = \frac{M_e\varphi}{2}$$

由式(5.19)可得圆轴扭转的应变能为

$$V_\varepsilon = W = \frac{M_e\varphi}{2} = \frac{T^2l}{2GI_P} \tag{5.25}$$

类似地,当轴受一系列转矩作用时,相应的扭矩为 T_i、分段轴长为 l_i,分段抗扭刚度为 G_iI_{Pi},那么该轴的扭转应变能为

$$V_\varepsilon = \sum_{i=1}^n V_{\varepsilon i} = \sum_{i=1}^n \frac{T_i^2 l_i}{2G_iI_{Pi}} \tag{5.26}$$

当扭矩和极惯性矩都是 x 的变量时,应变能为

$$V_\varepsilon = \int_l \frac{T(x)^2\,\mathrm{d}x}{2G_iI_{Pi}} \tag{5.27}$$

对于非圆截面扭转,只需将以上各式的极惯性矩 I_P 换用非圆截面的 I_k 即可。

应变能密度为

$$v_\varepsilon = \frac{1}{2}\tau\gamma \tag{5.28}$$

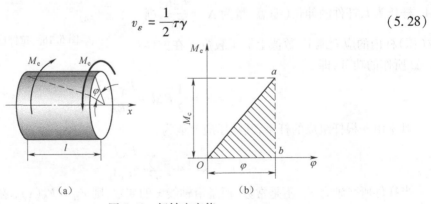

(a)   (b)

图 5.19　扭转应变能

3. 弯曲梁的应变能

受弯曲的梁[图 5.20(a)],其弯矩 $M = M_e$,两端截面的相对转角 $\theta = \dfrac{l}{\rho} = \dfrac{Ml}{EI_z}$。弯曲力偶矩 M_e 所做的功 W 为图 5.20(b)中三角形 Oab 的面积:

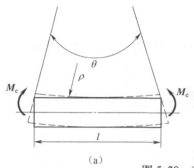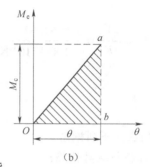

图 5.20 弯曲应变能

$$W = \frac{1}{2} M_e \theta$$

根据式(5.19),得弯曲梁的应变能为

$$V_\varepsilon = W = \frac{1}{2} M_e \theta = \frac{M^2 l}{2EI_z} \tag{5.29}$$

若梁为多载荷作用的阶梯梁,抗弯刚度为 $E_i I_{zi}$,则该梁的弯曲应变能为

$$V_\varepsilon = \sum_{i=1}^{n} \frac{M_i^2 l_i}{2E_i I_{zi}} \tag{5.30}$$

如果 M 和 θ 都是 x 的函数,则应变能为

$$V_\varepsilon = \int_l \frac{M(x)^2 \mathrm{d}x}{2EI_z(x)} \tag{5.31}$$

通过以上讨论,载荷做的功,可以统一写成

$$W = \frac{1}{2} F\Delta \tag{5.32}$$

式中,F 为广义力,拉伸时代表拉力,扭转和弯曲时代表力偶矩;Δ 为与 F 对应的广义位移,力对应于线位移,力偶矩对应于角位移。线弹性情况下,广义力与广义位移呈线性关系。

例 5.13 如图 5.21 所示杆系,试用能量法求结点 A 的位移 Δ_A。已知:载荷 $F = 100 \text{ kN}$,$a = 30°$,$l = 2 \text{ m}$,$d = 25 \text{ mm}$,杆的材料的弹性模量为 $E = 210 \text{ GPa}$。

解:杆的应变能为

$$V_\varepsilon = 2 \times \frac{F_{N1}^2 l}{2EA} = \frac{\left(\dfrac{F}{2\cos\alpha}\right)^2 l}{EA}$$

$$= \frac{\left(\dfrac{100 \times 10^3 \text{N}}{2\cos 30°}\right)^2 (2 \text{ m})}{(210 \times 10^9 \text{ Pa})\left[\dfrac{\pi}{4}(25 \times 10^{-3} \text{ m})^2\right]}$$

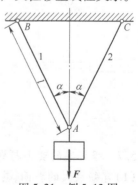

图 5.21 例 5.13 图

$$= 64.67 \text{ N} \cdot \text{m} = 64.67 \text{ J}$$

结点 A 的位移由

$$\frac{1}{2}F\Delta_A = V_\varepsilon$$

得到

$$\Delta_A = \frac{2V_\varepsilon}{F} = \frac{2 \times 64.67 \text{ N} \cdot \text{m}}{100 \times 10^3 \text{ N}} = 1.293 \times 10^{-3} \text{ m} = 1.293 \text{ mm}(\downarrow)$$

复习思考题

5.1 举例区分下列概念:

(1)相对位移与绝对位移;

(2)刚性位移与弹性位移;

(3)拉(压)胡克定律与剪切胡克定律;

(4)自由扭转与约束扭转;

(5)圆轴扭转与非圆轴扭转。

5.2 已知某材料的比例极限 $\sigma_p = 200 \text{ MPa}$,$E = 200 \text{ GPa}$,用该材料制成的拉杆和梁,其最大应变 $\varepsilon_{\max} = 0.002$,则其对应的应力估计为多少?

5.3 有弹性变形的杆件,应力和应变是否成对出现?

5.4 比较圆截面扭转和矩形截面扭转在几何变形方面有何不同规律? 从中得到哪些结论?

5.5 梁的挠曲线近似微分方程近似在何处?

5.6 写出复习思考题5.6图示各梁的边界条件、连续条件。

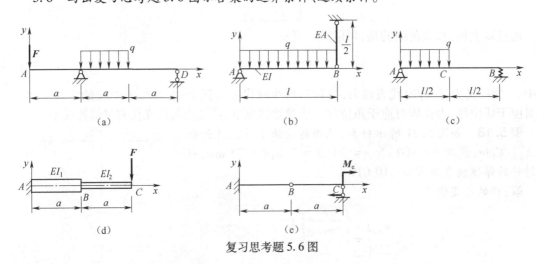

复习思考题5.6图

5.7 根据梁的变形与弯矩的关系,判断下列结论是否正确。

(1)弯矩最大的截面,其转角最大,弯矩为零的截面,转角为零;

(2)弯矩突变处的转角也有突变;

(3)挠曲线在弯矩为零处的曲率必为零;

（4）梁的最大挠度必产生于弯矩为最大的截面。

5.8　试考虑如何用叠加法较简便地求复习思考题 5.8 各梁 C 截面的挠度。

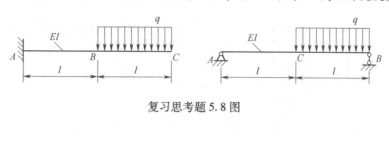

复习思考题 5.8 图

习　　题

5.1　题 5.1 图为阶梯状钢杆,已知其弹性模量 $E=200$ GPa,试求杆横截面上的最大正应力和杆的总伸长。

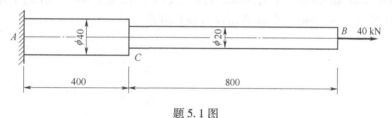

题 5.1 图

5.2　刚梁 BDE 由两根连杆 AB 和 CD 支承,如题 5.2 图。已知 AB 杆为铝杆($E_{AL}=70$ GPa,$A_{AL}=500$ mm²),CD 杆为钢杆($E_S=200$ GPa,$A_S=600$ mm²),试求刚梁在 B、D、E 处的位移。

5.3　直径 $d=10$ mm 的圆截面直杆,在轴向拉力作用下,直径减小了 0.002 5 mm,已知材料的弹性模量 $E=210$ GPa,泊松比 $\mu=0.3$,试求轴向拉力 F。

*5.4　如题 5.4 图所示在 AB 两点之间沿水平拉着一根直径 $d=1$ mm 的冷拉钢丝,直到断裂都符合虎克定律。现在钢丝中点 C 作用一铅垂载荷 F。已知钢丝由此产生的线应变 $\varepsilon=0.003$ 5,材料的弹性模量 $E=210$ GPa。若不计钢丝自重,试求:(1)钢丝横截面上的应力;(2)钢丝在 C 处的垂直位移 δ;(3)所受的载荷 F。

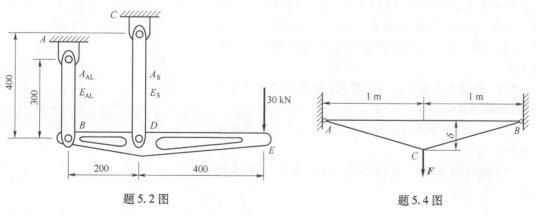

题 5.2 图　　　　　　　　　　　　　　题 5.4 图

5.5 阶梯圆轴受载如题 5.5 图,已知 $G=80$ GPa,试计算:(1)该轴的最大切应力;(2)该轴 AD 两端的相对扭转角 $\varphi_{A/D}$。

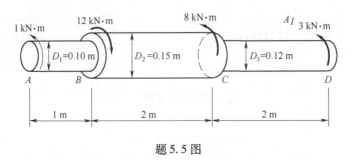

题 5.5 图

5.6 空心圆轴如题 5.6 图所示,已知内径边缘的最小扭转切应力为 70 MPa,材料的 $G=80$ GPa,试求该轴 B 截面的扭转角 φ_B 和作用的力偶矩 M_e。

5.7 钢制手钻杆 AB 如题 5.7 图所示。材料的切变弹性模量 $G=80$ GPa,手作用在搬手上的力为 $F=22$ N,试求钻杆的最大扭转切应力和扭转角。

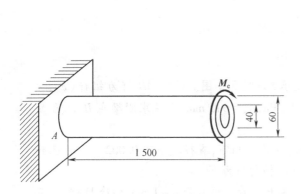

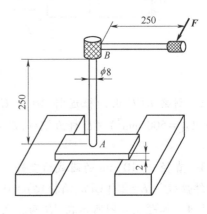

题 5.6 图 　　　　　　　　　　 题 5.7 图

5.8 空心铝管受 T 作用如题 5.8 图,已知该管端部的扭转角为 2°,铝材的 $G=27$ GPa,要求:(1)该铝管所受的力偶矩 M_e;(2)如果在相同 M_e 作用下,将铝管换成铝棒,横截面面积和杆长都与铝管相同,则其杆端的扭转角是多少。

5.9 如题 5.9 图示铝制悬臂梁,自由端作用一集中力偶,铝的弹性模量 $E=70$ GPa。

(1)试求该梁挠曲线的曲率半径,并由曲率半径求该梁自由端的挠度。

(2)试用积分法求自由端的挠度,并得结果进行比较。

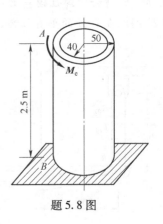

题 5.8 图

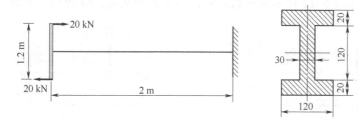

题 5.9 图

5.10　用积分法求题 5.10 图示各梁的转角方程、挠度方程以及指定截面(在各图下方括号内)的转角和挠度,并画出梁挠曲线的大致形状。梁抗弯刚度 EI 为常数。

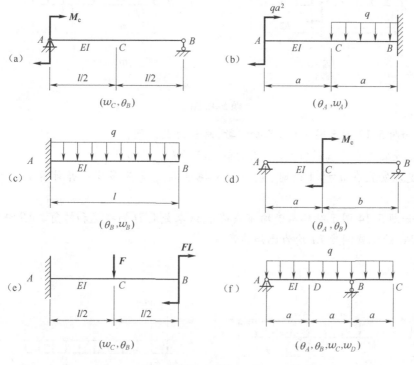

题 5.10 图

5.11　如题 5.11 图示简支梁,已知 $F=20\ \text{kN}$, $E=200\ \text{GPa}$。若该梁的最大弯曲正应力不得超过 160 MPa,最大挠度不得超过跨度的 1/400,试选择工字钢型号。

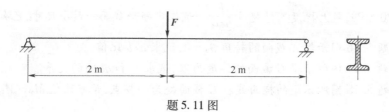

题 5.11 图

5.12 用叠加法求题 5.12 图示各梁指定截面的转角和挠度。EI 为已知常数。

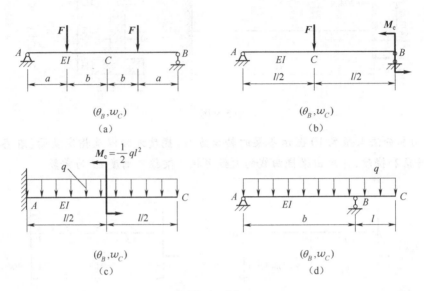

(θ_B, w_C)
(a)

(θ_B, w_C)
(b)

(θ_B, w_C)
(c)

(θ_B, w_C)
(d)

题 5.12 图

5.13 如题 5.13 图示梁,EI 为已知常数,总长为 l,试问:

(1)当支座安置在两端时($a=0$),梁的最大挠度 f_{1max} 为多少?

(2)当支座安置在 $a=l/4$ 处时,梁的最大挠度 f_{2max} 又为多少?并计算 f_{1max} 和 f_{2max} 的比值。

5.14 如题 5.14 图示结构承受均布载荷 q,试求截面 D 的挠度和转角。AB 杆的抗拉刚度 EA 和梁 BC 的抗弯刚度 EI 均为已知的常数。

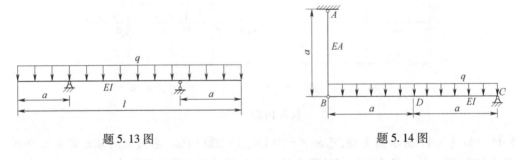

题 5.13 图

题 5.14 图

5.15 悬臂梁如题 5.15 图所示。已知 $q=10$ kN/m,$l=3$ m,$E=200$ GPa,若最大弯曲应力不得超过 120 MPa,最大挠度不得超过 $\dfrac{l}{250}$。试选定矩形截面的最小尺寸,已知 $h=2b$。

5.16 若题 5.16 图示梁 A 截面的转角 $\theta_A=0$,试求 a/b 比值。

5.17 若题 5.17 图所示梁 C 截面的挠度为零,试求 F 和 ql 间的关系。

5.18 若题 5.18 图所示梁的挠曲线在 C 截面处为一拐点,试求比值 M_{B1}/M_{B2}。

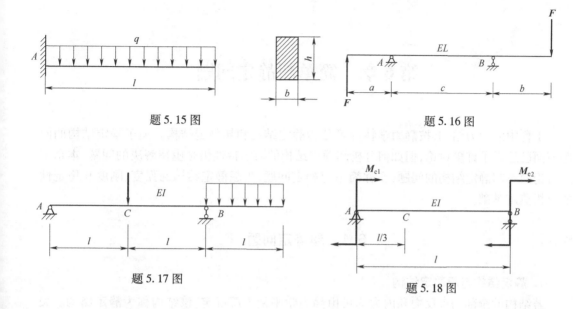

題 5.15 图　　　　　　　　　　　　題 5.16 图

題 5.17 图　　　　　　　　　　　　題 5.18 图

第6章　简单超静定问题

工程中的承力结构,按静力学特性可分为静定结构和超静定结构。关于静定结构的问题前面已经做了许多讨论,但如何分析超静定结构的力学特性仍是亟待解决的问题,本章重点讨论简单超静定结构的问题,亦称简单超静定问题,为超静定结构的强度、刚度和稳定性的分析奠定基础。

6.1　超静定问题

1. 静定结构与超静定结构

若结构的全部约束反力和内力均可由静力学平衡方程确定,该结构称为**静定结构**。关于求解静定结构力学量的问题,称为**静定问题**。若结构的约束反力和内力不能仅仅根据静力学平衡方程确定,该结构称为**超静定结构**。关于求解超静定结构力学量的问题,称为**超静定问题**。

超静定结构在工程中广泛应用。以车床夹持被车削的工件为例[图6.1(a)],其力学模型是悬臂梁,为静定结构[图6.1(b)]。但当工件过于细长,刚度比较差时,为提高加工精度,减少工件的变形,可以增加约束使用尾顶针[图6.1(c)],其力学模型及计算简图如图6.1(d)所示,这时存在F_{Ax}、F_{Ay}、M_A、F_{By}四个约束反力,而平面一般力系独立的静力学

高铁站顶棚等

平衡方程式为三个,不能确定四个未知约束反力,这就成了超静定结构。增加的约束称为**多余约束**,相应的约束反力称为**多余约束反力**。

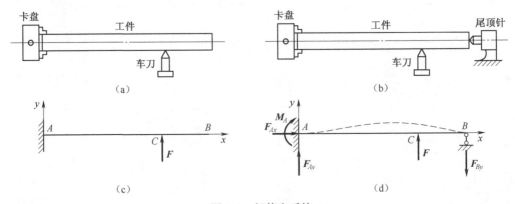

图6.1　超静定系统

根据未知力的性质,超静定问题可分为三类:①结构存在多余约束,未知力为约束反力的问题,称为外力超静定问题;②结构的约束反力可通过静力平衡方程求得,但结构的内力

无法确定,如图 6.2(a)(b)的桁架和平面框架,称为内力超静定问题;③未知力中既包含多余约束反力又包含杆件内力的问题,称为混合超静定问题。

未知力的个数超过独立平衡方程数的数目,称为超静定次数。图 6.1(c)为一次外力超静定,图 6.2(a)为一次内力超静定,图 6.2(b)为三次内力超静定。

多余的约束反力或内力,习惯上称为**多余未知力**。由于未知力可能是力,也可能是力偶,所以这里的力实际上指的是**广义未知力**。

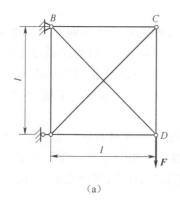 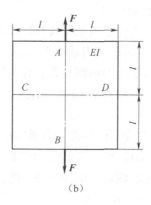

图 6.2　超静定系统

2. 静定基与相当系统

将超静定结构的多余约束去掉后得到的静定结构,称之为原系统的**静定基**。将已知的载荷和多余未知力作用在静定基上所得到的系统称为**基本系统**。当基本系统与原系统满足相同的静力平衡条件,且在解除约束处两者变形情况一致(满足相同的变形协调条件)时,基本系统与原系统完全相当,这称之为**相当系统**。

一个超静定系统的静定基(或相当系统)的选取不是唯一的。

以图 6.3(a)所示 A 端固定 B 端活动铰支座的一次超静定梁为例,在载荷 F 作用下,其挠曲线为图示虚线所示。图 6.3(b)(c)(d)均可作为原超静定梁的静定基。多余约束力用未知的广义力代替时,分别为 F_{By}、M_A 和 M_D,但 F_{By}、M_A 都是外力而 M_D 是内力。将这些待定的多余约束广义力与载荷 F 一起作用到所选择的相应静定基之后,就成为相应的基本系统。

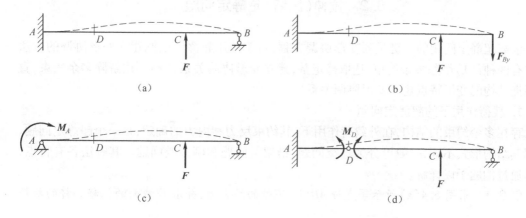

图 6.3　不同的相当系统

虽然所选的基本系统和未知广义力可以各不相同。但当它的挠曲线与原超静定系统的挠曲线是完全一致,即在解除约束处两者变形完全相同时,该系统即为相当系统。也就是说,对于图 6.3(b)以 F_{By} 为广义力,则要求 B 支座处的挠度为零;对于图 6.3(c),以 M_A 为广义力,要求 A 支座处的转角为零;对于图 6.3(d),以 M_D 为广义力,要求在 D 处增加中间铰后,在一对大小相等方向相反的 M_D 作用处,D 截面左右两侧相对转角为零。在解除约束处提出的附加要求是基于变形协调一致的原则,常称为**变形协调条件**(亦称**几何方程**)。

3. 变形比较法

如上所述,要使相当系统代替原超静定结构,应使两者除受力相同外变形也完全一致;在去掉多余约束后的相当系统上,在约束处的位移(广义位移)应符合原超静定结构在该处的约束条件,满足变形协调关系;对于简单的一次超静定系统常采用变形叠加法列出变形协调条件,再结合物理方程得到补充方程,与静力平衡方程一起即可求解,这称为**变形比较法**。

分析受力和变形时的基本原则是:①内力一般按真实方向假设。②变形与内力一致。如假设的轴力为拉,变形应假设为伸长;同理,假设的弯曲变形与扭转变形也应与假设的弯矩和扭矩的一致;两者不能相矛盾。③内力无法确定真实方向时可任意假设,但变形必须满足与内力一致。

4. 超静定问题的分析步骤

处理超静定问题的核心,就是利用几何关系、物理关系和静力学关系,这三个基本关系进行分析求解。变形比较法求解超静定问题的一般步骤为:

(1)解除多余约束,选取静定基;
(2)建立静力学关系,列平衡方程;
(3)分析变形的几何关系,列变形协调方程;
(4)将物理关系代入变形协调方程中,化为以力为变量的补充方程;
(5)将平衡方程和补充方程联立,求解未知力。

对于 n 次超静定问题,就要建立 n 个几何关系,进而导出 n 个补充方程,以弥补静力平衡方程数的不足。

6.2 拉伸(压缩)超静定问题

求解超静定问题的关键是列变形协调方程,对于拉压超静定问题建立变形协调的方法主要有两种:(1)解除多余约束,选取静定基,建立变形协调关系;(2)不用解除多余约束,直接根据结构的变形特点建立变形协调关系。

1. 载荷作用下的超静定问题

存在多余约束的结构,在外载荷作用下,其约束反力和内力的确定,是一个超静定问题,根据其结构形式不同,一般可分为柱类问题、桁架类问题和刚架类问题。其解法各有特点,下面通过例题予以详解。

例 6.1 求图 6.4(a)所示等直杆 AB 上、下端的约束力,并求 C 截面的位移。杆的拉压刚度为 EA。

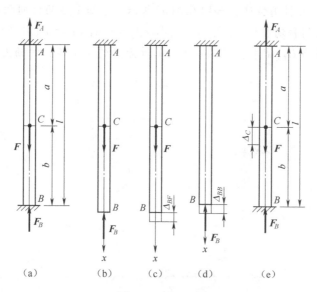

图 6.4 例 6.1 图

解:本题是典型柱类超静定问题,采用解除多余约束的解题方法。

(1) 有两个未知约束力 F_A,F_B ,如图 6.4(a)所示,但是只有一个独立的平衡方程:

$$F_A + F_B - F = 0$$

故为一次超静定问题。

(2)取固定端 B 为多余约束。相应的相当系统如图 6.4(b)所示,它应满足变形协调关系

$$\Delta_{BF} + \Delta_{BB} = 0$$

如图 6.4(c)(d)所示。

(3)补充方程为

$$\frac{Fa}{EA} - \frac{F_B l}{EA} = 0$$

由此求得

$$F_B = \frac{Fa}{l}$$

所得 F_B 为正值,表示 F_B 的指向与假设的指向相符,即向上。

(4)由平衡方程 $F_A + F_B - F = 0$,得

$$F_A = F - \frac{Fa}{l} = \frac{Fb}{l}$$

(5)利用相当系统求得

$$\Delta_C = \frac{F_A a}{EA} = \frac{\left(\dfrac{Fb}{l}\right) a}{EA} = \frac{Fab}{lEA}(\downarrow)$$

思考:本题也可以采用不解除多余约束,直接列变形协调关系的方法。如图 6.4(e)所示,设 C 点的位移为 Δ_C ,则 AC 段的伸长量 Δ_{BC} 应与 CB 段的缩短 Δ_{CB} 相等,即 $\Delta_{BC} = \Delta_{CB} = \Delta_C$。

例 6.2 设 1、2、3 三杆用铰连接如图 6.5(a) 所示。已知 1、2 两杆间的夹角为 2α，两杆的长度、横截面面积及材料均相同，即 $l_1 = l_2 = l$，$A_1 = A_2 = A$，$E_1 = E_2 = E$；杆 3 的横截面面积为 A_3，其材料的弹性模量为 E_3，试求在沿铅垂方向的外力 F 作用下各杆的轴力。

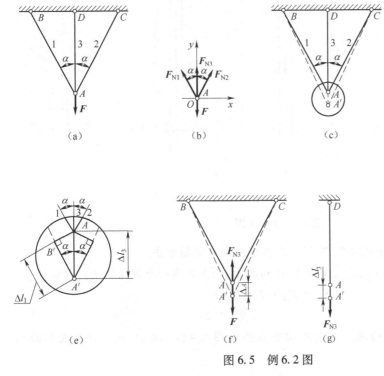

图 6.5 例 6.2 图

解： 本题是典型桁架类超静定问题，采用直接列变形协调关系的解题方法。

(1) 静力平衡方程

取结点 A，设三杆的轴力均为拉力，作受力图如图 6.5(b) 所示。由平衡方程，得

$$\sum F_x = 0, \quad F_{N1} = F_{N2} \tag{a}$$

$$\sum F_y = 0, \quad F_{N1}\cos\alpha + F_{N2}\cos\alpha + F_{N3} - F = 0 \tag{b}$$

(2) 补充方程

杆系共有三个汇交与 A 点的未知轴力，但平面汇交力系仅有两个独立的平衡方程，故为一次超静定，需寻求一个补充方程。

根据变形相容关系建立变形几何方程。由于三杆在下端连接于 A 点，故三杆在受力变形后，其下端仍应连接在一起，即 A' 点。由于问题在几何、物性及受力方面的对称性，且已假设三杆轴力均为拉力，故 A 点位移应铅垂向下，如图 6.5(c) 所示。变形分析的方法为：

从变形后的点(A' 点)向变形前的位置(如 1 杆的延长线 AB')引垂线(如 $A'B'$)构成变形三角形，如图 6.5(d) 所示。

由于结构的对称性，1、2 两杆的受力相等，伸长量相等 $\Delta l_1 = \Delta l_2$。由图 6.5(d) 所示的变形三角形，可得变形协调方程为

$$\Delta l_1 = \Delta l_3 \cos\alpha \tag{c}$$

在线弹性范围内,变形 Δl_1、Δl_3 与所求轴力 F_{N1}、F_{N3} 之间的物理关系为

$$\Delta l_1 = \frac{F_{N1}l}{EA} \tag{d}$$

和

$$\Delta l_3 = \frac{F_{N3}l\cos\alpha}{E_3 A_3} \tag{e}$$

将物理关系式(d)、(e)代入变形几何相容方程式(c),得补充方程为

$$F_{N1} = F_{N3}\frac{EA}{E_3 A_3}\cos^2\alpha \tag{f}$$

(3)各杆轴力

将补充方程(f)与静力平衡方程(a)、(b)联立求解,经整理后即得

$$F_{N1} = F_{N2} = \frac{F}{2\cos\alpha + \dfrac{E_3 A_3}{EA\cos^2\alpha}} \tag{g}$$

$$F_{N3} = \frac{F}{1 + 2\dfrac{EA}{E_3 A_3}\cos^3\alpha} \tag{h}$$

思考:

(1)关于变形分析还有另外一种方法,从变形前的点(A点)向变形后的位置(如1杆的延长线 $B'A'$)引垂线(如 AB')构成变形三角形,如图 6.5(e)所示。在小变形情况下,$\angle AA'B'$ 仍可近似认为是 α,故有与式(c)相同的变形协调方程

$$\Delta l_1 = \Delta l_2 = \Delta l_3\cos\alpha \tag{i}$$

(2)本例中也可将杆3与杆1、2的结点 A 间的铰接视为多余约束,其多余未知力为一对分别作用于杆3和杆1、2结点 A 的力 F_{N3},相应的基本静定系如图 6.5(f)所示,其变形协调方程为

$$\Delta_A = \Delta l_3 \tag{j}$$

杆1、2的伸长量相等,且为

$$\Delta l_1 = \frac{F_{N1}l}{EA} = \frac{(F - F_{N3})}{2\cos\alpha}\frac{l}{EA} \tag{k}$$

参考式(i)可知

$$\Delta_A = \frac{\Delta l_1}{\cos\alpha} = \frac{(F - F_{N3})}{2\cos^2\alpha}\frac{l}{EA} \tag{l}$$

杆3的伸长 Δl_3 与 F_{N3} 的关系[图 6.5(g)],

$$\Delta l_3 = \frac{F_{N3}l\cos\alpha}{E_3 A_3} \tag{m}$$

将式(l)、式(m)代入式(j),可解得未知力 F_{N3} 及其他各杆的内力。

例 6.3 如图 6.6(a)所示结构,设横梁 AC 为刚性梁,杆1,2,3的材料相同弹性模量均

为 E,横截面面积 A 和长度 l 均相等,在 C 点作用垂直向下的力 F。试求各杆内力值。

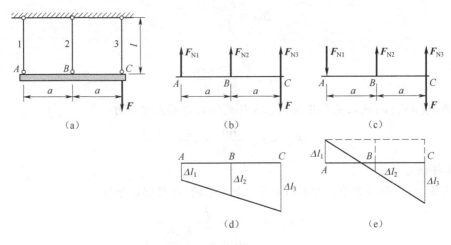

图 6.6　例 6.3 图

解: 本题是刚架类的超静定问题,采用直接列变形协调关系的解题方法。

(1)静力平衡方程

设 1,2,3 杆的轴力分别设置为 F_{N1}、F_{N2} 和 F_{N3},如图 6.6(b)所示。由 AB 杆的平衡方程,得

$$\sum F_y = 0 \qquad F_{N1} + F_{N2} + F_{N3} = F \qquad\qquad (a)$$

$$\sum M_c = 0 \qquad 2F_{N1} + F_{N2} = 0 \qquad\qquad (b)$$

是一次超静定问题,需要一个补充方程。

(2)几何方程

由于横梁 AB 是刚性杆,结构变形后,它仍为直杆,由图 6.6(d)可得三根杆的伸长 Δl_1、Δl_2 和 Δl_3 应满足的变形协调关系:

$$\frac{\Delta l_3 - \Delta l_1}{\Delta l_2 - \Delta l_1} = 2$$

即

$$\Delta l_3 + \Delta l_1 = 2\Delta l_2 \qquad\qquad (c)$$

(3)物理方程

$$\Delta l_1 = \frac{F_{N1}l}{EA}, \qquad \Delta l_2 = \frac{F_{N2}l}{EA}, \qquad \Delta l_3 = \frac{F_{N3}l}{EA} \qquad\qquad (d)$$

式(d)带入式(c)得,补充方程

$$F_{N3} + F_{N1} = 2F_{N2} \qquad\qquad (e)$$

联立(a)(b)(e)三式,解得

$$F_{N1} = -\frac{F}{6}\,(压), \qquad F_{N2} = \frac{F}{3}\,(拉), \qquad F_{N3} = \frac{5F}{6}\,(拉)$$

本题的另一种解法: 由于杆 1 受压,假设变形关系如图 6.6(e)所示的,变形协调方程为 $\Delta l_3 + \Delta l_1 = 2(\Delta l_2 + \Delta l_1)$,这时必须按图 6.6(c)的受力关系列平衡方程,即假设杆 1 受压,

这样得到的解是相同的,因为变形和内力是一致的。否则,如果将图 6.6(e)的变形关系和图 6.6(b)的平衡关系联立进行分析,得到的结果将是错误的。

例 6.4　图 6.7 表示铜套筒中穿过一个钢螺栓,已知它们的抗拉(压)刚度分别为 $E_C A_C$ 和 $E_S A_S$。当螺母未拧紧时,两垫圈之间的距离为 l。若把螺母旋紧 1/5 圈,螺距为 h,求铜套筒和钢螺栓杆所受的压力(忽略垫圈的变形)。

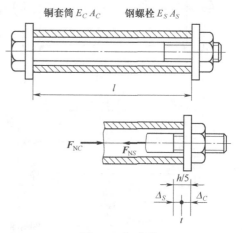

图 6.7　铜套筒

解:若把螺母旋紧 $h/5$,使螺栓受到拉力、套筒受到压力。用截面法将该联接装置假想切开,以 F_{NC} 和 F_{NS} 分别代表套筒的轴向压力和螺栓的轴向拉力。两个待定未知力,只有一个平衡方程:

$$\sum F_x = 0, \qquad F_{NC} - F_{NS} = 0$$

故为一次超静定系统,需要找出一个变形协调条件,建立一个补充方程,它们分别是

$$\Delta_S + \Delta_C = h/5$$

$$\frac{F_{NS}l}{E_S A_S} + \frac{F_{NC}l}{E_C A_C} = \frac{h}{5}$$

利用静力平衡方程,解得

$$F_{NC} = F_{NS} = \frac{h E_S E_C A_S A_C}{5l(E_S A_S + E_C A_C)}$$

套筒和螺栓所受到的应力分别为

$$\sigma_C = \frac{F_{NC}}{A_C} = \frac{h E_S E_C A_S}{5l(E_S A_S + E_C A_C)}, \quad \sigma_S = \frac{F_{NS}}{A_S} = \frac{h E_S E_C A_C}{5l(E_S A_S + E_C A_C)}$$

2. 装配应力

构件加工制造时,尺寸存在微小误差是难以避免的。在静定结构中,这种误差仅引起结构几何形状的微小变化,不会引起内力。但在超静定结构中,由于多余约束,这种误差将产生内力,这种内力称为**装配内力**,与之相应的应力则称为**装配应力**。装配应力是结构在载荷作用之前已经存在的应力,与载荷大小无关,仅与误差有关。

例 6.5　两端用刚性块连接在一起的两根相同的钢杆 1,2[图 6.8(a)],其长度 $l = 200$ mm,直径 $d = 10$ mm。试求将长度为 200.11 mm,亦即 $e = 0.11$ mm 的铜杆 3[图 6.8(b)]装配在与杆 1 和杆 2 对称的位置后[图 6.8(c)]各杆横截面上的应力。已知:铜杆 3 的横截面为 20 mm×30 mm 的矩形,钢的弹性模量 $E = 210$ GPa,铜的弹性模量 $E_3 = 100$ GPa。

解:(1)如图 6.8(d)所示有三个未知的装配内力 F_{N1},F_{N2},F_{N3},但对于平行力系却只有两个独立的平衡方程,故为一次超静定问题。也许有人认为,根据对称关系可判明 $F_{N1} = F_{N2}$,故未知内力只有两个,但要注意此时就只能利用一个独立的静力平衡方程:

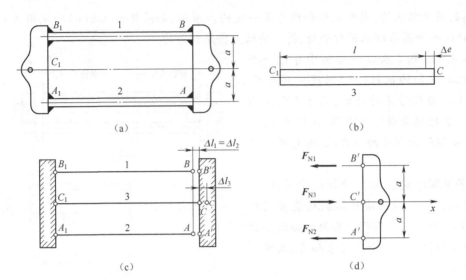

图 6.8 例 6.5 图

$$\sum F_x = 0, \qquad F_{N3} - 2F_{N1} = 0$$

所以这仍然是一次超静定问题。

(2)变形协调关系[图6.8(c)]为

$$\Delta l_1 + \Delta l_3 = \Delta e$$

这里的 Δl_3 是指杆3在装配后的缩短值,不带负号。

(3)利用物理关系得补充方程:

$$\frac{F_{N1}l}{EA} + \frac{F_{N3}l}{E_3 A_3} = \Delta e$$

(4)将补充方程与平衡方程联立求解得:

$$F_{N1} = F_{N2} = \frac{\Delta e EA}{l}\left[\frac{1}{1 + 2\dfrac{EA}{E_3 A_3}}\right], F_{N3} = \frac{\Delta e E_3 A_3}{l}\left[\frac{1}{1 + \dfrac{E_3 A_3}{2EA}}\right]$$

所得结果为正,说明原先假定杆1,2的装配内力为拉力和杆3的装配内力为压力是正确的。

(5)各杆横截面上的装配应力如下:

$$\sigma_1 = \sigma_2 = \frac{F_{N1}}{A} = 74.53 \text{ MPa}(拉应力)$$

$$\sigma_3 = \frac{F_{N3}}{A_3} = 19.51 \text{ MPa}(压应力)$$

3. 温度应力

温度变化将引起物体的膨胀或收缩。当温度均匀变化时,在静定结构中,杆件可以自由变形,温度变形不会引起杆件的内力。但在超静定结构中,由于多余约束的存在,限制了杆件的温度变形,从而将在杆件中产生内力。这种内力称为**温度内力**,与之相应的应力则称为**温度应力**。在温度作用下,杆件的变形一般由两部分组成,一部分是温度变形;另一部分是由温度内力产生的弹性变形。

例6.6 长度为 l 的钢柱与铜管,置于两刚性平板之间,[图6.9(a)]钢柱和铜管的抗拉(压)刚度各为 $E_S A_S$ 和 $E_C A_C$,线膨胀系数各为 α_S 和 α_C,在轴向压力 F 作用下,当钢柱和铜管同时受到升温 Δt 的影响,试求出载荷 F 仅由铜管承受时,需增加的温度 Δt 为多少。

解:由于铜的线膨胀系数高于钢,即 $\alpha_C > \alpha_S$。设该装置底部 A 的位置相对固定,则在无刚板约束时,铜管和钢柱由于升温 Δt 而自由膨胀的位置分别为 B' 和 B'',位移分别为 Δ_{Ct} 和 Δ_{St},且 $\Delta_{Ct} > \Delta_{St}$,其中 $\Delta_{Ct} = \alpha_C l \Delta t$,$\Delta_{St} = \alpha_S l \Delta t$,设在轴向压力 F 作用下,铜管的压缩位移为 Δ_{CF},为使钢柱在热膨胀后不受力,铜管应刚好压缩到钢柱的热膨胀位置 B',如图6.9(b)所示,故变形协调条件为

$$\Delta_{Ct} - \Delta_{CF} = \Delta_{St}$$

于是,得补充方程为

$$\alpha_C l \Delta t - \frac{Fl}{E_C A_C} = \alpha_S l \Delta t$$

解得

$$\Delta t = \frac{F}{(\alpha_C - \alpha_S) E_C A_C}。$$

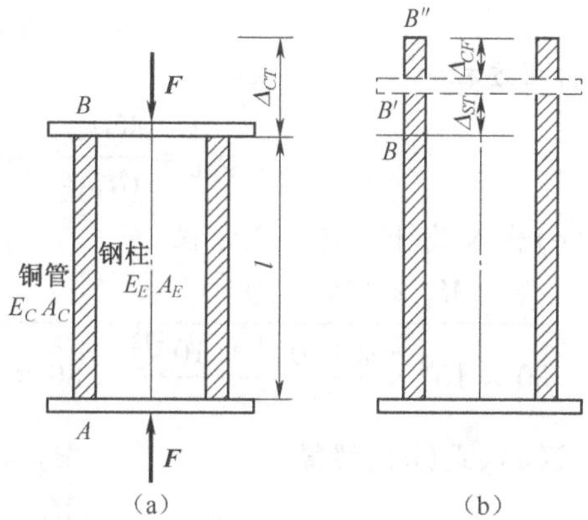

图6.9 例6.6图

6.3 扭转超静定问题

扭转超静定结构的多余约束往往是限制扭转变形,变形协调关系一般以扭转角为变量,未知力常为扭矩,求解的方法和步骤与拉(压)超静定系统是完全相仿的。

例6.7 圆轴 AB 在 AC 段为实心圆轴,直径 $D = 20$ mm,CB 段为空心圆轴,内外径分别为 $d = 16$ mm 和 $D = 20$ mm。轴两端 A、B 为固定端,在实心和空心交界截面 C 处受力偶矩 $M_e = 120$ N·m作用,如图6.10(a)所示,已知轴的切变模量 $G = 80$ GPa,试求该轴两端的约束反力。

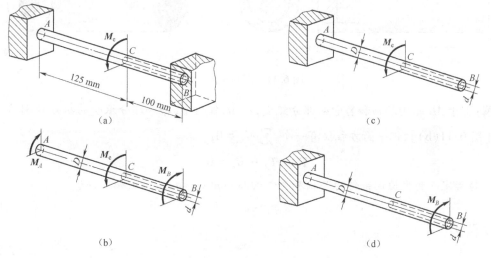

图6.10 例6.7图

解: 将轴两端约束去掉代之以待求约束反力 M_A 和 M_B,如图6.10(b)所示,平衡方程为

$\sum M_A = 0$,

$$M_e - M_A - M_B = 0 \tag{a}$$

为一次超静定系统,变形协调条件为

$$\varphi_{AB} = \varphi_{AC} + \varphi_{CB} = 0 \tag{b}$$

根据物理方程

$$\varphi_{AC} = \frac{M_A l_{AC}}{G I_{PAC}} \quad \text{和} \quad \varphi_{CB} = -\frac{M_B l_{CB}}{G I_{PCB}} \tag{c}$$

将式(c)代入式(b),得补充方程

$$\frac{M_A \times 125 \times 10^{-3}}{80 \times 10^9 \times \dfrac{\pi (20)^4 \times 10^{-12}}{32}} - \frac{M_B \times 100 \times 19^{-3}}{80 \times 10^9 \times \dfrac{\pi (20)^4}{32} \times 10^{-12} \left[1 - \left(\dfrac{16}{20} \right)^4 \right]} = 0 \tag{d}$$

联立式(a)、式(d),解得

$$M_A = 69 \text{ N} \cdot \text{m}$$
$$M_B = 51 \text{ N} \cdot \text{m}$$

思考: 本题也可将 B 端作为多余约束解除,得到静定基[图6.10(c)(d)],A、B 两端的相对扭转角是由 M_e 产生的扭转角和 M_B 产生的扭转角叠加而成的,变形协调关系为

$$\varphi_{AB} = \varphi_{AC} + \varphi_{AB} = 0 \tag{e}$$

物理方程为

$$\varphi_{AC} = \frac{M_e l_{AC}}{G I_{PAC}} \quad \text{和} \quad \varphi_{AB} = -\frac{M_B l_{AC}}{G I_{PAC}} - \frac{M_B l_{CB}}{G I_{PCB}} \tag{f}$$

联立式(e)、式(f),可解得 M_B 和 M_A。

例6.8 芯轴和套管被牢固的粘合在一起成为一受扭圆轴[图6.11(a)]。已知芯轴和套管的抗扭刚度分别为 $G_1 I_{P1}$ 和 $G_2 I_{P2}$,试求在外力偶 M_e 作用时,芯轴和套管的扭矩。

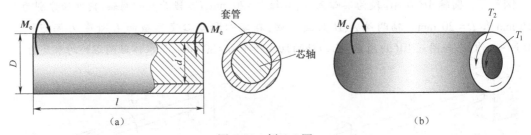

图6.11 例6.8图

解: 由于 AB 轴由芯轴和套管两部分组成,在 M_e 作用下,每一部分承受的扭矩分别为 T_1 和 T_2[图6.11(b)],但平衡方程仅有一个 $\sum M_x = 0$,

$$T_1 + T_2 - M_e = 0 \tag{a}$$

为一次超静定。变形协调条件为芯轴和套管的扭转角 φ_1 和 φ_2 应该相等,即

$$\varphi_1 = \varphi_2 \tag{b}$$

补充方程为

$$\frac{T_1 l}{G_1 I_{P1}} = \frac{T_2 l}{G_2 I_{P2}} \tag{c}$$

联立式(a)(c),解得 $\qquad T_1 = \dfrac{G_1 I_{P1} M_e}{G_1 I_{P1} + G_2 I_{P2}}, T_2 = \dfrac{G_2 I_{P2} M_e}{G_1 I_{P1} + G_2 I_{P2}}$。

例6.9 图6.12(a)为端部固定的实心圆轴和空心圆管在 C 处用销钉联接。连接前因制造误差,轴与管的销孔位置偏差了 φ 角,已知轴和管的外径分别为 d 和 D,材料分别为钢 G_S 和铜 G_C,试求当轴和管强行联接装配后,实心圆轴和空心圆管的内力。

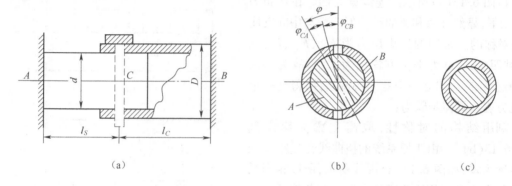

图6.12　例6.9图

解: 先将圆管扭转 φ 角后与圆轴装配,由于销孔的制造误差在强行装配后会引起附加的装配应力,组成一个受扭变形的超静定结构。圆轴和圆管装配后,轴承受的扭矩为 T_S,圆管承受的扭矩为 T_C,由平衡方程式 $\sum M_x = 0$,得

$$T_S = T_C \tag{a}$$

装配时变形如图6.12(b)所示,圆管逆时钟转动一个相对扭角 φ_{CB},而圆轴顺时钟转动一个相对扭角 φ_{CA},其变形协调关系为

$$\varphi_{CA} + \varphi_{CB} = \varphi \tag{b}$$

由物理方程,得相对扭角分别为

$$\varphi_{CA} = \frac{T_S l_S}{G_S I_{PS}} \qquad \varphi_{CB} = \frac{T_C l_C}{G_C I_{PC}} \tag{c}$$

将式(c)代入式(b),得补充方程式为

$$\frac{T_S l_S}{G_S I_{PS}} + \frac{T_C l_C}{G_C I_{PC}} = \varphi \tag{d}$$

联立式(a)、式(d),解得

$$T_S = T_C = \frac{\varphi}{\dfrac{l_S}{G_S I_{PS}} + \dfrac{l_C}{G_C I_{PC}}}$$

轴和管在强行装配后,引起了相应的装配应力

$$\tau_S = \frac{T_S}{W_{tS}} \qquad \text{和} \qquad \tau_C = \frac{T_C}{W_{tC}}$$

6.4 弯曲超静定问题

求解弯曲超静定问题,仍然是从静力学关系、几何关系和物理关系出发。其中,最关键的是如何解除约束选取静定基和列出变形协调条件(几何方程),选得好将给解题带来很大的方便。未知约束力求出以后,其余的支反力及杆件的内力、应力和变形、位移均可在相当系统上求得。

以图 6.13(a)所示的连续梁为例。在均布力 q 作用下,显然外力和梁的结构形式都与中间支座 C 是对称的。未知的约束反力为 F_{Ax}、F_{Ay}、F_{Cy} 和 F_{By} 共四个,而静力平衡方程仅为三个,故为一次超静定系统,需建立一个变形协调条件,得到一个补充方程。具体步骤为:

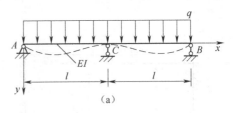

利用结构的对称性,取简支梁为静定基[图 6.13(b)]。由于原系统的挠曲线在支座 C 处的挠度为零,如图 6.13(a)虚线所示,所以相当系统必须满足 C 点挠度为零的变形协调条件,即

$$w_C = w_{Cq} - w_{CF} = 0 \qquad (a)$$

通过查表 5.1,可以得到 q 和 F_{Cy} 在 C 点产生的挠度分别为

$$\left.\begin{array}{l} w_{Cq} = \dfrac{5q\,(2l)^4}{384EI} = \dfrac{5ql^4}{24EI}(\downarrow) \\[3mm] w_{CF} = \dfrac{F_{Cy}\,(2l)^3}{48EI} = \dfrac{F_{Cy}l^3}{6EI}(\uparrow) \end{array}\right\} \qquad (b)$$

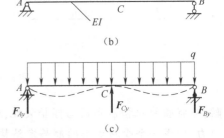

将式(b)代入式(a),有 $w_C = \dfrac{5ql^4}{24EI} - \dfrac{F_{Cy}l^3}{6EI} = 0$

$$\qquad (c)$$

解得多余约束力

$$F_{Cy} = \frac{5}{4}ql$$

结果为正,表明假设 C 处的约束反力 $F_{Cy}(\uparrow)$ 的方向是正确的。

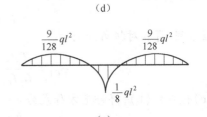

图 6.13 超静定梁

由静力平衡方程,可得支座 A、B 处的支座反力

$$\sum F_x = 0, F_{Ax} = 0 \qquad (d)$$

$$\sum M_A = 0, F_{By} = \frac{q(2l)\cdot l - F_{Cy}l}{2l} = \frac{3}{8}ql(\uparrow) \qquad (e)$$

$$\sum F_y = 0, F_{Ay} = 2ql - F_{Cy} - F_{By} = \frac{3}{8}ql(\uparrow) \qquad (f)$$

如果利用对称性,必然 $F_{Ay} = F_{By}$,即

$$F_{Ay} = F_{By} = \frac{2ql - R_C}{2} = \frac{3}{8}ql(\uparrow)$$

所有支座反力确定之后,就可画出超静定梁的剪力图和弯矩图[图 6.13(d)(e)]。

如果图 6.13(a)的 C 支座不是刚性约束,而是具有刚度系数为 k 的弹性支撑,变形协调条件应如何建立? 显然, $w_C \neq 0$,而是 $w_C = \dfrac{F_{Cy}}{k}$,这时对结果有何影响,请读者思考。

例 6.10　长度为 l、抗弯刚度为 EI 的超静定梁 AB,在 C 截面处承受集中载荷 F,如图 6.14(a)所示。试作梁的弯矩图。

解:(1)设支座 B 为多余约束,相应的多余约束力为 F_B,选取图 6.14(b)所示的悬臂梁为基本系统。

(2)建立变形协调条件。比较基本系统和原结构,在支座 B 处应满足相同的变形条件,即

$$w_B = w_F + w_{F_B} = 0 \qquad (a)$$

(3)通过查表 5.1,经简单计算可得

$$w_F = \frac{Fa^2}{6EI}(3l - a)$$

$$w_{F_B} = -\frac{F_B l^3}{3EI}$$

(4)代入变形协调方程式(a),得补充方程为

$$w_B = \frac{Fa^2}{6EI}(3l - a) - \frac{F_B l^3}{3EI} = 0$$

解得多余约束力为

$$F_B = \frac{Fa^2}{2l^3}(3l - a)$$

结果为正,表明假设 B 处的约束反力 $F_B(\downarrow)$ 的方向是正确的。

(5)作梁的弯矩图。可直接由图 6.14(b)作出梁的弯矩图,如图 6.14(e)所示。

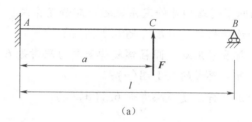

(a)

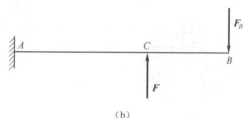

(b)

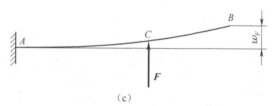

(c)

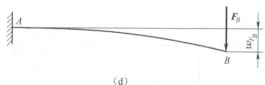

(d)

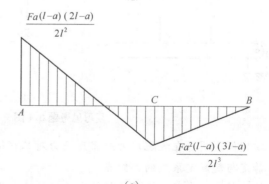

(e)

图 6.14　例 6.10 图

$$M_A = \frac{Fa(l-a)(2l-a)}{2l^2}$$

$$M_C = -\frac{Fa^2(l-a)(3l-a)}{2l^3}$$

复习思考题

6.1 判断下列结构是静定系统还是超静定系统：

(1)螺栓连接机器复习思考题6.1图(a)；

(2)阀门弹簧采用双层圆柱螺旋弹簧复习思考题6.1图(b)；

(3)吊梁复习思考题6.1图(c)；

(4)多杆汇交杆系复习思考题6.1(d)(e)。

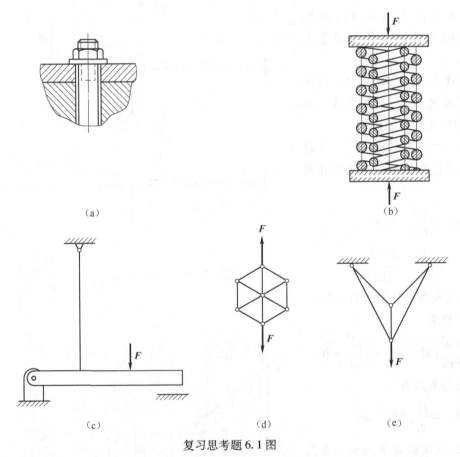

(a)   (b)

(c)   (d)   (e)

复习思考题6.1图

6.2 举实例说明存在装配应力或温度应力对工程结构的利弊。

6.3 静定与超静定系统的异同点。

6.4 给出复习思考题6.4图各超静定系统的基本系统、变形协调条件和相当系统。

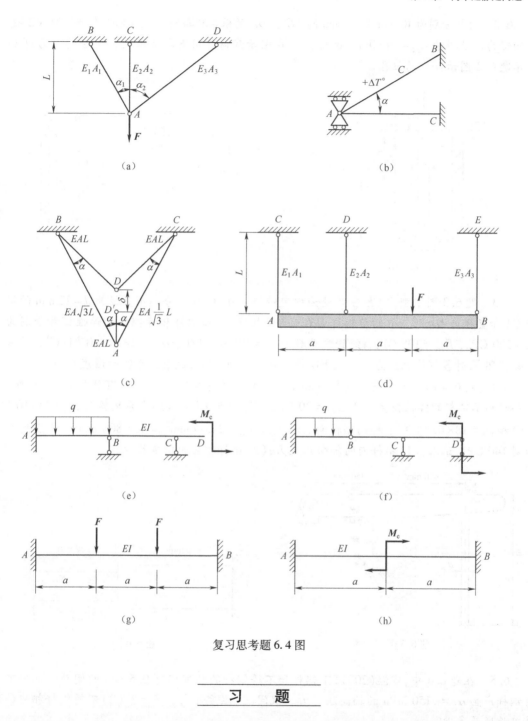

复习思考题 6.4 图

习 题

6.1 题 6.1 图所示直径 $d=9$ mm 的黄铜杆 AB 安装在圆柱形黄铜容器 CD 的底部,已知容器横截面面积为 $A=300$ mm²,容器上沿(C 处)为圆周固定支承。黄铜杆的 A 端装有塞子 E,其上受轴向载荷 F 作用如图。黄铜的 $E_{bra}=85$ GPa,求当塞子 E 向下移动 1.2 mm 时,所应施加在塞子顶上的轴向载荷 F?

6.2 直径分别为 10 mm 和 15 mm 的 *CE* 和 *DF* 两根铝杆与刚性梁 *ABCD* 连接如题 6.2 图。已知铝的弹性模量 $E_{Al}=70$ GPa。试求：(1)在图示载荷作用下求两根铝杆所受的内力；(2)计算题 6.2 图示 *A* 点的位移。

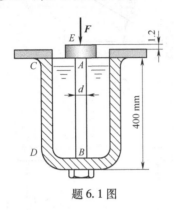

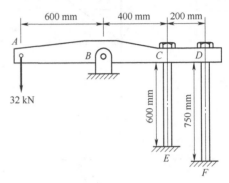

题 6.1 图   题 6.2 图

6.3 题 6.3 图中刚梁 *CE* 在 *E* 处为固定铰链支座，*C*、*D* 处分别用直径为 $d=22$ mm 的钢杆 *CA* 和直径为 $D=30$ mm 的黄铜杆 *DB* 与地面相连，已知钢杆和黄铜杆的弹性模量分别为 $E_S=200$ GPa，$E_{bra}=105$ GPa，线膨胀系数为 $\alpha_s=12\times10^{-6}1/C$，$\alpha_{bra}=18.8\times10^{-6}1/C^0$。设该系统在 20℃ 时各杆均无应力。现仅 BD 黄铜杆升温到 50℃，试求该系统的温度应力。

6.4 题 6.4 图中水平安放的铝杆和不锈钢杆的端部在室温 20℃ 时有 0.5 mm 的间隙。已知铝和不锈杆的弹性模量各为 $E_{AL}=70$ GPa，$E_S=190$ GPa；线膨胀系数各为 $\alpha_{al}=23\times10^{-6}$ $1/C^0$ 和 $\alpha_S=18\times10^{-6}1/C^0$；杆的横截面面积各为 $A_{AL}=2\,000$ mm² 和 $A_S=800$ mm²。当温度增加到 140℃ 时，试求：(1)铝杆内的轴向正应力；(2)铝杆相应的精确长度。

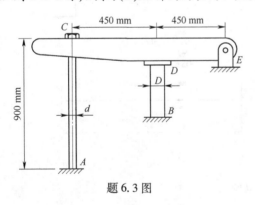

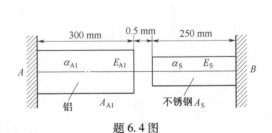

题 6.3 图   题 6.4 图

6.5 在题 6.4 中，室温(20℃)下铝杆和不锈钢杆的端部仍有 0.5 mm 的间隙。现若不锈钢杆产生 $\sigma_S=-150$ MPa 的轴向压应力。试问(1)温度升高了多少？(2)不锈钢杆相应的精确长度是多少？

6.6 刚度 *EA* 相同的六根杆件铰接成题 6.6 图中的正方形系统 *ABCD*，*BD* 与 *AC* 两杆间无约束，在 *AC* 间受一对拉力 *F* 作用，求各杆内力。

6.7 由六根刚度 *EA* 相同的杆件铰接成如题 6.7 图所示桁架，求各杆的内力。

6.8 由六根刚度 *EA* 相同的杆件铰接如题 6.8 图中的桁架，其中 *BD* 杆由于制造误差

短了 $\delta(\delta \ll a)$。强行装配后,求各杆的内力。

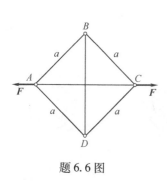

题 6.6 图

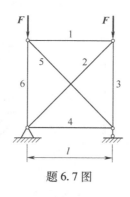

题 6.7 图

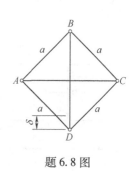

题 6.8 图

6.9 两根实心圆轴,Ⅰ 和 Ⅱ,其直径分别为 $d_1 = 60$ mm 和 $d_2 = 50$ mm,轴两端固定,B 处用法兰盘相接如题 6.9 图所示,法兰盘上受力偶矩 $M_e = 4$ kN·m 作用,轴的切变横量 $G = 80$ GPa,试计算 Ⅰ、Ⅱ 两轴的最大切应力。

6.10 上题若将 Ⅰ 轴改用外径为 $D = 60$ mm,内径为 $d = 40$ mm 的空心圆轴,其他条件不变,试计算 Ⅰ、Ⅱ 两轴的最大切应力。

6.11 钢轴和铝管在 B 端固定,A 端用一刚性盘将轴和管相连如题 6.11 图所示,无初应力。已知轴和管的切变模量分别为 $G_S = 80$ GPa 和 $G_{Al} = 27$ GPa。钢轴允许承受的最大切应力 $\tau_{Smax} = 120$ MPa,铝管允许承受的最大切应力 $\tau_{Almax} = 70$ MPa,试确定在刚性盘 A 处所能施加的最大力偶矩 M_e。

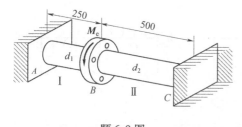

题 6.9 图

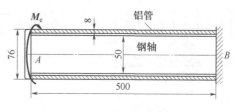

题 6.11 图

6.12 题 6.12 图所示两端直径各为 $d_1 = 40$ mm,$d_2 = 80$ mm,长为 $l = 1$ m 的圆锥杆 Ⅱ 与外径为 $D = 120$ mm,中间具有相同圆锥形孔的空心圆杆 Ⅰ 紧密配合成组合轴,两杆接触面配合牢固不发生相对转动,设 Ⅰ、Ⅱ 两杆的切变模量比为 $\dfrac{G_1}{G_2} = \dfrac{1}{2}$。在 A、B 两端受一对力偶矩 $M_e = 5$ kN·m 作用,试求实心圆锥杆 Ⅱ 的最大切应力。

6.13 试计算如题 6.13 图中所示扭转超静定系统,钢杆和铜管由于销孔位置制造相差 $\varphi = 2°$,当杆和管强行连接装配后,在杆和管内将引起最大切应力。已知钢管外径 $D = 60$ mm,

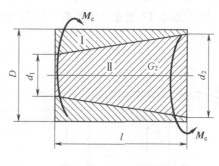

题 6.12 图

钢杆直径 $d=40$ mm,钢管长 $l_C=600$ mm,钢杆长 $l_S=400$ mm,铜和钢的切变模量分别为 $G_C=40$ GPa,$G_S=80$ GPa。

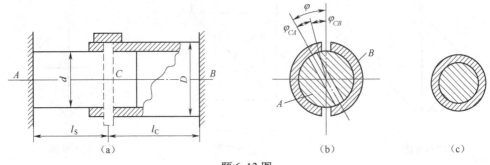

题 6.13 图

6.14 试求上题6.13在杆和管装配前后各自产生的扭转角为多少?

6.15 试确定题6.15图示梁的约束支反力,已知刚度 EI、EA 为常量,绘剪力图和弯矩图。

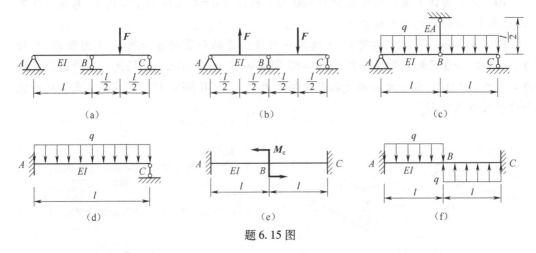

题 6.15 图

6.16 题6.16图为匀质杆,单位长度重 W,放在水平刚性平台上,杆伸出平台外 AB 部分的长度为 a,试计算平台上杆拱起部分 BC 的长度 b。

6.17 题6.17图示 AB 梁两端固定,现在使 A 端相对于 B 端垂直向上移动 Δ,试求端点的约束反力。

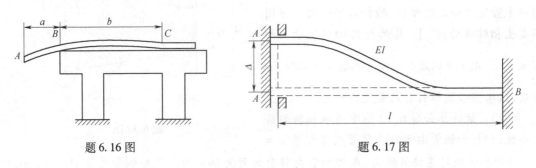

题 6.16 图　　　　题 6.17 图

第7章 应力分析和应变分析

在前面几章中,分别建立了应力和应变的概念,研究了杆件在不同变形条件下,横截面上任意一点的应力和应变问题。但不同材料在各种载荷作用下的破坏实验表明,杆件的破坏并不总是沿横截面发生。例如低碳钢和铸铁的拉伸实验,低碳钢拉伸时为什么在屈服阶段会出现 45°滑移线(图2.3),而铸铁拉伸的破坏是沿着与轴线大致垂直的横截面断裂(图2.9)。同样在低碳钢和铸铁圆截面试样的扭转破坏实验中,它们的扭转切应力的分布规律相同,但所产生的断裂形式却完全不同,低碳钢试样沿着与轴线大致垂直的横截面断裂(图2.14),而铸铁试样的断裂面相对于轴线是倾斜的,且大致成 45°夹角(图2.16),当扭矩方向相反时,断裂面的角度也随之改变。所以,必须了解一点的应力和应变沿着不同方向的变化规律并结合杆件的材料作进一步的分析。也就是说,不仅要研究横截面上的应力,而且也要研究斜截面上的应力。

本章的任务在于研究一点的应力沿各个方向的变化情况,经过应力状态的分析,可确定应力(应变)的危险方向和数值,为杆件的强度计算、刚度计算、实验应力分析和失效分析奠定基础。

7.1 应力状态的概念

应力的有三个重要概念,即应力点的概念、面的概念和应力状态的概念。

同一物体内不同点的应力各不相同,此即**应力的点的概念**。如图 7.1 所示杆件的横截面上的正应力和切应力的分布图,沿截面高度上不同的点显然其应力值不相等。

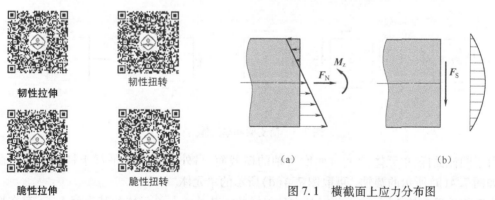

韧性拉伸   韧性扭转

脆性拉伸   脆性扭转

图 7.1 横截面上应力分布图

过同一点的不同方向的截面上的应力各不相同,此即**应力的面的概念**。如图 7.2 所示轴向拉伸的杆件的横截面上只有正应力,而斜截面上的不仅有正应力,还有切应力。

所以应力必须指明是哪一点在哪一方向面上的应力。

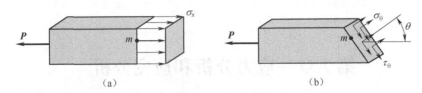

图 7.2 轴向拉伸杆件的截面应力

过一点的不同方向面上的应力的集合,称为这一**点的应力状态**。

为了描述一点的应力状态,通常是围绕该点取一个无限小的长方体,即单元体。因为单元体无限小,所以可认为其每个面上的应力都是均匀分布的,且相互平行的一对面上的应力对应相等。因此,单元体三对平行平面上的应力就代表通过所研究点的三个相互垂直截面上的应力。

当受力物体处于平衡状态时,从一点取出的单元体也是平衡的,单元体的任意一局部也必然是平衡的。当单元体三个面上的应力均已知时,则其他任意截面上的应力都可通过截面法求出,该点的应力状态也就完全确定了。

一点的应力状态可用单元体的三个相互垂直平面上的应力来表示。因此取单元体时,应尽量使其三对面上的应力容易确定。通常对于矩形截面或工字钢等,三对面中的一对面取为杆件的横截面,另外两对为平行于杆件表面的纵截面。例如图 7.3(a)所示的简支梁,分析 S 截面上[图 7.3(b)]各点的应力时,可取图 7.3(c)所示的单元体。

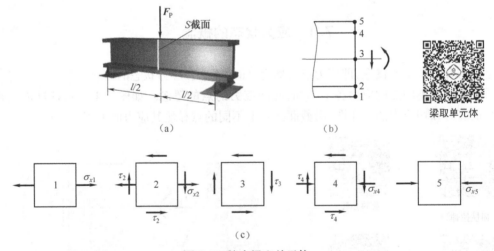

梁取单元体

图 7.3 简支梁和单元体

对于圆截面杆,单元体的一对面取为轴的横截面,另外两对面为平行于杆轴线的纵截面。如图 7.4(a)所示的圆轴,可取图 7.4(d)所示的单元体。

由于构件受力的不同,应力状态是多种多样的。若某一点单元体的某个面上,不存在切应力,这个面称为**主平面**。主平面上的正应力称为**主应力**。若单元体的三对面上都不存在切应力,即单元体的三对面均为主平面,这样的单元体称为**主单元体**,且有三个主应力。

主应力记号规定:一点处的三个主应力分别记为 σ_1、σ_2 和 σ_3,且 $\sigma_1 \geqslant \sigma_2 \geqslant \sigma_3$。例如某

点处的三个主应力为 10 MPa、-80 MPa 和 0,则 σ_1 = 10 MPa、σ_2 = 0、σ_3 = -80 MPa 。

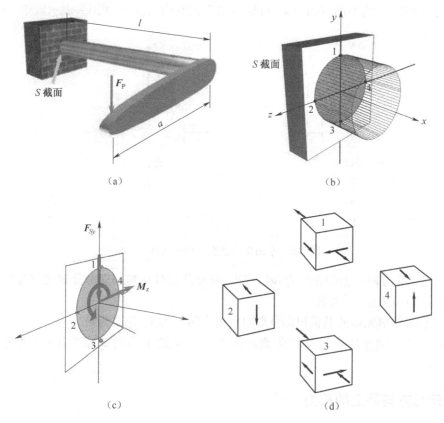

图 7.4　曲拐受力和单元体

一点处的三个主应力中,若一个不为零,其余两个为零,这种情况称为**单向应力状态**;有两个主应力不为零,而另一个为零的情况称为**二向应力状态**;三个主应力都不为零的情况称**三向应力状态**。单向和二向应力状态合称为**平面应力状态**,三向应力状态称为**空间应力状态**。只受切应力作用的平面应力状态称为**纯剪切应力状态**。单向应力状态和纯剪切应力状态称为**简单应力状态**,其余统称为**复杂应力状态**。

在工程实际中,平面应力状态最为普遍,空间应力状态问题虽也大量存在,但需要用弹性力学的方法分析。所以本章主要研究平面应力状态分析,以及复杂应力状态下应力与应变的关系和应变能。

7.2　平面应力状态分析的解析法

7.2.1　应力分量和方向角的符号规定

如图 7.5(a)所示单元体,左、右两个方向面的外法线和 x 轴重合,称为 x 面,x 面上的正应力用 σ_x 表示,切应力用 τ_{xy} 表示。τ_{xy} 下标的含义为前一个表示作用面的法线,后一个表示切应力的方向;上、下两个方向面的外法线和 y 轴重合,称为 y 面,y 面上的正应力和切应力

分别用 σ_y 和 τ_{yx} 表示,由切应力互等定理有 $\tau_{xy} = \tau_{yx}$。由于前后两个方向面上没有应力,即该方向主应力为零,故为平面应力状态,可以用图 7.5(b) 所示的平面图形表示该单元体。

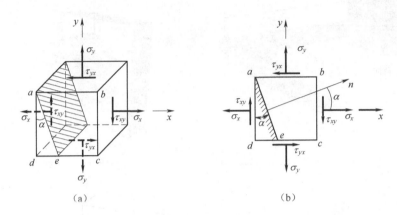

图 7.5　平面应力状态下的单元体

为了确定任意方向面上的正应力和切应力,需要首先对 α 角和应力分量规定符号。

(1) 正应力:拉为正,压为负。

(2) 切应力:使单元体或其截出部分顺时针方向转动为正;反之为负。

(3) α 角:由 x 轴正向逆时针转到截面的外法线 n 的正向的 α 角为正;反之为负,如图 7.5(b) 所示。

7.2.2　任意方向面上的应力

为了确定平面应力状态中任意 α 方向面上的应力,可以应用截面法。如图 7.6 所示。假设沿 ae 面将单元体截开,取左部分进行研究,在 ae 面上一般作用有正应力和切应力,用 σ_α 及 τ_α 表示,并设 σ_α 及 τ_α 为正。设 ae 的面积为 $\mathrm{d}A$,则 ad 和 de 的面积分别是 $\mathrm{d}A\cos\alpha$ 和 $\mathrm{d}A\sin\alpha$。取 n 轴和 t 轴为投影轴,写出该部分的平衡方程

$$\begin{cases} \sum F_n = 0 & \sigma_\alpha \mathrm{d}A - (\sigma_x \mathrm{d}A\cos\alpha)\cos\alpha + (\tau_{xy}\mathrm{d}A\cos\alpha)\sin\alpha \\ & \quad - (\sigma_y \mathrm{d}A\sin\alpha)\sin\alpha + (\tau_{yx}\mathrm{d}A\sin\alpha)\cos\alpha = 0 \\ \sum F_t = 0 & \tau_\alpha \mathrm{d}A - (\sigma_x \mathrm{d}A\cos\alpha)\sin\alpha - (\tau_{xy}\mathrm{d}A\cos\alpha)\cos\alpha \\ & \quad + (\sigma_y \mathrm{d}A\sin\alpha)\cos\alpha + (\tau_{yx}\mathrm{d}A\sin\alpha)\sin\alpha = 0 \end{cases}$$

由切应力互等定理可知,$\tau_{xy} = \tau_{yx}$,再对上式进行三角变换,得到

$$\sigma_\alpha = \frac{\sigma_x + \sigma_y}{2} + \frac{\sigma_x - \sigma_y}{2}\cos 2\alpha - \tau_{xy}\sin 2\alpha \tag{7.1}$$

$$\tau_\alpha = \frac{\sigma_x - \sigma_y}{2}\sin 2\alpha + \tau_{xy}\cos 2\alpha \tag{7.2}$$

式(7.1)和式(7.2)就是平面应力状态下求任意方向面上正应力和切应力的公式。

如果需要求与斜截面 ae 垂直的截面上的应力,只要将式(7.1)和式(7.2)中的 α 用 $\alpha+90°$ 代入,即可得到

$$\sigma_{\alpha+90°} = \frac{\sigma_x + \sigma_y}{2} - \frac{\sigma_x - \sigma_y}{2}\cos 2\alpha + \tau_{xy}\sin 2\alpha$$

$$\tau_{\alpha+90°} = -\frac{\sigma_x - \sigma_y}{2}\sin 2\alpha - \tau_{xy}\cos 2\alpha$$

由此可见
$$\left.\begin{array}{r}\sigma_\alpha + \sigma_{\alpha+90°} = \sigma_x + \sigma_y = 常数\\ \tau_\alpha = -\tau_{\alpha+90°}\end{array}\right\}\qquad(7.3)$$

即任意两个互相垂直的截面上的正应力之和为常数,也称为正应力的不变量,切应力服从切应力互等定理。

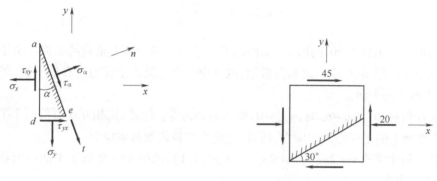

图 7.6　斜截面上的应力　　　　　　　　图 7.7　例 7.1 图

例 7.1　求图 7.7 所示单元体中指定斜截面上的正应力和切应力。

解: 由图可得,$\sigma_x = -20$ MPa,$\sigma_y = 0$,$\tau_{xy} = -45$ MPa,$\alpha = -60°$,代入式(7.1)、式(7.2)可得:

$$\sigma_\alpha = \frac{\sigma_x + \sigma_y}{2} + \frac{\sigma_x - \sigma_y}{2}\cos 2\alpha - \tau_{xy}\sin 2\alpha$$

$$= \frac{-20\ \text{MPa} + 0\ \text{MPa}}{2} + \frac{-20\ \text{MPa} + 0\ \text{MPa}}{2}\cos(-120°) - (-45\ \text{MPa})\sin(-120°)$$

$$= -10\ \text{MPa} + 10\ \text{MPa} \times \frac{1}{2} - 45\ \text{MPa} \times \frac{\sqrt{3}}{2} = -43.97\ \text{MPa}$$

$$\tau_\alpha = \frac{\sigma_x - \sigma_y}{2}\sin 2\alpha + \tau_{xy}\cos 2\alpha$$

$$= \frac{-20\ \text{MPa} + 0\ \text{MPa}}{2}\sin(-120°) - 45\ \text{MPacos}(-120°)$$

$$= 10\ \text{MPa} \times \frac{\sqrt{3}}{2} + 45\ \text{MPa} \times \frac{1}{2} = 31.16\ \text{MPa}$$

7.2.3　主应力与最大切应力

将式(7.1)对 α 取导数,得

$$\frac{\mathrm{d}\sigma_\alpha}{\mathrm{d}\alpha} = -2\left[\frac{\sigma_x - \sigma_y}{2}\sin 2\alpha + \tau_{xy}\cos 2\alpha\right] = -2\tau_\alpha \tag{7.4}$$

若 $\alpha=\alpha_0$ 时,能使导数 $\dfrac{\mathrm{d}\sigma_\alpha}{\mathrm{d}\alpha} = 0$,则在 α_0 所确定的截面上,正应力达到极值,或为极大值或为极小值。将 α_0 代入式(7.4),并令其等于零,有

$$\frac{\sigma_x - \sigma_y}{2}\sin 2\alpha_0 + \tau_{xy}\cos 2\alpha_0 = 0$$

由此得到

$$\tan 2\alpha_0 = -\frac{2\tau_{xy}}{\sigma_x - \sigma_y} \tag{7.5}$$

由式(7.5)可以求出相差 $90°$ 的两个 α_0 角度,它们确定了两个相互垂直的平面。由于任意两个互相垂直的截面上的正应力之和为常数,故其中一个是最大正应力所在的平面,另一个是最小正应力所在的平面。

由式(7.4)可知,当 $\alpha=\alpha_0$ 时,$\tau_{\alpha_0} = 0$,即切应力为零。因此,这相互垂直的两个平面即为主平面,主平面上的正应力为主应力,所以,正应力的极值就是主应力。

从式(7.5)中求出 $\sin 2\alpha_0$ 和 $\cos 2\alpha_0$,代入式(7.1),求得 $x-y$ 坐标下平面应力状态的最大和最小正应力为

$$\left.\begin{array}{r}\sigma_{\max}\\[4pt]\sigma_{\min}\end{array}\right\} = \frac{\sigma_x + \sigma_y}{2} \pm \sqrt{\left(\frac{\sigma_x - \sigma_y}{2}\right)^2 + \tau_{xy}^2} \tag{7.6}$$

通常计算两个主应力时,都直接应用式(7.6),而不必将两个 α_0 值分别代入式(7.1),重复上述的计算步骤。联合使用式(7.5)和式(7.6)时,可先比较 σ_x 和 σ_y 的代数值。若 $\sigma_x \geqslant \sigma_y$,则式(7.5)计算出的 α_0 中绝对值较小的平面为 $\sigma_{\max}$ 所在的主平面;若 $\sigma_x < \sigma_y$,则式(7.4)计算出的 α_0 中绝对值较大的平面为 $\sigma_{\max}$ 所在的主平面。即所谓**大偏大来小偏小,夹角不比 45° 大**。

同样的方法可以确定切应力极值以及它们所在的平面。将式(7.2)对 α 取导数,得

$$\frac{\mathrm{d}\tau_\alpha}{\mathrm{d}\alpha} = (\sigma_x - \sigma_y)\cos 2\alpha - 2\tau_{xy}\sin 2\alpha$$

若 $\alpha=\alpha_1$ 时,能使导数 $\dfrac{\mathrm{d}\tau_\alpha}{\mathrm{d}\alpha} = 0$,则在 α_1 所确定的截面上,切应力即为极大值或极小值。将 α_1 代入上式,并令其等于零,有

$$(\sigma_x - \sigma_y)\cos 2\alpha_1 - 2\tau_{xy}\sin 2\alpha_1 = 0$$

由此可得

$$\tan 2\alpha_1 = \frac{\sigma_x - \sigma_y}{2\tau_{xy}} \tag{7.7}$$

由式(7.7)可以解出两个 α_1 角度,两者相差 $90°$,从而可以确定两个相互垂直的平面,其上分别作用着切应力的极大值和极小值。由式(7.7)解出 $\sin 2\alpha_1$ 和 $\cos 2\alpha_1$,代入式(7.2),求得 $x-y$ 坐标系下平面应力状态的切应力最大值和最小值为

$$\left.\begin{array}{c}\tau_{\max}\\\tau_{\min}\end{array}\right\} = \pm\sqrt{\left(\frac{\sigma_x - \sigma_y}{2}\right)^2 + \tau_{xy}^2} \qquad (7.8)$$

将式(7.8)与式(7.6)比较,可得

$$\left.\begin{array}{c}\tau_{\max}\\\tau_{\min}\end{array}\right\} = \pm\frac{1}{2}(\sigma_{\max} - \sigma_{\min}) \qquad (7.9)$$

切应力的极值,称为**主切应力**。主切应力所在的平面,称为**主剪平面**。

将 α_1 和 $\alpha_1 + 90°$ 代入式(7.1)可得:

$$\sigma_{\alpha_1} = \sigma_{\alpha_1+90°} = \frac{1}{2}(\sigma_{\max} + \sigma_{\min}) = \frac{1}{2}(\sigma_x + \sigma_y) = \overline{\sigma} \qquad (7.10)$$

其中 $\overline{\sigma}$ 称为平均正应力,即:主剪平面上的正应力为平均正应力。

比较式(7.4)和(7.6)可见

$$\tan 2\alpha_0 \cdot \tan 2\alpha_1 = -1 \qquad (7.11)$$

所以有

$$2\alpha_1 = 2\alpha_0 \pm \frac{\pi}{2}, \qquad \alpha_1 = \alpha_0 \pm \frac{\pi}{4}$$

即:主平面与主剪平面的夹角为45°。

注:虽然式(7.5)和式(7.7)表示的是 x-y 坐标系下平面应力状态的主应力和切应力极值,也适用于 z 方向为非零主应力面的情况。

例7.2 讨论圆轴扭转时的应力状态,并分析铸铁试样受扭时的破坏现象。

解:圆轴扭转时,在横截面的边缘处切应力最大,其值为

$$\tau = \frac{T}{W_t}$$

如图7.8(a)所示,在圆轴的外表面上取单元体 $ABCD$,单元体各面上的应力如图7.8(b)所示

$$\sigma_x = \sigma_y = 0, \quad \tau_{xy} = \tau \qquad (a)$$

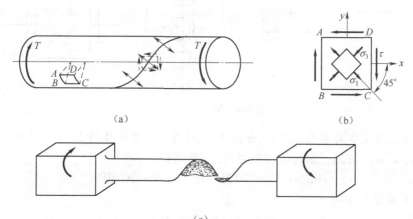

图 7.8 铸铁扭转破坏情况

这是纯剪切应力状态。把式(a)代入主应力计算式(7.6),得

$$\left.\begin{array}{c}\sigma_{\max}\\\sigma_{\min}\end{array}\right\} = \frac{\sigma_x + \sigma_y}{2} \pm \sqrt{\left(\frac{\sigma_x - \sigma_y}{2}\right)^2 + \tau_{xy}^2} = \pm\tau$$

由式(7.5)计算主应力方向

$$\tan 2\alpha_0 = -\frac{2\tau_{xy}}{\sigma_x - \sigma_y} = -\infty$$

所以

$$\alpha_0 = -45° \qquad 或 \qquad \alpha_0 = -135°$$

以上结果表明,因 $\sigma_x = \sigma_y$,由 $\alpha_0 = -45°$ 所确定的主平面上的主应力为 $\sigma_{\max}$,而由 $\alpha_0 = -135°$ 所确定的主平面上的主应力为 $\sigma_{\min}$,因为平面应力状态另有一个主应力为零,按照正应力记号规定

$$\sigma_1 = \sigma_{\max} = \tau, \qquad \sigma_2 = 0, \qquad \sigma_3 = \sigma_{\min} = -\tau$$

纯剪切应力状态下,两个主应力的绝对值相等,都等于切应力 τ,但一个是拉应力,一个是压应力。

圆截面铸铁试样扭转时,表面各点 $\sigma_{\max}$ 所在的主平面连成倾角为 45°的螺旋面[图 7.8(a)]。由于铸铁抗拉强度较低,试件将沿着这一螺旋面因拉伸而发生断裂破坏,如图 7.8(c)所示。在扭转粉笔时,也可以看到类似的 45°螺旋断裂面。

例 7.3 图 7.9(a)所示为一横力弯曲下的梁,已知截面 m-m 上 A 点处的弯曲正应力和切应力分别为:$\sigma = -70$ MPa,$\tau = 50$ MPa[图 7.9(b)]。试确定 A 点处的主应力及主平面的方位,并讨论同一横截面上其他点的应力状态。

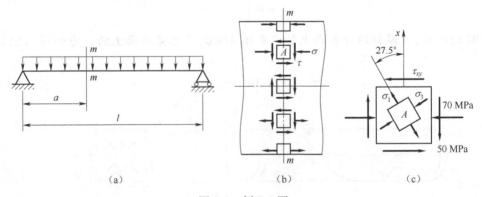

图 7.9 例 7.3 图

解: 把从 A 点处截取的单元体放大,如图 7.9(c)所示。单元体的上、下面上的正应力为零。为了使 $\sigma_x \geqslant \sigma_y$,可选 x 轴的方向铅垂向上,因此有

$$\sigma_x = 0, \qquad \sigma_y = -70 \text{ MPa}, \qquad \tau_{xy} = -50 \text{ MPa}$$

由式(7.5)计算主应力方向

$$\tan 2\alpha_0 = -\frac{2\tau_{xy}}{\sigma_x - \sigma_y} = -\frac{2(-50 \text{ MPa})}{0 - (-70 \text{ MPa})} = 1.429$$

得

$$2\alpha_0 = 55° \qquad 或 \quad 235°$$

即 $\qquad\qquad\qquad\qquad\qquad \alpha_0 = 27.5° \quad 或 \quad 117.5°$

从 x 轴按递时针方向转过 27.5°，确定 σ_{max} 所在的主平面；以同一方向的转角 117.5°，确定 σ_{min} 所在的另一主平面。至于这两个主应力的大小，则由式(7.5)求出为

$$\left.\begin{array}{c}\sigma_{max}\\\sigma_{min}\end{array}\right\} = \frac{0 + (-70\ \text{MPa})}{2} \pm \sqrt{\left[\frac{0 - (-70\ \text{MPa})}{2}\right]^2 + (-50\ \text{MPa})} = \begin{cases}26\ \text{MPa}\\-96\ \text{MPa}\end{cases}$$

因为平面应力状态另有一个主应力为零，根据正应力记号规定，有

$$\sigma_1 = 26\ \text{MPa}\ ,\quad \sigma_2 = 0\ ,\quad \sigma_3 = -96\ \text{MPa}$$

主应力及主平面的位置如图 7.9(c)所示。

在梁的横截面 m-m 上，其他点的应力状态都可用相同的方法进行分析。截面上、下边缘处的各点分别为单向压缩或拉伸，横截面即为它们的主平面。在中性轴上，各点的应力状态为纯剪切，主平面与梁轴线成 45° 夹角。从上边缘到下边缘，各点的应力状态略如图 7.9(b)所示。

在求出梁的横截面上一点主应力的方向后，把其中一个主应力的作用线延长与相邻横截面相交。求出交点处的主应力方向，再将其作用线延长与下一个相邻横截面相交。依次类推，将得到一条折线，它的极限将是一条曲线。曲线上任一点的切线方向即代表该点主应力的方向。这种曲线称为主应力迹线。经过每一点有两条相互垂直的主应力迹线。图 7.10 表示梁内的两组主应力迹线，虚线为主压应力迹线，实线为主拉应力迹线。在钢筋混凝土梁中，钢筋的作用是抵抗拉伸，所以应使钢筋尽可能地沿主拉应力迹线的方向放置。

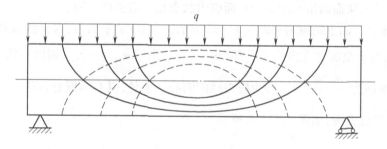

图 7.10　主应力迹线

7.3　平面应力状态分析的图解法 —— 应力圆

7.3.1　应力圆（莫尔圆）方程

式(7.1)和式(7.2)中的角度 α 可以看成是一个参数。把含参数 α 的项都放在等号右边，即

$$\sigma_\alpha - \frac{\sigma_x + \sigma_y}{2} = \frac{\sigma_x - \sigma_y}{2}\cos 2\alpha - \tau_{xy}\sin 2\alpha \qquad\qquad (7.12)$$

$$\tau_\alpha = \frac{\sigma_x - \sigma_y}{2}\sin 2\alpha + \tau_{xy}\cos 2\alpha \qquad\qquad (7.13)$$

将式(7.12)、式(7.13)平方后相加,消去 α 得

$$\left(\sigma_\alpha - \frac{\sigma_x + \sigma_y}{2}\right)^2 + \tau_\alpha^2 = \left(\frac{\sigma_x - \sigma_y}{2}\right)^2 + \tau_{xy}^2 \tag{7.14}$$

或写成

$$\left(\sigma_\alpha - \frac{\sigma_x + \sigma_y}{2}\right)^2 + \tau_\alpha^2 = \left[\sqrt{\left(\frac{\sigma_x - \sigma_y}{2}\right)^2 + \tau_{xy}^2}\right]^2 \tag{7.15}$$

由解析几何可知,式(7.15)表示的是一个圆的方程,对比

$$\left(\sigma - \frac{\sigma_x + \sigma_y}{2}\right)^2 + \tau^2 = \left[\sqrt{\left(\frac{\sigma_x - \sigma_y}{2}\right)^2 + \tau_{xy}^2}\right]^2 \tag{7.16}$$

可以看出,σ_α 和 τ_α 是一个以 σ 为横坐标、τ 为纵坐标的圆的方程上的一个点,这个圆称为**应力圆**。应力圆的圆心的坐标为 $\left(\dfrac{\sigma_x + \sigma_y}{2}, 0\right)$,应力圆的半径为 $R = \sqrt{\left(\dfrac{\sigma_x - \sigma_y}{2}\right)^2 + \tau_{xy}^2}$。

应力圆最早是由德国学者 Mohr. O 于 1882 年首先提出的,故又称为**莫尔应力圆**,也可简称为**莫尔圆**。

7.3.2 应力圆的画法

以上分析结果表明,对于平面应力状态,只需根据应力分量 σ_x、σ_y 和 τ_{xy},即可确定圆心坐标和圆的半径,从而画出与给定的平面应力状态相对应的应力圆。

设一单元体及各面上的应力如图 7.11(a)所示。在 $\sigma \sim \tau$ 平面内,与 x 截面对应的点位于 $D_1(\sigma_x, \tau_{xy})$,与 y 截面对应的点位于 $D_2(\sigma_y, \tau_{yx})$。由于 $\tau_{xy} = -\tau_{yx}$,因此直线 $\overline{D_1 D_2}$ 与 σ 轴的交点 C 的坐标为 $\left(\dfrac{\sigma_x + \sigma_y}{2}, 0\right)$,即为应力圆的圆心。于是,以 C 为圆心,CD_1 或 CD_2 为半径作圆,即为相应的应力圆,如图 7.11(b)所示。

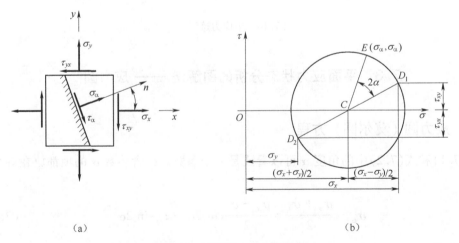

(a)   (b)

图 7.11 平面应力状态应力圆

7.3.3 应力圆上的点与单元体面上的应力的对应关系

可以证明,单元体内任意斜截面上的应力都对应着应力圆上的一个点,如图 7.11 所示。其对应关系可以归纳为以下四项:

(1)点面对应　应力圆上某一点的坐标值对应着单元体某一方向面上的正应力和切应力。

(2)基准相当　单元体上 x 轴是基准轴,那么对应的应力圆的 D_1 点就是基准点。

(3)转向一致　应力圆半径旋转方向与单元体方向面法线旋转方向一致。

(4)角度成双　应力圆半径转过的角度,等于单元体方向面法线旋转角度的两倍。

基于上述对应的关系,可以根据单元体两相互垂直面上的应力确定应力圆上对应直径的两端点,并由此确定圆心 C,进而画出应力圆,从而使应力圆的绘制过程简化。

7.3.4 应力圆的应用

1. 确定单元体任意方向面上的正应力和切应力

以图 7.12(a)所示的应力状态为例。为求单元体 α 面上的应力,首先确定以 x 面作为基准面,应力圆上 D 点对应于单元体的 x 面。由 x 轴逆时针转过 α 角到 n 法线,在应力圆上,从 D 点也按照逆时针方向沿圆周转到 E 点,且使 DE 弧所对应的圆心角为 2α,则 E 点的坐标就代表以 n 为法线的斜截面上的应力,如图 7.12(b)所示。

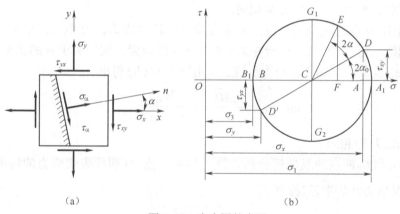

$$(a)\qquad\qquad\qquad(b)$$

图 7.12　应力圆的应用

E 点的坐标为

$$\left.\begin{array}{l}\overline{OF} = \overline{OC} + \overline{CE}\cos(2\alpha_0 + 2\alpha) = \overline{OC} + \overline{CE}\cos 2\alpha_0\cos 2\alpha - \overline{CE}\sin 2\alpha_0\sin 2\alpha \\[2mm] \overline{FE} = \overline{CE}\sin(2\alpha_0 + 2\alpha) = \overline{CE}\sin 2\alpha_0\cos 2\alpha + \overline{CE}\cos 2\alpha_0\sin 2\alpha \end{array}\right\}$$

由于 $\overline{CE}$ 和 $\overline{CD}$ 同为应力圆的半径,可以互相代替,故有

$$\overline{CE}\cos 2\alpha_0 = \overline{CD}\cos 2\alpha_0 = \overline{CA} = \frac{\sigma_x - \sigma_y}{2}$$

$$\overline{CE}\sin 2\alpha_0 = \overline{CD}\sin 2\alpha_0 = \overline{AD} = \tau_{xy}$$

把以上结果和圆心坐标一起代入 E 点的坐标,即可求得

$$\overline{OF} = \frac{\sigma_x + \sigma_y}{2} + \frac{\sigma_x - \sigma_y}{2}\cos 2\alpha - \tau_{xy}\sin 2\alpha$$

$$\overline{FE} = \frac{\sigma_x - \sigma_y}{2}\sin 2\alpha + \tau_{xy}\cos 2\alpha$$

与式(7.1)和式(7.2)比较,可见

$$\overline{OF} = \sigma_\alpha$$

$$\overline{FE} = \tau_\alpha$$

这就证明了 E 点的坐标,即为法线倾角为 α 的斜截面上的应力。

2. 确定单元体的主应力与面内的最大切应力

由于应力圆上 A_1 点的横坐标大于圆上所有其他各点的横坐标,且纵坐标等于零,所以 A_1 点的横坐标为最大主应力,即

$$\sigma_{\max} = \overline{OA_1} = \overline{OC} + \overline{CA_1} = \frac{\sigma_x + \sigma_y}{2} + \sqrt{\left(\frac{\sigma_x - \sigma_y}{2}\right)^2 + \tau_{xy}^2} \tag{7.17}$$

同理,B_1 点的横坐标为平面应力状态中的最小主应力,即

$$\sigma_{\min} = \overline{OB_1} = \overline{OC} - \overline{CB_1} = \frac{\sigma_x + \sigma_y}{2} - \sqrt{\left(\frac{\sigma_x - \sigma_y}{2}\right)^2 + \tau_{xy}^2} \tag{7.18}$$

以式(7.17)、式(7.18)和式(7.6)完全相同。

在应力圆上由 D 点到 A_1 点所对应圆心角为顺时针转向的 $2\alpha_0$,在单元体中由 x 轴也按顺时针转向量取 α_0,这就确定了 σ_1 所在主平面的法线的位置。按照关于 α 的正负号规定,顺时针转向的 α_0 是负的,$\tan 2\alpha_0$ 应为负值。又由图7.11(b)得出

$$\tan 2\alpha_0 = -\frac{\overline{AD}}{\overline{CA}} = -\frac{2\tau_{xy}}{\sigma_x - \sigma_y} \tag{7.19}$$

以式(7.19)与式(7.5)相同。

应力圆上 G_1 和 G_2 两点的纵坐标分别是最大和最小值,分别代表切应力的极值。因为 $\overline{CG_1}$ 和 $\overline{CG_2}$ 都是应力圆的半径,故有

$$\left.\begin{array}{c}\tau_{\max}\\\tau_{\min}\end{array}\right\} = \pm\sqrt{\left(\frac{\sigma_x - \sigma_y}{2}\right)^2 + \tau_{xy}^2}$$

这就是式(7.8)。又因为应力圆的半径也等于 $\pm\frac{1}{2}(\sigma_{\max} - \sigma_{\min})$,于是又可写成

$$\left.\begin{array}{c}\tau_{\max}\\\tau_{\min}\end{array}\right\} = \pm\frac{1}{2}(\sigma_{\max} - \sigma_{\min})$$

这就是式(7.9)。式中的 $\sigma_{\max}$ 和 $\sigma_{\min}$,分别指平面应力状态中(xy 平面内)的最大和最小主应力。

在应力圆上,由 A_1 到 G_1 所对圆心角为逆时针转向的 $\frac{\pi}{2}$;在单元体内,由 $\sigma_{\max}$ 所在主平

面的法线到 $\tau_{\max}$ 所在平面的法线应为逆时针转向的 $\dfrac{\pi}{4}$。

注意: 应力圆的主要功能不是作为图解法的工具用以量取某些量,而是通过应力圆的几何关系,有助于导出一些基本公式,更重要的是作为一种分析问题的工具,用以解决一些难度较大的问题。

例7.4 纯剪切应力状态的单元体如图 7.13(a)所示。试用应力圆法求主应力的大小和方向。

解: 在 $\sigma\text{-}\tau$ 坐标系中,按选定的比例尺,由坐标 $(0,\tau)$ 与 $(0,-\tau)$ 分别确定 D_1 点和 D_2 点,以线段 D_1D_2 为直径作圆,即得相应的应力圆,如图 7.13(b)所示。

因为起始半径 $\overline{OD_1}$ 顺时针旋转 $90°$ 至 $\overline{OA_1}$,故 σ_1 所在主平面的外法线和 x 轴成 $-45°$,σ_3 所在主平面的外法线和 x 轴成 $+45°$。由应力圆显然可见,$\sigma_1=\tau$,$\sigma_3=-\tau$。主应力单元体画在图 7.13(a)的原始单元体内。可见该单元体为二向应力状态。

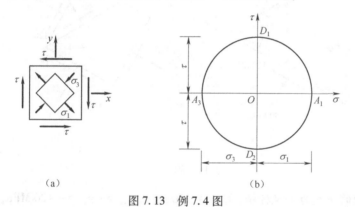

图 7.13 例 7.4 图

例7.5 对于图 7.14(a)中所示的平面应力状态,若要求面内的最大切应力 $\tau_{\max}\leqslant 85\text{ MPa}$,试求 τ_{xy} 的取值范围。图中应力的单位为 MPa。

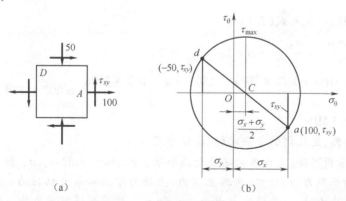

图 7.14 例 7.5 图

解: 首先建立 $\sigma\text{-}\tau$ 坐标系。根据单元体的 A、D 两个面上的正应力和切应力的值,在 $\sigma\text{-}\tau$ 坐标系中找到对应的点 a 和 d,确定圆心和半径,画出应力圆,如图 7.14(b)所示。根据图中的几何关系得到

$$\left(\sigma_x - \frac{\sigma_x + \sigma_y}{2}\right)^2 + \tau_{xy}^2 = \tau_{max}^2$$

根据题意,并将 $\sigma_x = 100\ \text{MPa}$、$\sigma_y = -50\ \text{MPa}$ 和 $\tau_{max} \leqslant 85\ \text{MPa}$,代入上式后,得到

$$\tau_{xy}^2 \leqslant \left[(85 \times 10^6\ \text{Pa})^2 - \left(\frac{100 \times 10^6\ \text{Pa} + 50 \times 10^6\ \text{Pa}}{2}\right)^2 \right]$$

由此解得

$$\tau_{xy} \leqslant 40\ \text{MPa}$$

例 7.6 已知平面应力状态下一点处两相交平面上的应力如图 7.15(a)所示。试求图中所示截面上的 σ 值。

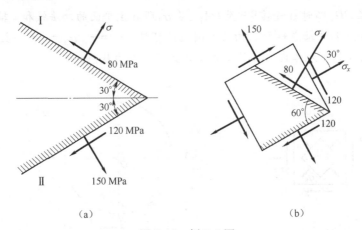

（a） （b）

图 7.15 例 7.6 图

解: 取 Ⅱ 截面的法线为 y 坐标轴,令 $\sigma_y = 150\ \text{MPa}$,$\tau_{xy} = -\tau_{yx} = -120\ \text{MPa}$,则 Ⅰ 截面成为 $\alpha = 30°$ 的斜截面[图 7.15(b)],显然 $\tau_\alpha = -80\ \text{MPa}$。由式(7.2)

$$\tau_\alpha = \frac{\sigma_x - \sigma_y}{2}\sin 2\alpha + \tau_{xy}\cos 2\alpha = \frac{\sigma_x - 150\ \text{MPa}}{2}\sin 60° - 120\ \text{MPa}\cos 60° = -80\ \text{MPa}$$

解得 $\sigma_x = 103.8\ \text{MPa}$。代入式(7.1)得

$$\begin{aligned}
\sigma_\alpha &= \frac{\sigma_x + \sigma_y}{2} + \frac{\sigma_x - \sigma_y}{2}\cos 2\alpha - \tau_{xy}\sin 2\alpha \\
&= \frac{150\ \text{MPa} + 103.8\ \text{MPa}}{2} + \frac{150\ \text{MPa} - 103.8\ \text{MPa}}{2}\cos 60° + 120\ \text{MPa}\sin 60° \\
&= 219.3\ \text{MPa}
\end{aligned}$$

本题也可运用应力圆,用几何的方法求解,请读者思考。

注意: 由以上分析可知,无论解析法还是图解法,若已知一点的 σ_x、σ_y 和 τ_{xy},即可确定该点任意方向上的正应力、切应力,及其主应力、主应力方向和最大切应力。如果已知一点的任意夹角面上的应力时,应先设法求出 σ_x、σ_y 和 τ_{xy},然后再进行应力状态的分析。

*7.4 三向应力状态

受力构件中一点处的三个主应力都不为零时,该点处于三向应力状态[图 7.16(a)]。

本节采用假设已知某一个主平面及其主应力,分析与其垂直平面的应力状态的方法进行研究。

1. 垂直于 σ_1 所在主平面的应力

若用与 σ_1 所在主平面垂直的任意方向面 I 从单元体中截出一部分,不难看出,与 σ_1 相关的力自相平衡,因而这一组方向面上的正应力和切应力都与 σ_1 无关。因此,在研究这一组方向面上的应力时,所研究的应力状态可视为图 7.16(b)所示的平面应力状态。由 σ_2 和 σ_3,可在 $\sigma-\tau$ 直角坐标系中画出应力圆,如图 7.17 中的 A_2A_3 圆。

2. 垂直于 σ_2 所在主平面的应力

若用与 σ_2 所在主平面垂直的任意方向面 II 从单元体中截出一部分,正应力和切应力都与 σ_2 无关,所研究的应力状态可视为图 7.16(c)所示的平面应力状态,由 σ_1 和 σ_3,可画出应力圆 A_1A_3。

3. 垂直于 σ_3 所在主平面的应力

若用与 σ_3 所在主平面垂直的任意方向面 III 从单元体中截出一部分,正应力和切应力都与 σ_3 无关,相应地,所研究的应力状态可分别视为图 7.16(d)所示的平面应力状态,由 σ_1 和 σ_2,可画出应力圆 A_1A_2,如图 7.17 所示。

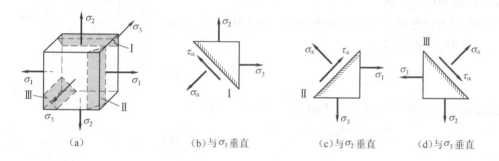

|（a）|（b）与 σ_1 垂直|（c）与 σ_2 垂直|（d）与 σ_3 垂直|

图 7.16　三组平面内的应力状态

图 7.17 所示的三个应力圆即构成了对应于三向应力状态的三向应力圆。进一步的研究可以证明,图 7.18 所示单元体中,和三个主应力均不平行的任意方向面上的应力,可由图 7.17 所示阴影面中各点的坐标决定。

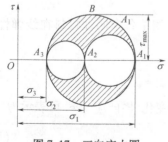

图 7.17　三向应力圆

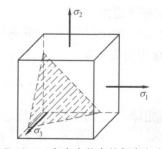

图 7.18　三向应力状态的任意方向面

由图 7.17 的三向应力圆可以看到,一点处的最大正应力为主应力 σ_1,最小正应力为主应力 σ_3。

由式(7.9)所确定的 $\tau_{\max}$,是在垂直于 xy 平面的一组方向面中的最大切应力,称之为面内最大切应力。对应于图 7.16 所示三种情况有三个面内最大切应力,分别为

$$\tau'_{\max} = \frac{\sigma_2 - \sigma_3}{2} \tag{7.20}$$

$$\tau''_{\max} = \frac{\sigma_1 - \sigma_3}{2} \tag{7.21}$$

$$\tau'''_{\max} = \frac{\sigma_1 - \sigma_2}{2} \tag{7.22}$$

一点应力状态中的**最大切应力**为上述三者中最大的,即

$$\tau_{\max} = \frac{\sigma_1 - \sigma_3}{2} \tag{7.23}$$

由三向应力圆也可以很清楚地看到,一点处的最大切应力是 B 点的纵坐标,其值即为上式所示结果。此最大切应力作用在与 σ_2 主平面垂直,并与 σ_1 和 σ_3 所在的主平面成45°角的截面上,如图 7.19 中的阴影面。

如果将平面应力状态作为三向应力状态的特殊情况,当 $\sigma_1 > \sigma_2 > 0, \sigma_3 = 0$ 时,按式(7.23),

$$\tau_{\max} = \frac{\sigma_1}{2} \tag{7.24}$$

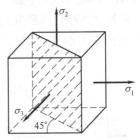

图 7.19 三向应力状态的最大切应力平面

这里所求得的最大切应力,显然大于由式(7.9)所得到的

$$\tau_{\max} = \frac{\sigma_{\max} - \sigma_{\min}}{2} = \frac{\sigma_1 - \sigma_2}{2} \tag{7.25}$$

这是因为在式(7.25)中,只考虑了与 σ_3 平面垂直的各截面上切应力的最大值,并非整个单元体中切应力的最大值。

7.5 广义胡克定律

1. 广义胡克定律

在讨论单向拉伸或压缩等的单向应力状态时,已经介绍了各向同性材料在线弹性范围内,应力与应变的关系为

$$\sigma = E\varepsilon \quad 或 \quad \varepsilon = \frac{\sigma}{E} \tag{7.26}$$

这就是胡克定律。此外,轴向的变形还将引起横向尺寸的变化,横向应变 ε' 可表示为

$$\varepsilon' = -\mu\varepsilon = -\mu\frac{\sigma}{E} \tag{7.27}$$

对于纯剪切状态,实验结果表明,当切应力不超过剪切比例极限时,切应力和切应变之间的关系服从剪切胡克定律,即

$$\tau = G\gamma \quad \text{或} \quad \gamma = \frac{\tau}{G} \tag{7.28}$$

至于在三向应力状态下,应力和应变之间的关系要复杂的多。一般情况下,描述一点的应力状态需要 9 个应力分量,如图 7.20(a)所示。根据切应力互等定理,τ_{xy} 和 τ_{yx},τ_{yz} 和 τ_{zy},τ_{zx} 和 τ_{xz} 都分别相等。这样,9 个应力分量中只有 6 个是独立的,即三个正应力和三个切应力。

对于各向同性材料,当变形很小且在线弹性范围内时,线应变只与正应力有关,而与切应力无关;切应变只与切应力有关,而与正应力无关。这样,就可利用式(7.26)~式(7.28)求出各应力分量独立作用时对应的应变,然后再进行叠加。

例如,由于 σ_x 的单独作用,在 x 方向引起的线应变 $\dfrac{\sigma_x}{E}$,由于 σ_y 和 σ_z 的单独作用,在 x 方向引起的线应变则分别是 $-\mu\dfrac{\sigma_y}{E}$ 和 $-\mu\dfrac{\sigma_z}{E}$。三个切应力分量皆与 x 方向的线应变无关。叠加以上结果,得

$$\varepsilon_x = \frac{\sigma_x}{E} - \mu\frac{\sigma_y}{E} - \mu\frac{\sigma_z}{E} = \frac{1}{E}[\sigma_x - \mu(\sigma_y + \sigma_z)]$$

同理,可以求出沿 y 和 z 方向的线应变 ε_y 和 ε_z。最后得到

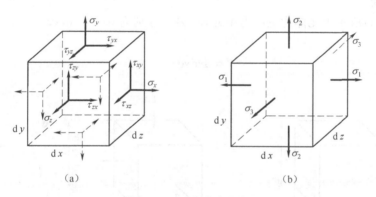

图 7.20　三向应力状态

$$\left.\begin{array}{l} \varepsilon_x = \dfrac{1}{E}[\sigma_x - \mu(\sigma_y + \sigma_z)] \\[2mm] \varepsilon_y = \dfrac{1}{E}[\sigma_y - \mu(\sigma_z + \sigma_x)] \\[2mm] \varepsilon_z = \dfrac{1}{E}[\sigma_z - \mu(\sigma_x + \sigma_y)] \end{array}\right\} \tag{7.29}$$

$$\gamma_{xy} = \frac{\tau_{xy}}{G}, \ \gamma_{yz} = \frac{\tau_{yz}}{G}, \ \gamma_{zx} = \frac{\tau_{zx}}{G} \tag{7.30}$$

式(7.29)和(7.30)称为**广义胡克定律**。

当单元体的三个主应力已知时,如图 7.20(b)所示,这时广义胡克定律变为

$$\left.\begin{array}{l} \varepsilon_1 = \dfrac{1}{E}\big[\,\sigma_1 - \mu(\sigma_2 + \sigma_3)\,\big] \\[2mm] \varepsilon_2 = \dfrac{1}{E}\big[\,\sigma_2 - \mu(\sigma_3 + \sigma_1)\,\big] \\[2mm] \varepsilon_3 = \dfrac{1}{E}\big[\,\sigma_3 - \mu(\sigma_1 + \sigma_2)\,\big] \end{array}\right\} \tag{7.31}$$

$$\gamma_{xy} = 0 , \ \gamma_{yz} = 0 , \ \gamma_{zx} = 0$$

式中,三个坐标平面内的切应变均为零,故三个坐标方向均是主应变方向,ε_1、ε_2、ε_3 称为**主应变**;由于三个坐标方向同时也是主应力方向,所以主应变 ε_1、ε_2、ε_3 与主应力 σ_1、σ_2、σ_3 一一对应,方向一致。

对于平面应力状态($\sigma_z = 0$),广义胡克定律简化为

$$\left.\begin{array}{l} \varepsilon_x = \dfrac{1}{E}(\sigma_x - \mu\sigma_y) \\[3mm] \varepsilon_y = \dfrac{1}{E}(\sigma_y - \mu\sigma_x) \\[3mm] \gamma_{xy} = \dfrac{\tau_{xy}}{G} \end{array}\right\} \tag{7.32}$$

2. 体积应变

设图 7.21(a)所示单元体为主应力单元体,边长分别为 $\mathrm{d}x$,$\mathrm{d}y$ 和 $\mathrm{d}z$。变形前六面体的体积为

$$V = \mathrm{d}x\mathrm{d}y\mathrm{d}z$$

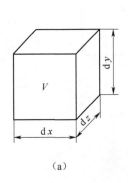 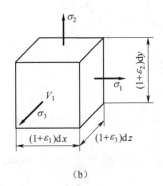

(a)　　　　　　　　　　　　(b)

图 7.21　单元体体积变化

变形后单元体的三个棱边分别变为

$$\mathrm{d}x + \varepsilon_1\mathrm{d}x = (1 + \varepsilon_1)\mathrm{d}x$$
$$\mathrm{d}y + \varepsilon_2\mathrm{d}y = (1 + \varepsilon_2)\mathrm{d}y$$
$$\mathrm{d}z + \varepsilon_3\mathrm{d}z = (1 + \varepsilon_3)\mathrm{d}z$$

因此,变形后体积变为

$$V_1 = (1 + \varepsilon_1)(1 + \varepsilon_2)(1 + \varepsilon_3)\mathrm{d}x\mathrm{d}y\mathrm{d}z$$

展开上式,并略去含有高阶微量 $\varepsilon_1\varepsilon_2, \varepsilon_2\varepsilon_3, \varepsilon_3\varepsilon_1, \varepsilon_1\varepsilon_2\varepsilon_3$ 的各项,得

$$V_1 = (1 + \varepsilon_1 + \varepsilon_2 + \varepsilon_3)\mathrm{d}x\mathrm{d}y\mathrm{d}z$$

单位体积的体积改变量为

$$\theta = \frac{V_1 - V}{V} = \varepsilon_1 + \varepsilon_2 + \varepsilon_3 \tag{7.33}$$

θ 又称**体积应变**。将式(7.31)代入式(7.33),经整理后得出

$$\theta = \varepsilon_1 + \varepsilon_2 + \varepsilon_3 = \frac{1 - 2\mu}{E}(\sigma_1 + \sigma_2 + \sigma_3) \tag{7.34}$$

式(7.34)又可以写成以下形式

$$\theta = \frac{3(1 - 2\mu)}{E} \cdot \frac{\sigma_1 + \sigma_2 + \sigma_3}{3} = \frac{3(1 - 2\mu)}{E}\sigma_\mathrm{m} = \frac{\sigma_\mathrm{m}}{K} \tag{7.35}$$

式中

$$K = \frac{E}{3(1 - 2\mu)} \tag{7.36}$$

$$\sigma_\mathrm{m} = \frac{\sigma_1 + \sigma_2 + \sigma_3}{3} \tag{7.37}$$

K 称为体积弹性模量,σ_m 是三个主应力的平均值。式(7.35)说明,单位体积的体积改变 θ 只与三个主应力之和有关,至于三个主应力之间的比例,对 θ 并无影响。所以,无论是作用三个不相等的主应力,或是作用它们的平均应力 σ_m,单位体积的体积改变量均相同。式(7.35)还表明,体积应变 θ 与平均应力 σ_m 成正比,此即体积胡克定律。

　　例 7.7　边长为 30 mm 的正方形钢板 $ABCD$ 受到二向均匀拉应力作用(图 7.22)。已知 $\sigma_x = 2\sigma_y = 80$ MPa,钢的 $E = 200$ GPa,$\mu = 0.3$。试计算方形钢板下列线段的伸长量:(1)AB 边;(2)BC 边;(3)对角线 AC。

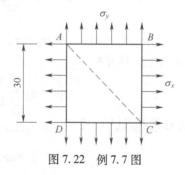

图 7.22　例 7.7 图

　　解:(1)求 AB 边的伸长量

$$\varepsilon_x = \frac{1}{E}(\sigma_x - \mu\sigma_y) = \frac{80\ \mathrm{MPa} - 0.3 \times 40\ \mathrm{MPa}}{200\ \mathrm{MPa} \times 10^3}$$

$$= 340 \times 10^{-6}$$

$$\delta_{AB} = \varepsilon_x \times 30 = 340 \times 10^{-6} \times 30\ \mathrm{mm} = 10.2\ \mu\mathrm{m}$$

　　(2)求 BC 边的伸长量

$$\varepsilon_y = \frac{1}{E}(\sigma_y - \mu\sigma_x) = \frac{40\ \mathrm{MPa} - 0.3 \times 80\ \mathrm{MPa}}{200\ \mathrm{MPa} \times 10^3} = 80 \times 10^{-6}$$

$$\delta_{BC} = \varepsilon_y \times 30 = 80 \times 10^{-6} \times 30\ \mathrm{mm} = 2.4\ \mu\mathrm{m}$$

　　(3)求对角线 AC 的伸长量

$$\sigma_{\mp 45°} = \frac{\sigma_x + \sigma_y}{2} - \frac{\sigma_x - \sigma_y}{2}\cos(\mp 90°)$$

$$= \frac{80\ \mathrm{MPa} + 40\ \mathrm{MPa}}{2} - \frac{80\ \mathrm{MPa} - 40\ \mathrm{MPa}}{2} \times 0 = 60\ \mathrm{MPa}$$

$$\varepsilon_{-45^{\circ}} = \frac{1}{E}(\sigma_{-45^{\circ}} - \mu\sigma_{45^{\circ}}) = \frac{\sigma_{-45^{\circ}}(1-\mu)}{E} = \frac{60 \text{ MPa}(1-0.3)}{200 \text{ MPa} \times 10^{3}} = 210 \times 10^{-6}$$

$$\delta_{AC} = \varepsilon_{-45^{\circ}} \sqrt{2} \times 30 \text{ mm} = 210 \times 10^{-6} \times \sqrt{2} \times 30 \text{ mm} = 8.91 \text{ μm}$$

例 7.8 图 7.23(a)所示圆轴,受一对外力偶矩 T 作用,已知圆轴的直径为 d,材料的弹性常数 E,μ,现在圆轴表面 K 点处与轴线成 45° 的方向上粘贴一枚应变片,并测得的应变为 $\varepsilon_{45^{\circ}}$。试确定圆轴所受的外力偶矩 T 与应变 $\varepsilon_{45^{\circ}}$ 的关系。

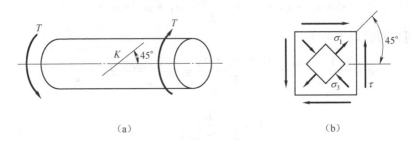

图 7.23　例 7.8 图

解: 从圆轴表面 K 点处取出单元体,其应力状态为纯剪切状态,如图 7.23(b)所示。扭转切应力为

$$\tau = \frac{T}{W_{t}} = \frac{16T}{\pi d^{3}} \tag{a}$$

要求出 45° 方向的应变,需先求出 45° 方向的应力。45° 方向为主应力方向,三个主应力分别为

$$\sigma_{1} = \tau, \qquad \sigma_{2} = 0, \qquad \sigma_{3} = -\tau$$

由广义胡克定律可知

$$\varepsilon_{45^{\circ}} = \varepsilon_{1} = \frac{1}{E}[\sigma_{1} - \mu(\sigma_{2} + \sigma_{3})] = \frac{1+\mu}{E}\tau \tag{b}$$

将式(a)代入式(b),得

$$\varepsilon_{45^{\circ}} = \frac{1+\mu}{E}\tau = \frac{1+\mu}{E}\frac{16T}{\pi d^{3}}$$

即

$$T = \frac{E\varepsilon_{45^{\circ}}\pi d^{3}}{16(1+\mu)}$$

例 7.9 边长 $a = 0.1$ m 的铜立方块,无间隙地放入体积较大、不计变形的刚性凹槽中,如图 7.24(a)所示。已知铜的弹性模量 $E = 100$ GPa,泊松比 $\mu = 0.34$。当受到合力 $F = 300$ kN 的均布压力作用时,求该铜块的主应力、体积应变以及最大切应力。

解:(1) 计算铜块的主应力

铜块横截面上的压应力为

$$\sigma_{y} = -\frac{F}{A} = -\frac{300 \times 10^{3} \text{ N}}{(0.1 \text{ m})^{2}} = -30 \text{ MPa}$$

铜块受到轴向压缩将产生膨胀,但是又受到刚性凹槽壁的阻碍,使得铜块在 x、z 方向的应变等于零。于是在铜块与槽壁接触面间将产生均匀的压应力 σ_x 和 σ_z ,如图 7.24(b)所示。由广义胡克定律可得

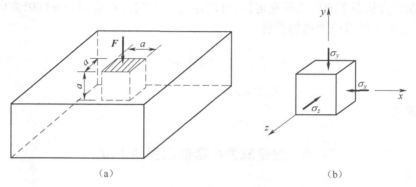

(a)   (b)

图 7.24   例 7.9 图

$$\varepsilon_x = \frac{1}{E}[\sigma_x - \mu(\sigma_y + \sigma_z)] = 0 \tag{a}$$

$$\varepsilon_z = \frac{1}{E}[\sigma_z - \mu(\sigma_y + \sigma_x)] = 0 \tag{b}$$

联立式(a)、式(b)可得

$$\sigma_x = \sigma_z = \frac{\mu(1+\mu)}{1-\mu^2}\sigma_y = \frac{0.34(1+0.34)}{1-0.34^2}(-30 \text{ MPa}) = -15.5 \text{ MPa}$$

按照主应力的排序,得到该铜块的主应力为

$$\sigma_1 = \sigma_2 = -15.5 \text{ MPa}, \sigma_3 = -30 \text{ MPa}$$

(2)计算体积应变

将三个主应力代入式(7.35),可得铜块的体积应变为

$$\theta = \frac{3(1-2\mu)}{E} \cdot \frac{\sigma_1 + \sigma_2 + \sigma_3}{3} = \frac{3(1-2\times0.34)}{100\times10^9 \text{ Pa}} \cdot \frac{(-15.5-15.5-30)}{3} \times 10^6 \text{ Pa}$$

$$= -1.95 \times 10^{-4}$$

(3)计算最大切应力

将主应力代入式(7.23)可得

$$\tau_{max} = \frac{1}{2}(\sigma_1 - \sigma_3) = \frac{1}{2}[-15.5 \text{ MPa} - (-30 \text{ MPa})] = 7.25 \text{ MPa}$$

综上所说,应用广义胡克定律可以解决两类问题:

1. 已知一点的线应变求该点的正应力或外力

根据广义胡克定律的另一种形式,即用应变表示应力

$$\begin{cases} \sigma_x = \dfrac{E}{(1+\mu)(1-2\mu)}[(1-\mu)\varepsilon_x + \mu(\varepsilon_y + \varepsilon_z)] \\[3mm] \sigma_y = \dfrac{E}{(1+\mu)(1-2\mu)}[(1-\mu)\varepsilon_y + \mu(\varepsilon_z + \varepsilon_x)] \\[3mm] \sigma_z = \dfrac{E}{(1+\mu)(1-2\mu)}[(1-\mu)\varepsilon_z + \mu(\varepsilon_x + \varepsilon_y)] \end{cases} \tag{7.38}$$

进而根据应力和内力、内力和外载荷的关系,求解相应问题,如例题7.8。

2. 求平面应力状态下任意方向的线应变或伸长量

根据平面应力状态下的广义胡克定律,可以通过 α 方向的正应力和 $\alpha+90°$ 方向上的正应力,确定 α 方向上的线应变或伸长量

$$\begin{cases} \varepsilon_\alpha = \dfrac{1}{E}[\sigma_\alpha - \mu\sigma_{\alpha+90°}] \\ \Delta l_\alpha = \varepsilon_\alpha \times l_\alpha \end{cases} \tag{7.39}$$

如例题7.7即是。

*7.6 复杂应力状态的应变能密度

在前面第5章应变能计算中,得到变形体的应变能密度为

$$v_\varepsilon = \frac{1}{2}\sigma\varepsilon$$

或

$$v_\varepsilon = \frac{1}{2}\tau\gamma$$

在复杂载荷作用下,变形体中的每一微小区域的应力状态也相应复杂,在静载荷情况下可不计其他形式的能量转变,外力所作的功只转变为变形体的应变能,并且物体所具有的应变能也只是取决于它的最终状态,与到达该状态的路径无关。因此,在计算变形体的应变能时,可以取一个易于考虑的加载路径计算。比如,对于一个处于三向应力状态的单元体(图7.25),可以假设三个主应力均以同一比例从零开始增加,到最终值结束。在应力与所产生的应变间保持线性关系的条件下,各主应力所产生的应变能密度为

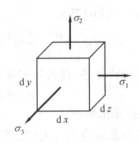

图7.25 三向应力状态的单元体

$$v_\varepsilon = \frac{1}{2}(\sigma_1\varepsilon_1 + \sigma_2\varepsilon_2 + \sigma_3\varepsilon_3) \tag{7.40}$$

将广义胡克定律式(7.31)代入式(7.40),可得:

$$v_\varepsilon = \frac{1}{2E}[\sigma_1^2 + \sigma_2^2 + \sigma_3^2 - 2\mu(\sigma_1\sigma_2 + \sigma_2\sigma_3 + \sigma_3\sigma_1)] \tag{7.41}$$

先考虑一特殊情况,设该单元体三棱边 $dx = dy = dz$ 为一立方微体,且作用的三个主应力也都相等,那么由式(7.31)可知三个主应变也均相等,那么原正立方体形状不会改变。反之,如果三个主应力不等,单元体的形状将发生改变。为了得到普遍的一般规律,设单元体三个棱边分别为 dx, dy, dz。根据叠加原理[图7.26(a)],在图7.26(c)的单元体上,令 $\sigma_m = \dfrac{\sigma_1 + \sigma_2 + \sigma_3}{3}$,即三向主应力的平均值,此单元体只有体积改变,大小为整个单元体的体积应变。这样图7.26(b)的单元体就仅有形状改变了,于是式(7.29)的应

变能密度可表示为

$$v_\varepsilon = v_v + v_d \tag{7.42}$$

式(7.42)中的 v_v ,参照式(7.40),可表示为

$$v_v = \frac{1}{2}\sigma_m\varepsilon_m + \frac{1}{2}\sigma_m\varepsilon_m + \frac{1}{2}\sigma_m\varepsilon_m = \frac{3}{2}\sigma_m\varepsilon_m \tag{7.43}$$

由广义胡克定律

$$\varepsilon_m = \frac{1}{E}\big[\sigma_m - \mu(\sigma_m + \sigma_m)\big] = \frac{1-2\mu}{E}\sigma_m$$

代入式(7.43),得

$$v_v = \frac{3}{2}\sigma_m\varepsilon_m = \frac{3(1-2\mu)}{2E}\sigma_m^2 = \frac{1-2\mu}{6E}(\sigma_1 + \sigma_2 + \sigma_3)^2 \tag{7.44}$$

v_v 称为**体积改变能密度**。

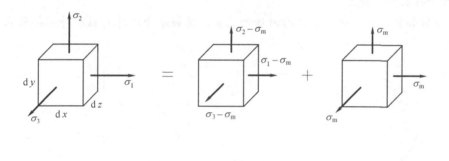

图 7.26　用叠加原理分析单元体

将式(7.41)和式(7.44)代入式(7.42),化简得

$$v_d = v_\varepsilon - v_v = \frac{1+\mu}{6E}\big[(\sigma_1 - \sigma_2)^2 + (\sigma_2 - \sigma_3)^2 + (\sigma_3 - \sigma_1)^2\big] \tag{7.45}$$

v_d 称为**畸变能密度**。

有关研究表明,体积改变能密度将引起单元体体积的改变,造成断裂破坏;畸变能密度则造成单元体形状的变化,产生屈服破坏。

例 7.10　已知纯剪切状态单元体,如图 7.27 所示。试利用应变能公式导出三个弹性常数 $E \m, \mu \, G$ 之间的关系。

解:纯剪切应力状态的应变能密度为

$$v_\varepsilon = \frac{1}{2}\tau\gamma = \frac{\tau^2}{2G}$$

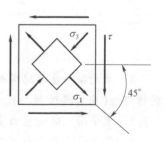

图 7.27　例 7.10 图

由于纯剪切时的主应力为 $\sigma_1 = \tau$, $\sigma_2 = 0$, $\sigma_3 = -\tau$,代入应变能密度式(7.41),得

$$v_\varepsilon = \frac{1}{2E}\big[\sigma_1^2 + \sigma_2^2 + \sigma_3^2 - 2\mu(\sigma_1\sigma_2 + \sigma_2\sigma_3 + \sigma_3\sigma_1)\big]$$

$$= \frac{1}{2E}[\tau^2 + 0^2 + (-\tau)^2 - 2\mu(\tau \times 0 + 0 \times (-\tau) + (-\tau) \times \tau)]$$

$$= \frac{1}{2E}[2\tau^2 + 2\mu\tau^2] = \frac{1+\mu}{E}\tau^2$$

比较上述两式,即有

$$G = \frac{E}{2(1+\mu)}$$

复习思考题

7.1　已知如复习思考题 7.1 图所示球体壁厚 t,球半径 R,工程上称 $t \leqslant R/20$ 的球体为薄壁球壳。在内压 P 作用下,球壳的外形不变,认为壳壁上只产生均匀拉应力。试分析壳壁上任一点处于什么应力状态。

7.2　分析如复习思考题 7.2 图所示传动装置滚珠轴承中滚珠与轴承外环接触点 K 处的应力状态。

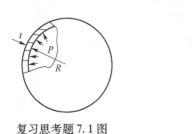

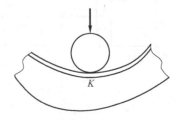

复习思考题 7.1 图　　　　　　　　复习思考题 7.2 图

7.3　单元体如复习思考题 7.3 图所示,主应力各为何值(应力单位 MPa)?

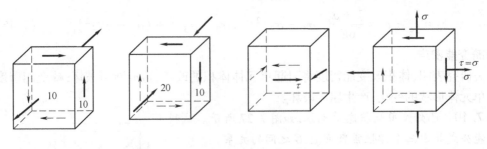

复习思考题 7.3 图

7.4　单元体如复习思考题 7.4 图所示,$|\tau_{max}|$ 为何值? 在所给单元体上用阴影线示出它的作用面(应力单位 MPa)。

7.5　主平面上的切应力有多大? 最大切应力平面上的正应力是否为零?

7.6　平面应力状态中两个主平面之间的夹角、最大切应力与最小切应力面间的夹角、主应力面与最大切应力面之间的夹角各为多少? 如何证明?

7.7　复习思考题 7.7 图示单元体切应力互等定理是否成立? 试论证之。

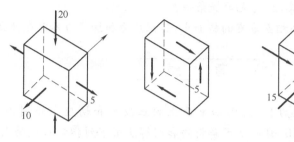

复习思考题 7.4 图

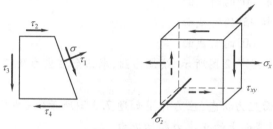

复习思考题 7.7 图

7.8 应力状态如复习思考题 7.8 图所示,试分别画出它们的应力圆,判断它们的主应力和绝对值最大的切应力。

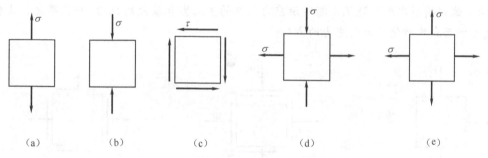

（a） （b） （c） （d） （e）

复习思考题 7.8 图

7.9 复习思考题 7.9 图示平面应力状态,已知 $\sigma_x = 100 \text{ MPa}$, $\sigma_y = 60 \text{ MPa}$, $\tau_{xy} = \tau_{yx} = 48 \text{ MPa}$, $\sigma_{30°} = 48.4 \text{ MPa}$,试判断 $\alpha = -60°$ 面上的正应力 $\sigma_{-60°} = ?$ 。

7.10 复习思考题 7.10 图所示应力状态,已知 $\sigma_y = -15 \text{ MPa}$, $\sigma_1 = 0$, $\sigma_3 = -20 \text{ MPa}$, $\tau_{max} = 10 \text{ MPa}$,试问如何用解析法和图解法求 σ_x 和 τ_{xy} ?

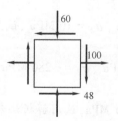

复习思考题 7.9 图

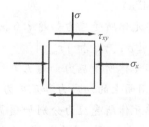

复习思考题 7.10 图

7.11 E、G、μ 为材料的常数,有无前提条件?

7.12 单元体在任意两个相互垂直的斜面上,其正应力和切应力各存在什么关系?

习 题

7.1 单元体处于平面应力状态,已知 y 面上的正应力和切应力分别为 -50 MPa 和 -30 MPa,x 面上的正应力为 10 MPa,试用解析法和图解法求下列指定斜截面上的正应力和切应力。

(1)自 y 面顺时针向转 $30°$ 的斜截面;

(2)自 x 面递时针向转 $45°$ 的斜截面;

(3)自 y 面递时针向转 $60°$ 的斜截面。

7.2 平面应力状态如题 7.2 图所示,绘应力圆,求三个主应力及三个最大切应力(应力单位 MPa)。

7.3 单元体处于平面应力状态,应力作用如题 7.3 图所示(应力单位 MPa),试用图解法和解析法求下列指定斜截面上的正应力和切应力。

(1)自 x 面递时针向转 $50°$ 的斜截面;

(2)自 y 面递时针向转 $20°$ 的斜截面;

(3)自 y 面顺时针向转 $70°$ 的斜截面。

7.4 试用图解法确定题 7.4 图所示应力状态的主应力和最大切应力,并在单元体上标出最大主平面和绝对值最大切应力的方位。

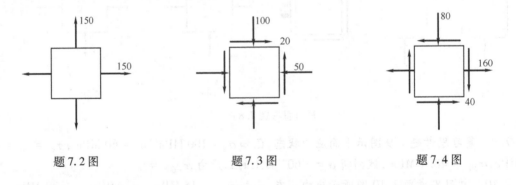

题 7.2 图　　　　　　　　题 7.3 图　　　　　　　　题 7.4 图

7.5 试计算题 7.5 图所示单元体自 x 面递时针向转 $30°$ 的斜截面上的正应力和切应力(应力单位 MPa)。

7.6 单元体所受应力如题 7.6 图所示,已知 $\sigma_x = 8$ MPa,$\sigma_1 = 10$ MPa,试分别用解析法和图解法求 σ_3、τ_{xy} 和 $|\tau_{max}|$。

7.7 单元体所受应力如题 7.7 图所示,已知 $\sigma_2 = -20$ MPa、$\sigma_3 = -280$ MPa,试计算最大切应力作用面上的切应力和正应力及其方位。

7.8 单元体所受应力分别如题 7.8 图所示,应力单位为 MPa,试用解析法和图解法计算指定斜截面上的正应力和切应力,并求主平面的方位和主应力大小。

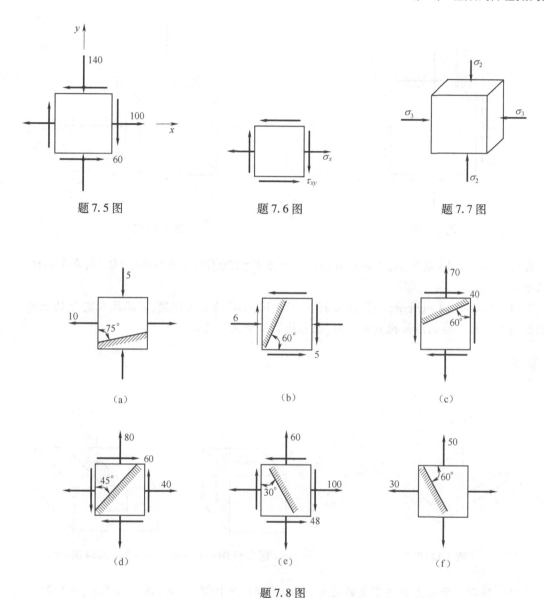

题 7.5 图　　　　　　　题 7.6 图　　　　　　　题 7.7 图

题 7.8 图

7.9　题 7.9 图所示单元体已知 $\sigma_x = 20$ MPa , $\sigma_y = -140$ MPa , $\tau_{\max} = 100$ MPa,求主应力及其方位和 x 面上的切应力?

7.10　题 7.10 图所示单元体已知 $\sigma_y = -40$ MPa , $\tau_{\max} = 85$ MPa,平行于 z 轴的一个主平面上的主应力为 -30 MPa,要求: σ_x 、 τ_{xy} 和 $\tau_{\max}$ 作用面的正应力和平行于 z 轴的另一个主平面上的主应力及其方位?

7.11　试证明在点的应力状态中最大切应力作用面与主平面的夹角为 45°。

7.12　方形铝板边长 $a = 400$ mm,板厚 $t = 20$ mm,受到题 7.12 图所示二向均匀拉应力作用: $\sigma_x = 90$ MPa , $\sigma_z = 150$ MPa,已知铝材的 $E = 70$ GPa, $\mu = 1/3$,在板中心有一直径为 $d = 230$ mm 的圆周,试计算(1)直径 AB 方向的变形量;(2)直径 CD 方向的变形量;(3)板厚的变形量。

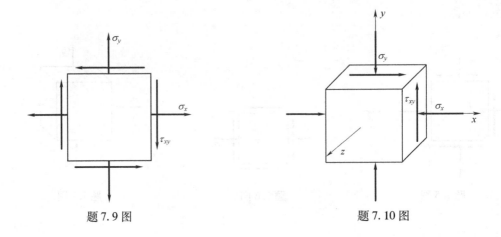

题7.9图   题7.10图

7.13 如题7.13图所示,已知材料的弹性模量 $E = 200\ \text{GPa}$,泊松比 $\mu = 0.25$,求单元体的三个主应变。

7.14 如题7.14图所示,一体积为 $10 \times 10 \times 10\ \text{mm}^3$ 的立方铝块,将其放入宽为 $10\ \text{mm}$ 的刚性槽中。已知铝的泊松比 $\mu = 0.33$,求铝块的三个主应力。

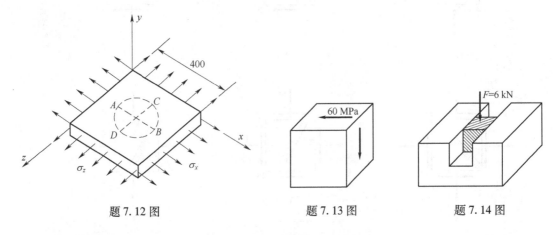

题7.12图   题7.13图   题7.14图

7.15 测得平面应力状态下点的应变值为 $\varepsilon_x = 815 \times 10^{-6}$,$\varepsilon_y = 165 \times 10^{-6}$,$\gamma_{xy} = 1124 \times 10^{-6}$,已知材料的 $E = 72.4\ \text{GPa}$,$\mu = 1/3$,试计算(1)x 和 y 面上的作用应力;(2)主应力;(3)x、y 平面内的最大切应力;(4)该点绝对值最大的切应力。

7.16 有一均匀变形的方形截面等直杆受轴向均匀拉应力 $\sigma_x = 150\ \text{MPa}$ 作用。已知杆长 $L = 0.25\ \text{m}$,截面边长 $a = 0.04\ \text{m}$,测得轴向伸长 $\Delta L_x = 0.002\ \text{m}$,横向缩短 $\Delta L_y = 0.000\ 1\ \text{m}$,要求(1)材料的弹性模量 E;(2)泊松比 μ;(3)绝对值最大的切应力 $|\tau_{\max}|$;(4)绝对值最大的切应变 $|\gamma_{\max}|$。

7.17 纯切应力状态如题7.17图所示 $\tau_{xy} = 100\ \text{MPa}$,已知材料的 $E = 200\ \text{GPa}$,$\mu = 0.25$,试计算:(1)该点绝对值最大的剪应变 $|\gamma_{\max}|$;(2)该点的主应变及其方向;(3)该点的主应力及其方向。

7.18 一点处的应力状态如题7.18图所示(应力单位 MPa),试求主应力。

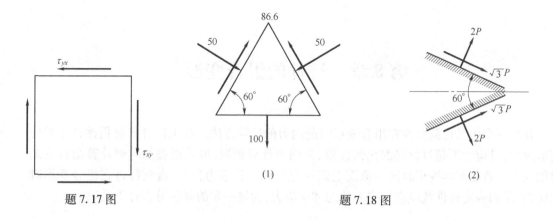

题 7.17 图　　　　　　　　　　　　　　题 7.18 图

7.19　试分析题 7.19 图所示 T 形铸铁梁在危险界面危险点处的应力状态,截面形心处的应力状态以及翼缘和腹板交界处的应力状态。画出相应的应力圆、主应力和绝对值最大的切应力。

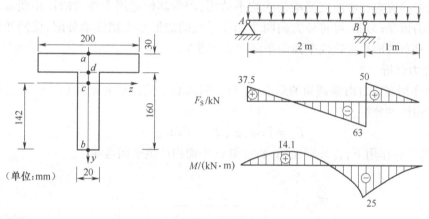

题 7.19 图

内力图和截面尺寸为题 7.19 图形所示。如果将 T 形梁截面倒放,其他条件不变,上述这些点的应力状态将发生什么变化。如果铸铁梁所能承受的抗压强度是抗拉强度的三倍,能否判断何种情况处于不利状态?

第8章 杆件的组合变形

在第三章中已得到杆件在组合变形时的内力的计算方法。如果杆件最终仍然处于弹性变形阶段,且应力不超过材料的比例极限,与内力计算相同,可采用叠加原理计算组合变形时的应力。将在基本变形时同一截面上同一点的同一种应力叠加,得到杆件在组合变形时的应力,从而确定杆件危险点的应力状态和主应力,为进一步的强度分析打下基础。

8.1 斜 弯 曲

对于外力的作用线通过截面形心,但不在形心主惯性平面内的弯曲问题;在前面章节中得到的有关弯曲应力和弯曲变形的公式均不适用,因为其仅适用于外力的作用线通过形心主惯性平面的情况;为此,可将外力向两个相互垂直的的形心主惯性轴分解,使问题转化为在两个相互垂直的形心主惯性平面内平面弯曲的叠加。

1. 正应力分析

设 F 力作用在梁自由端截面的形心,并与竖向形心主惯性轴夹 φ 角(图 8.1)。将 F 力沿两形心主惯性轴分解,得

$$F_y = F\cos\varphi , \ F_z = F\sin\varphi$$

杆在 F_y 和 F_z 单独作用下,将分别在 xy 平面和 xz 平面内产生平面弯曲。

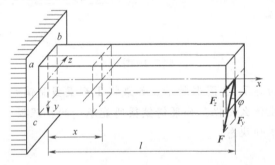

矩形截面梁斜弯曲

图 8.1 斜弯曲梁

在距固定端为 x 的横截面上,由 F_y 和 F_z 引起的弯矩为

$$M_z = F_y(l-x) = F(l-x)\cos\varphi = M\cos\varphi$$
$$M_y = F_z(l-x) = F(l-x)\sin\varphi = M\sin\varphi$$

式中,$M = F(l-x)$ 表示 F 力引起的弯矩。

在 M_z 的作用下,第二、三象限产生拉应力,第一、四象限产生压应力,即 y 轴正向产生压应力;在 M_y 的作用下,第一、二象限产生拉应力,第三、四象限产生压应力,即 z 轴正向产生拉应力;第二象限是 M_z 和 M_y 产生的拉应力叠加,第四象限是 M_z 和 M_y 产生的压应力叠加,

见图 8.2(a)。在横截面上任一点由 M_z 和 M_y 引起的弯曲正应力分别为

$$\sigma' = -\frac{M_z y}{I_z} = -\frac{M\cos\varphi}{I_z}y$$

$$\sigma'' = \frac{M_y z}{I_y} = \frac{M\sin\varphi}{I_y}z$$

由叠加原理,得横截面上任一点处的正应力为

$$\sigma = \sigma' + \sigma'' = M\left(-\frac{\cos\varphi}{I_z}y + \frac{\sin\varphi}{I_y}z\right) \tag{8.1}$$

2. 中性轴与最大正应力

为了确定最大正应力,首先要确定中性轴的位置。设中性轴上任一点的坐标为 y_0 和 z_0。因中性轴上各点处的正应力为零,所以将 y_0 和 z_0 代入式(8.1)后,可得

$$\sigma = M\left(-\frac{\cos\varphi}{I_z}y_0 + \frac{\sin\varphi}{I_y}z_0\right) = 0$$

因 $M \neq 0$,故

$$-\frac{\cos\varphi}{I_z}y_0 + \frac{\sin\varphi}{I_y}z_0 = 0 \tag{8.2}$$

这就是中性轴的方程。它是一条通过横截面形心的直线。设中性轴与 z 轴成 α 角,则由上式得到

$$\tan\alpha = \frac{y_0}{z_0} = \frac{I_z}{I_y}\tan\varphi \tag{8.3}$$

式中,角度 φ 也是横截面上合成弯矩 $M = \sqrt{M_y^2 + M_z^2}$ 的矢量与 z 轴间的夹角,如图 8.2(a)所示。上式表明,中性轴和外力作用线在相邻的象限内,如图 8.2(b)所示。

横截面上的最大正应力,发生在离中性轴最远的点,整个杆件上的最大弯曲正应力,在弯矩最大的截面,即梁的固定端 $M_{\max} = Fl$。对于有凸角的截面,例如矩形、工字形截面等,应力分布如图 8.3 所示,角点 b 产生最大拉应力,角点 c 产生最大压应力,由式(8.1),它们分别为

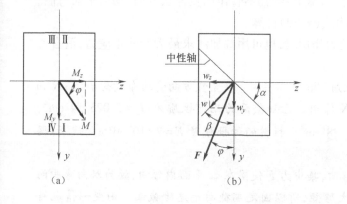

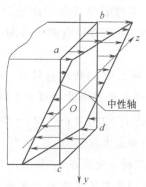

图 8.2 中性轴与合弯矩   图 8.3 凸角截面的应力分布

$$\sigma_{tmax} = M_{max}\left(\frac{\cos \varphi}{I_z}y_{max} + \frac{\sin \varphi}{I_y}z_{max}\right) = \frac{M_{zmax}}{W_z} + \frac{M_{ymax}}{W_y}$$

$$\sigma_{cmax} = -\left(\frac{M_{zmax}}{W_z} + \frac{M_{ymax}}{W_y}\right)$$

$$(8.4)$$

3. 变形分析

悬臂梁自由端因 F_y 和 F_z 引起的挠度分别为

$$w_y = \frac{F_y l^3}{3EI_z} = \frac{Fl^3}{3EI_z}\cos \varphi$$

$$w_z = \frac{F_z l^3}{3EI_y} = \frac{Fl^3}{3EI_y}\sin \varphi$$

w_y 沿 y 轴的正向，w_z 沿 z 轴的负向，自由端的总挠度为

$$w = \sqrt{w_y^2 + w_z^2} = \frac{Fl^3}{3E}\sqrt{\left(\frac{\cos \varphi}{I_z}\right)^2 + \left(\frac{\sin \varphi}{I_y}\right)^2}$$

总挠度 w 与 y 轴的夹角为 β，即

$$\tan \beta = \frac{w_z}{w_y} = \frac{I_z}{I_y}\tan \varphi \qquad (8.5)$$

一般情况下，$I_y \neq I_z$，即 $\beta \neq \varphi$，说明挠曲线所在平面与外力作用平面不重合，这样的弯曲称为斜弯曲。除此之外，斜弯曲还有以下特征：

①由式(8.3)，对于矩形、工字形等 $I_y \neq I_z$ 的截面，由于 $\alpha \neq \varphi$，因而中性轴与外力 F 作用方向不垂直；与合弯矩 M 作用方向不重合；见图 8.2。

②比较式(8.5)与式(8.3)，有 $\tan \beta = \tan \alpha$，即 $\beta = \alpha$，斜弯曲的挠度与中性轴是相互垂直的[图 8.2(b)]。

③对于圆形、正方形和正多边形等截面，由于任意一对形心轴都是形心主惯性轴，且截面对任一形心主惯性轴的惯性矩都相等 $I_y = I_z$，则 $\beta = \varphi$，即挠曲线所在平面与外力作用平面重合。这表明，对这类截面只要横向力通过截面形心，不管作用在什么方向，均为平面弯曲。正应力可用合成弯矩 M 按照弯曲正应力式(4.39)计算。

圆截面杆件受相互垂直两个方向的力作用时，也可用叠加法求最大弯曲正应力，请自行证明。

例 8.1 图 8.4(a)所示悬臂梁，采用 25a 号工字钢。在竖直方向受均布载荷 $q = 5$ kN/m 作用，在自由端受水平集中力 $F = 2$ kN 作用。已知截面的几何性质为：$I_z = 5\,023.54$ cm^4，$W_z = 401.9$ cm^3，$I_y = 280.0$ cm^4，$W_y = 48.28$ cm^3。材料的弹性模量 $E = 2 \times 10^5$ MPa。试求：梁的最大拉应力和最大压应力。

解： 均布载荷 q 使梁在 xy 平面内弯曲，集中力 F 使梁在 xz 平面内弯曲，故为双向弯曲问题。两种载荷均使固定端截面产生最大弯矩，所以固定端截面是危险截面。由变形情况可知，在该截面上的 A 点处产生最大拉应力，B 点处产生最大压应力，且两点处应力的数值相等。由式(8.4)和式(8.5)得

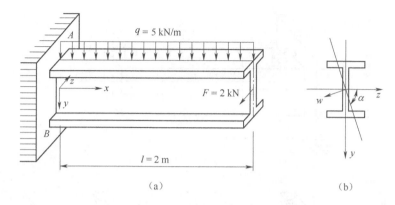

图 8.4　例 8.1 图

$$\sigma_A = \frac{M_y}{W_y} + \frac{M_z}{W_z} = \frac{Fl}{W_y} + \frac{\frac{1}{2}ql^2}{W_z} = \left(\frac{2 \times 10^3 \times 2}{48.28 \times 10^{-6}} + \frac{\frac{1}{2} \times 5 \times 10^3 \times 2^2}{401.9 \times 10^{-6}} \right) \text{N/m}^3 = 107.7 \text{ MPa}$$

$$\sigma_B = -\frac{M_z}{W_z} - \frac{M_y}{W_y} = -\left(\frac{Fl}{W_y} + \frac{\frac{1}{2}ql^2}{W_z} \right) = -107.7 \text{ MPa}$$

8.2　拉伸(压缩)和弯曲的组合变形

8.2.1　横向力和轴向力共同作用

如果杆的弯曲刚度很大,所产生的弯曲变形很小,则由轴向力所引起的附加弯矩很小,可以略去不计。因此,可分别计算由轴向力引起的拉压正应力和由横向力引起的弯曲正应力,然后用叠加法,即可求得两种载荷共同作用引起的正应力。现以图 8.5(a)所示的杆,受轴向拉力及均布载荷的情况为例,说明拉伸(压缩)和弯曲组合变形下的正应力及强度计算方法。

该杆受轴向力 F 拉伸时,任一横截面上的正应力为

$$\sigma' = \frac{F_N}{A}$$

杆受均布载荷作用时,距固定端为 x 的任意横截面上的弯曲正应力为

$$\sigma'' = -\frac{M(x)y}{I_z}$$

上两式叠加得 x 截面上任一点 $A(y,z)$ 处的正应力为

$$\sigma = \sigma' + \sigma'' = \frac{F_N}{A} \mp \frac{M(x)y}{I_z}$$

拉弯组合应力

显然,固定端截面为危险截面。该横截面上正应力 σ 和 σ'' 的分布如图 8.5(b)(c)所

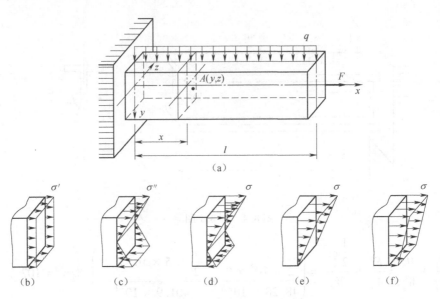

图 8.5 拉伸与弯曲组合变形杆

示。由应力分布图可见,该横截面的上、下边缘处各点可能是危险点。这些点处的正应力为

$$\frac{\sigma_{\max}}{\sigma_{\min}} = \frac{F_N}{A} \pm \frac{M_{\max}}{W_z} \tag{8.6}$$

当 $\sigma''_{\max} > \sigma'$ 时,该横截面上的正应力分布如图 8.5(d)所示,上边缘的最大拉应力数值大于下边缘的最大压应力数值。

当 $\sigma''_{\max} = \sigma'$ 时,该横截面上的应力分布如图 8.5(e)所示,下边缘各点处的正应力为零,上边缘各点处的拉应力最大。

当 $\sigma''_{\max} < \sigma'$ 时,该横截面上的正应力分布如图 8.5(f)所示,上边缘各点处的拉应力最大。在这三种情况下,横截面的中性轴分别在横截面内、横截面边缘和横截面以外。

例 8.2 图 8.6(a)所示托架,受载荷 $F = 45$ kN 作用。设 AC 杆为 22b 号工字钢,试计算 AC 杆的最大工作应力。

解: 取 AC 杆进行分析,其受力情况如图 8.6(b)所示。由平衡方程,求得

$$F_{Ay} = 15 \text{ kN}, \quad F_{By} = 60 \text{ kN}, \quad F_{Ax} = F_{Bx} = 104 \text{ kN}$$

AC 杆在轴向力 F_{Ax} 和 F_{Bx} 作用下,在 AB 段内受到拉伸;在横向力作用下,AC 杆发生弯曲。故 AB 段杆的变形是拉伸和弯曲的组合变形。AC 杆的轴力图和弯矩图如图 8.6(c)、(d)所示。由内力图可见,B 点左侧的横截面是危险截面。该横截面的上边缘各点处的拉应力最大,是危险点。

$$\sigma_{t\max} = \frac{F_N}{A} + \frac{M_{\max}}{W_z}$$

22b 号工字钢,$W_z = 325$ cm^3,$A = 46.6$ cm^2,此时的最大拉应力为

$$\sigma_{t\max} = \frac{F_N}{A} + \frac{M_{\max}}{W_z} = \left(\frac{104 \times 10^3}{46.4 \times 10^{-4}} + \frac{45 \times 10^3}{325 \times 10^{-6}} \right) \text{ N/m}^2$$

$$= 160.9 \times 10^6 \text{ N/m}^2 = 160.9 \text{ MPa}$$

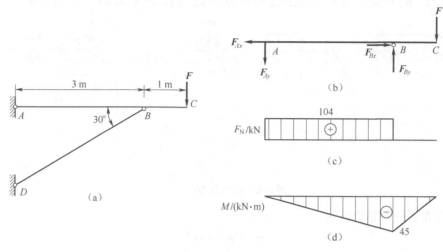

图 8.6 例 8.2 图

*8.2.2 偏心压缩与截面核心

1. 正应力的计算

如图 8.7(a)所示偏心压缩,内力为:

$$F_N = F, \quad M_y = Fz_F, \quad M_z = Fy_F$$

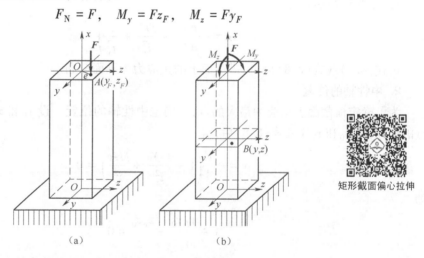

图 8.7 偏心压缩组合变形杆件

现考察任意横截面上第一象限中的任意点 $B(y,z)$ 处的应力[图 8.7(b)]。对应于上述三个内力,B 点处的正应力分别为

$$\sigma' = -\frac{F_N}{A} = -\frac{F}{A}, \quad \sigma'' = -\frac{M_z y}{I_z} = -\frac{Fy_F y}{I_z}$$

$$\sigma''' = -\frac{M_y z}{I_y} = -\frac{Fz_F z}{I_y}$$

在 F_N、M_y、M_z 单独作用下,横截面上的应力分布分别如图 8.8(a)(b)(c)所示。

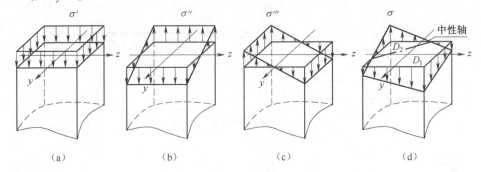

图 8.8 应力分布图

叠加得 B 点处的总应力为

$$\sigma = \sigma' + \sigma'' + \sigma'''$$

即

$$\sigma = -\left(\frac{F}{A} + \frac{Fy_F y}{I_z} + \frac{Fz_F z}{I_y}\right) \tag{8.7}$$

令

$$I_y = Ai_y^2, \qquad I_y = Ai_z^2$$

代入式(8.7)后,得

$$\sigma = -\frac{F}{A}\left(1 + \frac{y_F y}{i_z^2} + \frac{z_F z}{i_y^2}\right) \tag{8.8}$$

由式(8.7)或式(8.8)可见,横截面上的正应力为平面分布。

2. 中性轴的位置

为了确定横截面上正应力最大的点,需确定中性轴的位置。设 y_0 和 z_0 为中性轴上任一点的坐标,将 y_0 和 z_0 代入式(8.8)后,得

$$\sigma = -\frac{F}{A}\left(1 + \frac{y_F y_0}{i_z^2} + \frac{z_F z_0}{i_y^2}\right) = 0$$

即

$$1 + \frac{y_F y_0}{i_z^2} + \frac{z_F z_0}{i_y^2} = 0 \tag{8.9}$$

这就是中性轴方程。可以看出,中性轴是一条不通过横截面形心的直线。令式(8.9)中的 z_0 和 y_0 分别等于 0,可以得到中性轴在 y 轴和 z 轴上的截距

$$\left.\begin{array}{l} a_y = y_0\big|_{z_0=0} = -\dfrac{i_z^2}{y_F} \\[2mm] a_z = z_0\big|_{y_0=0} = -\dfrac{i_y^2}{z_F} \end{array}\right\} \tag{8.10}$$

式中负号表明,中性轴的位置和外力作用点的位置总是分别在横截面形心的两侧。横截面上中性轴的位置如图 8.8(d)所示。中性轴一边的横截面上产生拉应力,另一边产生压

应力。

最大正应力发生在离中性轴最远的点处。对于有凸角的截面,最大正应力一定发生在角点处。角点 D_1 产生最大压应力,角点 D_2 产生最大拉应力,如图 8.8(d)所示。实际上,对于有凸角的截面,可不必求中性轴的位置,即可根据变形情况,确定产生最大拉应力和最大压应力的角点。对于没有凸角的截面,当中性轴位置确定后,作与中性轴平行并切于截面周边的两条直线,切点 D_1 和 D_2 即为产生最大压应力和最大拉应力的点,如图 8.9 所示。

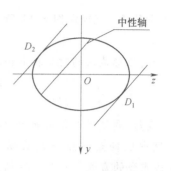

图 8.9　无凸角截面的最大
正应力点的位置

例 8.3　一端固定并有切槽的杆,如图 8.10(a)所示。试求杆内最大正应力。

解:由观察判断,切槽处杆的横截面是危险截面,如图 8.10(b)所示。对于该截面,F 力是偏心拉力。现将 F 力向该截面的形心 C 简化,得到截面上的轴力和弯矩分别为

$$F_N = F = 10 \text{ kN}$$

$$M_z = F \times 0.05 \text{ m} = (10 \times 0.05) \text{ kN} \cdot \text{m}$$
$$= 0.5 \text{ kN} \cdot \text{m}$$

$$M_y = F \times 0.025 \text{ m} = (10 \times 0.025) \text{ kN} \cdot \text{m}$$
$$= 0.25 \text{ kN} \cdot \text{m}$$

A 点为危险点,该点处的最大拉应力为

$$\sigma_{tmax} = \frac{F_N}{A} + \frac{M_y}{W_y} + \frac{M_z}{W_z}$$

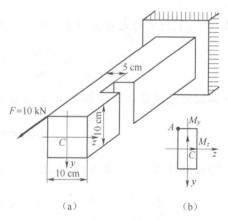

图 8.10　例 8.3 图

$$= \left(\frac{10 \times 10^3}{0.1 \times 0.05} + \frac{0.5 \times 10^3}{\dfrac{1}{6} \times 0.05 \times 0.1^2} + \frac{0.5 \times 10^3}{\dfrac{1}{6} \times 0.1 \times 0.05^2} \right) \text{Pa} = 14 \text{ MPa}$$

3. 截面核心

由中性轴的截距式(8.10)可以看出,当偏心载荷作用点的位置(y_F、z_F)改变时,中性轴在两轴上的截距 a_y 与 a_z 亦随之改变,且载荷作用点离横截面形心越近时,中性轴离横截面形心越远;当偏心载荷作用点离横截面形心越远时,中性轴离横截面形心越近。随着偏心载荷作用点位置的变化,中性轴可能在横截面以内、或与横截面周边相切、或在横截面以外。在后两种情况下,若杆件受偏心压力作用,横截面上就只产生压应力。

土木工程中常用的混凝土构件、砖、石砌体等,均为脆性材料制成,其抗拉强度远低于抗压强度,因此,由这类材料制成的柱,在设计中往往认为其抗拉强度为零。这就要求构件在承受偏心压力时,其横截面上不产生拉应力,也即使中性轴不与横截面相交。为了满足这一要求,压力必须作用在横截面形心周围的某一区域内,使中性轴与横截面周边相切或在横截面以外。这一区域称为**截面核心**。当外力作用在截面核心的边界上时,对应的中性轴正好与截面的周边相切。利用这一关系就可以确定截面核心的边界。

例8.4 试确定图 8.11 所示矩形截面的截面核心。

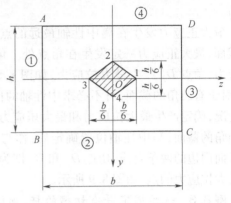

图 8.11 例 8.4 图

解：矩形截面的对称轴 y 和 z 是形心主轴，且

$$i_y^2 = \frac{I_y}{A} = \frac{b^2}{12}, \qquad i_z^2 = \frac{I_z}{A} = \frac{h^2}{12}$$

显然，要使整个横截面上只受同一符号的应力，则中性轴至少应与截面周边相切。先将与 AB 边重合的直线①作为中性轴，它在 y、z 轴上的截距分别为

$$a_{y1} = \infty, \qquad a_{z1} = -\frac{b}{2}$$

由式(8.10)，得到与之对应的 1 点的坐标为：

$$y_{F1} = -\frac{i_z^2}{a_{y1}} = -\frac{h^2/12}{\infty} = 0, \qquad z_{F1} = -\frac{i_y^2}{a_{z1}} = -\frac{h^2/12}{-b/2} = \frac{b}{6}$$

同理可求得当中性轴②与 BC 边重合时，与之对应的 2 点的坐标为

$$y_{F2} = -\frac{h}{6}, \quad z_{F2} = 0$$

中性轴③与 CD 边重合时，与之对应的 3 点的坐标为

$$y_{F3} = 0, \quad z_{F3} = -\frac{b}{6}$$

中性轴④与 DA 边重合时，与之对应的 4 点的坐标为

$$y_{F4} = \frac{h}{6}, \quad z_{F4} = 0$$

确定了截面核心边界上的 4 个点后，还要确定这 4 个点之间截面核心边界的形状。为了解决这一问题，现研究中性轴从与一个周边相切，转到与另一个周边相切时，外力作用点的位置变化的情况。例如，当外力作用点由 1 点沿截面核心边界移动到 2 点的过程中，与外力作用点对应的一系列中性轴将绕 B 点旋转，B 点是这一系列中性轴共有的点。因此，将 B 点的坐标 y_B 和 z_B 代入式(8.9)，即得

$$1 + \frac{y_F y_B}{i_z^2} + \frac{z_F z_B}{i_y^2} = 0$$

在这一方程中，只有外力作用点的坐标 y_F 和 z_F 是变量，所以这是一个直线方程。它表明，当中性轴绕 B 点旋转时，外力作用点沿直线移动。因此，联接 1 点和 2 点的直线，就是截面核心的边界。同理，2 点、3 点和 4 点之间也分别是直线。最后得到矩形截面的截面核心是一个菱形，其对角线的长度分别为 $h/3$ 和 $b/3$。由此例可以看出，对于矩形截面杆，当压力作用在对称轴上，并在"中间三分点"以内时，截面上只产生压应力，这一结果在土建工程中经常用到。其他截面形状，也可用同样的方法确定。

8.3　弯曲和扭转的组合变形

1. 弯曲和扭转组合变形下应力计算

以图 8.12(a)所示的钢制直角曲拐中的圆杆 AB 为例,首先研究杆在弯曲和扭转组合变形下应力计算的方法。

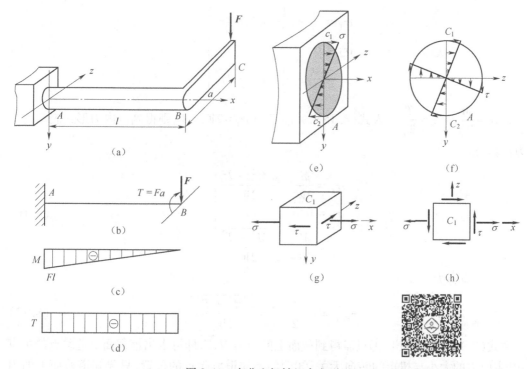

图 8.12　弯曲和扭转组合变形

弯扭组合变形应力

首先将力 F 向 AB 杆 B 端截面形心简化,得到一横向力 F 及力偶矩 $T=Fa$,如图 8.12(b)所示。力 F 使 AB 杆弯曲,力偶矩 T 使 AB 杆扭转,故 AB 杆同时产生弯曲和扭转两种变形。AB 杆的内力图,见图 8.12(c)、(d)所示。固定端 A 处是危险截面,其弯矩和扭矩分别为

$$|M|=Fl,\qquad |T|=Fa \tag{8.11}$$

实际上 AB 杆的各截面上还有剪力 F_S,因此,AB 杆的任一截面上既有正应力,又有扭转切应力和弯曲切应力。但一般来说在弯扭组合变形中,由横向力(剪力 F_S)引起的弯曲切应力,与扭转产生的扭转切应力相比非常小,一般可以忽略不计。

A 截面的弯曲正应力和扭转切应力的分布分别如图 8.12(e)(f)所示。从应力分布图可见,横截面的上、下两点 C_1 和 C_2 都是危险点。弯曲正应力和扭转切应力分别为

$$\sigma=\pm\frac{M}{W_z} \tag{8.12}$$

$$\tau=\frac{T}{W_{\mathrm t}} \tag{8.13}$$

2. 弯曲和扭转组合变形下主应力计算

以 AB 轴危险截面 A 上的危险点 C_1 为例,该点处的正应力为 σ ,切应力 τ ,为平面应力状态,如图 8.12(g)(h)所示,根据主应力式(7.5),有

$$\left.\begin{array}{c} \sigma_{\max} \\ \sigma_{\min} \end{array}\right\} = \frac{\sigma}{2} \pm \frac{1}{2}\sqrt{\sigma^2 + 4\tau^2} \tag{8.14}$$

则主应力为

$$\left.\begin{array}{l} \sigma_1 = \dfrac{\sigma}{2} + \dfrac{1}{2}\sqrt{\sigma^2 + 4\tau^2} \\[2mm] \sigma_2 = 0 \\[2mm] \sigma_3 = \dfrac{\sigma}{2} - \dfrac{1}{2}\sqrt{\sigma^2 + 4\tau^2} \end{array}\right\} \tag{8.15}$$

将 $\sigma = \dfrac{M}{W_z}$ 和 $\tau = \dfrac{T}{W_t}$ 代入式(8.15),并注意到 $W_t = 2W_z = W$,则得到以内力形式表示的主应力计算公式

$$\left.\begin{array}{l} \sigma_1 = \dfrac{M}{2W} + \dfrac{\sqrt{M^2 + T^2}}{2W} \\[2mm] \sigma_2 = 0 \\[2mm] \sigma_3 = \dfrac{M}{2W} - \dfrac{\sqrt{M^2 + T^2}}{2W} \end{array}\right\} \tag{8.16}$$

最大切应力为

$$\tau_{\max} = \frac{\sigma_1 - \sigma_3}{2} = \frac{\sqrt{M^2 + T^2}}{2W} \tag{8.17}$$

由式(8.16)可以看出:①只需得到截面上的内力 M、T,即可求出该截面上危险点的主应力;②主应力的大小与扭矩的转向无关;③即使不知道危险点的位置,只要知道截面上的内力 M、T,就可确定主应力的大小。

*例 8.5 图 8.13(a)示钢制实心圆轴的直径为 $d = 50 \text{ mm}$,其齿轮 C 上作用铅直切向力 5 kN,径向力 1.82 kN;齿轮 D 上作用有水平切向力 10 kN,径向力 3.64 kN。齿轮 C 的直径 $d_C = 400 \text{ mm}$,齿轮 D 的直径 $d_D = 200 \text{ mm}$。试求圆轴的危险点的主应力和最大切应力。

解:(1)外力分析:将各力向圆轴的截面形心简化,画出受力简图,如图 8.13(b)所示。圆轴在 xOy 和 xOz 面内分别作用有垂直杆轴线的集中载荷作用,在 yOz 面内受到外力偶作用。显然圆轴产生弯曲和扭转的组合变形。

(2)内力分析:画出内力图[图 8.13(c)(d)(e)]。从内力图分析,B 截面为危险截面。B 截面上的内力为:

扭矩: $T = 1 \text{ kN} \cdot \text{m}$

弯矩: $\left.\begin{array}{l} M_z = 0.364 \text{ kN} \cdot \text{m} \\ M_y = 1 \text{ kN} \cdot \text{m} \end{array}\right\}$

对于圆轴,由于包含轴线的任一平面都是纵向对称平面,所以把同一横截面的两个弯矩 M_y 和 M_z 按矢量合成后,合成总弯矩 M 的作用平面仍然是纵向对称面,仍然可按照对称弯曲

计算弯曲正应力。合成总弯矩 M 为

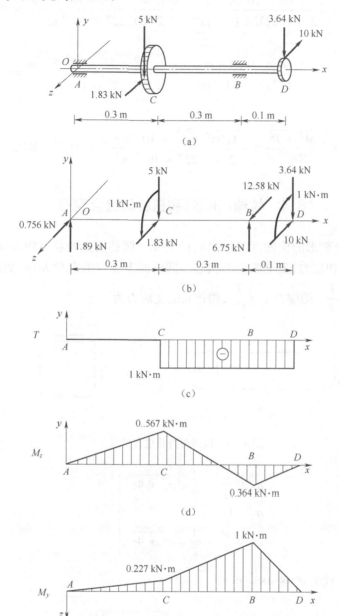

图 8.13　例 8.5 图

$$M = \sqrt{M_y^2 + M_z^2} = 1.06\ \text{kN} \cdot \text{m}$$

（3）主应力：圆轴的抗弯截面系数为

$$W = \frac{\pi d^3}{32} = \frac{3.14 \times (50 \times 10^{-3}\text{m})^3}{32} = 1.227 \times 10^{-5}\text{m}^3$$

把上式代入式（8.16）和式（8.17）中，即可得到主应力为

$$\sigma_1 = \frac{M}{2W} + \frac{\sqrt{M^2 + T^2}}{2W} = \frac{1.06 \times 10^3 \text{ N} \cdot \text{m}}{2 \times 1.227 \times 10^{-5} \text{ m}^3} + \frac{\sqrt{1.06^2 + 1^2} \times 10^3 \text{ N} \cdot \text{m}}{2 \times 1.227 \times 10^{-5} \text{ m}^3} = 102.578 \text{ MPa}$$

$$\sigma_2 = 0$$

$$\sigma_3 = \frac{M}{2W} - \frac{\sqrt{M^2 + T^2}}{2W} = \frac{1.06 \times 10^3 \text{ N} \cdot \text{m}}{2 \times 1.227 \times 10^{-5} \text{ m}^3} - \frac{\sqrt{1.06^2 + 1^2} \times 10^3 \text{ N} \cdot \text{m}}{2 \times 1.227 \times 10^{-5} \text{ m}^3} = -16.188 \text{ MPa}$$

最大切应力为

$$\tau_{\max} = \frac{\sqrt{M^2 + T^2}}{2W} = \frac{\sqrt{1.06^2 + 1^2} \times 10^3 \text{ N} \cdot \text{m}}{2 \times 1.227 \times 10^{-5} \text{ m}^3} = 59.383 \text{ MPa}$$

*8.4 拉伸(压缩)和扭转的组合变形

拉伸与扭转组合变形的构件,如图 8.14(a)所示。圆柱面上的各点均为危险点,既有拉压正应力,又有扭转切应力,为平面应力状态。圆柱面上 A 点处取单元体,如图 8.14(b)所示,其正应力为 $\sigma = \dfrac{F}{A}$,切应力 $\tau = \dfrac{T}{W_t}$,则该点的主应力为

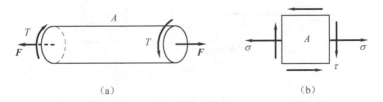

(a)   (b)

图 8.14 拉伸与扭转组合变形

$$\left.\begin{aligned} \sigma_1 &= \frac{\sigma}{2} + \frac{1}{2}\sqrt{\sigma^2 + 4\tau^2} \\ \sigma_2 &= 0 \\ \sigma_3 &= \frac{\sigma}{2} + \frac{1}{2}\sqrt{\sigma^2 + 4\tau^2} \end{aligned}\right\} \tag{8.18}$$

将 $\sigma = \dfrac{F}{A}$ 和 $\tau = \dfrac{T}{W_t}$ 代入式(8.18),得到

$$\left.\begin{aligned} \sigma_1 &= \frac{F}{2A} + \frac{1}{2}\sqrt{\left(\frac{F}{A}\right)^2 + 4\left(\frac{T}{W_t}\right)^2} \\ \sigma_2 &= 0 \\ \sigma_3 &= \frac{F}{2A} - \frac{1}{2}\sqrt{\left(\frac{F}{A}\right)^2 + 4\left(\frac{T}{W_t}\right)^2} \end{aligned}\right\} \tag{8.19}$$

最大切应力为

$$\tau_{\max} = \frac{\sigma_1 - \sigma_3}{2} = \frac{1}{2}\sqrt{\left(\frac{F}{A}\right)^2 + 4\left(\frac{T}{W_t}\right)^2} \tag{8.20}$$

比较式(8.18)和式(8.15)发现,只要是 $\sigma-\tau$ 应力状态[图 8.12(h)和图 8.14(b)],主应力的表达形式就相同,与切应力 τ 的方向无关,只是其中正应力 σ 和切应力 τ 的含义有所不同而已。

例 8.6　已知薄壁容器的壁厚为 t,内径为 D,承受内压 p,在容器两端封头处还受一对大小相等方向相反的转矩 M_e 作用(图 8.15),试分析容器危险点处受到的最大正应力和最大切应力。

解: 由例 4.3,得

$$\sigma_x = \frac{pD}{4t}, \quad \sigma_y = \frac{pD}{2t}$$

由式(4.23)求得薄壁容器受转矩作用 $M_e = T$ 产生的扭转切应力为

$$\tau = \frac{T}{2\pi R_0^2 t} = \frac{T}{2\pi (D/2)^2 t} = \frac{2T}{\pi D^2 t}$$

由式(7.6)求得主应力为

$$\begin{matrix} \sigma_{\max} \\ \sigma_{\min} \end{matrix} = \begin{matrix} \sigma_1 \\ \sigma_3 \end{matrix} = \frac{\sigma_x + \sigma_y}{2} \pm \sqrt{\left(\frac{\sigma_x - \sigma_y}{2}\right)^2 + \tau^2} = \frac{3pD}{8t} \pm \sqrt{\left(\frac{pd}{8t}\right)^2 + \frac{4T^2}{\pi^2 D^4 t^2}}$$

$$\sigma_2 = 0$$

由式(7.23)求得最大切应力为

$$\tau_{\max} = \frac{\sigma_1 - \sigma_3}{2} = \sqrt{\left(\frac{\sigma_x - \sigma_y}{2}\right)^2 + \tau^2} = \sqrt{\left(\frac{pd}{8t}\right)^2 + \frac{4T^2}{\pi^2 D^4 t^2}}$$

图 8.15　例 8.6 图

复习思考题

8.1　复习思考题 8.1 图所示悬臂梁由:①正方形制线[复习思考题 8.1 图(b)];②上下边各切割一小块的六边形[复习思考题 8.1 图(c)]制成,它们在 oxy 平面受到平面弯曲变形,试判断哪个截面上的最大正应力较大。

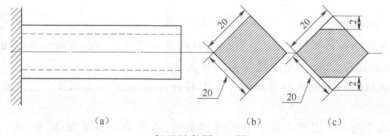

(a)　　　　　(b)　(c)

复习思考题 8.1 图

8.2　复习思考题 8.2 图所示悬臂梁的横截面没有对称轴,要使它产生平面弯曲,试问外力偶矩 M_e 应作用在什么平面上? 并在截面图上大致标出平面位置。

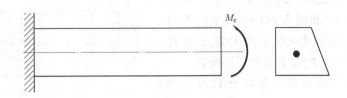

复习思考题8.2图

8.3 试分析复习思考题8.3图所示各杆中的 AB、BC、CD 分别是哪几种基本变形的组合?

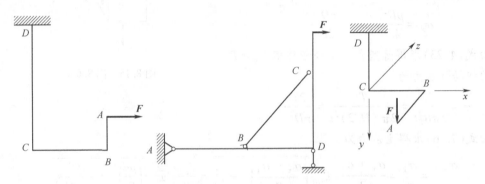

复习思考题8.3图

8.4 复习思考题8.4图所示矩形截面[复习思考题8.4图(a)]梁和圆形截面[复习思考题8.4图(b)]梁,y、z 轴均为主形心惯性轴,受弯矩 M_z 和 M_y 作用,如何确定截面危险点的应力。

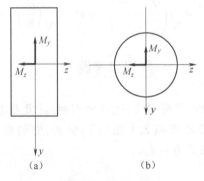

(a)　　　　(b)

复习思考题8.4图

8.5 材料通过拉伸曲线得到 σ_p、σ_s 和 σ_b,试问这些强度指标在弯曲和压缩组合变形时能否应用? 扭转试验时,上述三个强度指标如何表示?

8.6 试比较拉(压)扭组合与弯扭组合变形时杆件的内力、应力以及危险点应力状态异同之处。

8.7 复习思考题8.7图所示为矩形和圆形截面:在截面上有弯矩 M_y 和 M_z,试问:(1)两种面上危险点的应力均为 $\sigma_{max} = \dfrac{M_y}{W_y} + \dfrac{M_z}{W_z}$,对吗? 正确的答案应是什么? (2)两截面上危险点的位置各在何处?

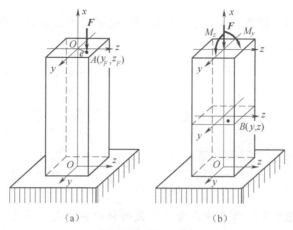

（a） （b）

复习思考题 8.7 图

习　题

8.1　如题 8.1 图所示悬臂梁受到 F_1（在水平平面内）及 F_2（在铅垂直平面内）的作用，$F_1 = 800\ \text{N}$，$F_2 = 1\ 650\ \text{N}$，试求该梁的最大正应力及其作用点的位置。

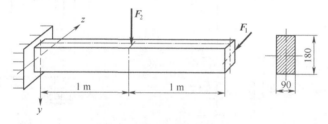

题 8.1 图

8.2　简支梁如题 8.2 图所示，若 $E = 10\ \text{GPa}$，试求：

（1）梁内最大正应力。

（2）梁中点的总挠度值及其方向（与截面对称轴 y 的夹角）。

8.3　如题 8.3 图所示已知矩形截面杆 $h = 200\ \text{mm}$，$b = 100\ \text{mm}$，$F = 20\ \text{kN}$。试求杆内最大正应力。

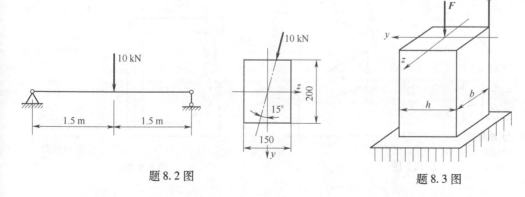

题 8.2 图 题 8.3 图

190 | 材料力学

8.4 题 8.4 图所示一檩条，$\dfrac{h}{b}=2$，$q=1\,450\ \text{N/m}$，若最大正应力不得超过 12 MPa，试求截面的最小尺寸。

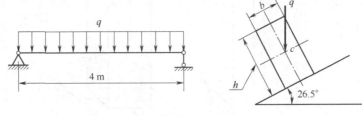

题 8.4 图

8.5 试分别求出题 8.5 图示不等截面及等截面杆内的最大正应力，并作比较，已知 $F=350\ \text{kN}$。

8.6 若 $F=70\ \text{kN}$，试作题 8.6 图示杆件 I–I 截面上正应力的分布图。

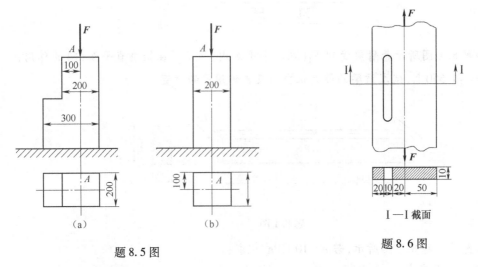

题 8.5 图

题 8.6 图

8.7 试求题 8.7 图中直杆部分横截面上的最大正应力，并指明其位置。

8.8 题 8.8 图示 C 形夹钳上的最大夹力 $F=2.5\ \text{kN}$。若 A–A 截面上的最大正应力不得超过

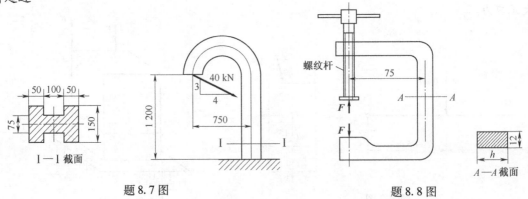

题 8.7 图

题 8.8 图

140 MPa,试求横截面尺寸 h 的最小值。

8.9　题 8.9 图示均质圆截面杆 AB 承受自重,B 端为铰支承,A 端靠于光滑的铅垂墙上,试确定杆内最大压应力所在的截面到 A 端的距离 S。

8.10　题 8.10 图示传动轴外伸臂,直径 $d=80$ mm,转速 $n=110$ r/min,传递功率 $P=11.8$ kW,带轮重 $G=2$ kN,轮子直径 $D=500$ mm,紧边张力是松边的三倍,外伸臂长 $l=500$ mm,试计算轴的应力。

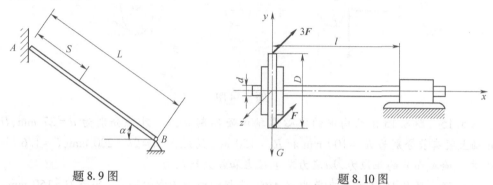

題 8.9 图　　　　　　　　　題 8.10 图

8.11　一实心轴的直径为 100 mm,承受力 F_1 和 F_2 的作用,如题 8.11 图所示,试求横截面边缘 K 点处的主应力和最大切应力。

8.12　求题 8.12 图示实心轴 K 点处的主应力和最大切应力,已知轴径 $d=50$ mm。

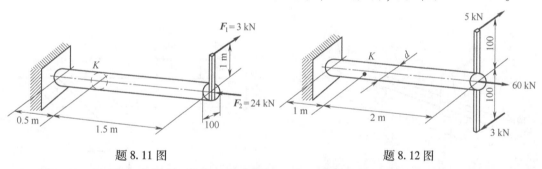

題 8.11 图　　　　　　　　　題 8.12 图

8.13　一直径为 120 mm 的实轴,其上固定两带轮如题 8.13 图所示,试求 K 点和危险点处的主应力和最大切应力。两皮带轮的直径均为 600 mm。

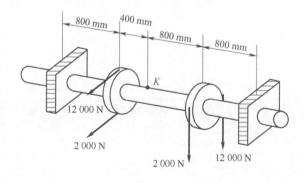

題 8.13 图

*8.14　题 8.14 图带轮轴直径 60 mm,装有直径分别为 $D_1 = D_2 = 300$ mm、$D_3 = 450$ mm 的 1、2、3 三个带轮。已知 1、2 两轮的皮带张力 $F_1 = F_2 = 1.5$ kN,沿 y 轴方向;3 轮的皮带张力 F_3 沿 z 轴方向,处于平衡状态,试计算该轴危险截面上的最大正应力和最大切应力。

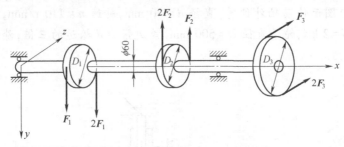

题 8.14 图

*8.15　题 8.15 图结构中的空心圆轴由硬铝制成,内、外径分别为 $d = 27$ mm,$D = 30$ mm 轴上装有长分别为 $R_1 = 100$ mm 和 $R_2 = 150$ mm 的舵面,$a = 2b = 200$ mm,$F = 1.6$ kN,$\alpha = 70°$,求危险截面处的正应力、切应力及主应力和最大切应力。

*8.16　题 8.16 图水平直角曲拐 ABC,曲拐横截面为空心圆环,外径 $D = 150$ mm,内径 $d = 135$ mm,$l = 3$ m,$a = 0.5$ m,$F_1 = 10$ kN,$F_2 = 20$ kN,$q = 8$ kN/m。材料为 Q235 钢,$E = 200$ GPa,$\mu = 0.25$。试求:(1)危险截面和危险点的位置;(2)危险点处的最大切应力;(3)C 点的位移。

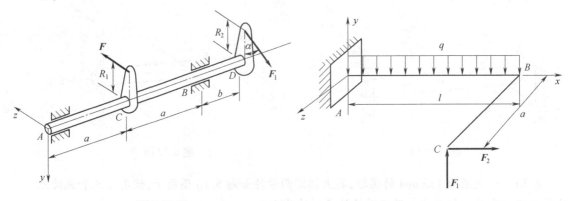

题 8.15 图　　　　　　　　　　　　　题 8.16 图

第 9 章　杆件的强度与刚度设计

本书在前几章中,分析讨论了在各种受力情况下杆件的内力和应力、变形和应变等问题,为实现在满足强度和刚度要求下,设计既经济又安全的杆件提供了一些必要的理论基础和计算方法。但如何在各种受力情况下,为满足工作中的安全可靠性进行杆件的综合设计等方面的问题尚未涉及,而这些内容均是材料力学所研究的重要内容,本章将就这方面的问题作简单的介绍。

9.1　杆件的失效与设计的基本思想

工程上,杆件设计的最终目的就是使其具有确定的功能和保证能正常地工作。作为机器或结构的一个部件的杆件,在工作中将发挥其应有的功能。在某些条件下,如过大的载荷或过高的温度,杆件有可能丧失其应有的正常功能,这种现象称为**失效**。

杆件在承载下的失效,主要表现为强度失效、刚度失效、稳定失效以及疲劳失效、蠕变失效和松弛失效等。在常温静载下主要是强度、刚度和稳定性的失效。

强度失效,由于材料屈服或断裂引起的失效。主要有两种形式:

(1)屈服　对于塑性材料的杆件,如果工作应力达到材料的屈服极限 σ_s,屈服变形将影响杆件的正常工作,这类失效方式称为**屈服失效**。

(2)断裂　对于由脆性材料制成的零件或杆件,在工作应力达到强度极限 σ_b 时,会产生突然断裂,从而丧失承载能力,例如铸铁零部件、混凝土杆件等的断裂,这类失效方式称为**断裂失效**。

刚度失效,由于杆件过量的弹性变形而引起的失效。

在载荷作用之下,若杆件产生过大的弹性变形,如伸长 Δl、扭转角 φ、相对扭转角 φ'、挠度 w 和转角 θ 等,将影响机器或结构物的正常使用或工作,例如车床主轴的过度变形,将降低车床的加工精度。

稳定性失效,受压杆件由于平衡状态的突然转变而引起的失效。

杆件静态设计的基本思想是,针对杆件在静载下的强度失效和刚度失效问题,建立相关的设计准则。分析影响杆件安全工作的主要因素,综合考虑强度和刚度的要求,给出进行杆件设计的方法,更好的掌握解决工程实际问题的能力。

必须指出,杆件设计除了静载下的强度、刚度等问题以外,还有稳定性和动载荷、疲劳、断裂等很多因素需要考虑,受压杆件的稳定性问题将在下一章研究,其他则归属于其相应的学科研究。

9.2　基本变形的强度设计

9.2.1　强度条件和许用应力

　　杆件强度设计面临的主要任务是,防止在给定条件下工作的杆件发生失效。做到这一点并不总是轻而易举的,因为有关设计所必须考虑的各种因素和原始数据难以完整和精确地都了解得十分清楚。此外,工作中杆件内的应力也不允许达到足以使其破坏的应力,因为那是非常危险的,需留有一定的余量。

　　为此,通常采取的措施是考虑一个适当的系数,用它去除引起破坏的应力(即极限应力),得到一个比破坏应力小的应力作为设计杆件的最大工作应力,这个应力称为**许用应力**,用符号$[\sigma]$表示。所考虑的适当的系数,称为**安全因数**,用符号n来表示。它的大小与载荷的估算、材料的性质、简化计算的精度以及杆件本身工作中的重要性等很多因素有关,一般可查阅相关的设计手册和设计规范。

　　材料的力学性能试验表明,脆性材料当正应力达到强度极限时,会引起断裂破坏;塑性材料当正应力达到屈服极限时,就会引起屈服破坏。但考虑到各种因素的影响,为了保证杆件能正常的工作,工程实际中将许用应力作为杆件的最大工作应力,即要求杆件的实际工作应力不超过材料的许用应力。对于**单向应力状态(如轴向拉压)的强度条件**有

$$\sigma \leqslant [\sigma] \tag{9.1}$$

式中许用应力与材料的失效形式有关,对于脆性材料

$$[\sigma] = \frac{\sigma_{b}}{n_{b}} \tag{9.2}$$

对于塑性材料

$$[\sigma] = \frac{\sigma_{s}}{n_{s}} \tag{9.3}$$

式中,n_b表示失效形式为断裂时以强度极限为准的安全因数,n_s表示失效形式为屈服时以屈服极限为准的安全因数。

　　强度条件式(9.1)也适用于危险点处于单向应力状态的梁弯曲和杆件偏心拉压等情况。

　　扭转变形的轴和横力弯曲梁的中性层,其上各点均为纯剪切应力状态,由此类推,**纯剪切应力状态的强度条件**为

$$\tau \leqslant [\tau] \tag{9.4}$$

式中,$[\tau]$为许用切应力。其值可由剪切极限应力除以安全因数得到。

　　对于轴向拉伸(或压缩)、扭转和弯曲等基本变形,其强度条件式(9.1)和式(9.4)可以用轴力、扭矩或弯矩的形式来表达,相应各式分别如下:

　　轴向拉(压)
$$\sigma = \frac{F_{N}}{A} \leqslant [\sigma] \tag{9.5}$$

扭转 $$\tau = \frac{T}{W_t} \leqslant [\tau] \tag{9.6}$$

弯曲 $$\sigma = \frac{M}{W} \leqslant [\sigma] \tag{9.7}$$

$$\tau = \frac{F_S S_{z\,\max}^*}{I_z b} \leqslant [\tau] \tag{9.8}$$

强度设计主要包括以下几方面：

（1）**强度校核**　当外力、杆件各部分尺寸以及材料的许用应力均为已知时，验证危险点的应力强度是否满足强度条件。工程上，如果杆件的最大工作应力超过许用应力，但超出量不大于许用应力的 5%，一般认为是安全的。

（2）**截面设计**　当外力及材料的许用应力为已知时，根据强度条件设计杆件的截面尺寸。

（3）**确定许可载荷**　当杆件的横截面尺寸以及材料的许用应力为已知时，确定杆件或结构所能承受的最大载荷。

9.2.2　拉压杆的强度设计

一般而言，受拉压的杆件上的轴力是变化的，例如多个力作用或自重作用；杆件横截面的面积也可能是变化的，如阶梯杆、变截面杆等。因此，拉压杆的强度条件式（9.5）可表为

$$\sigma_{\max} = \left(\frac{F_N}{A}\right)_{\max} \leqslant [\sigma] \tag{9.9}$$

据此可分析等直拉压杆的各种类型的问题。

例 9.1　矩形截面阶梯如图 9.1（a）所示，已知载荷 $F_1 = 15$ kN，$F_2 = 40$ kN，杆 AB 段的横截面为尺寸为 10 mm × 15 mm，BC 段的横截面为尺寸为 15 mm × 20 mm，材料为 Q235 钢，屈服极限 $\sigma_s = 235$ MPa，安全因素 $n_s = 2.0$，试校核该阶梯杆的强度。

解：（1）作轴力图

用截面法求得各段的轴力，作轴力图，如图 9.1（b）所示。

（2）强度校核

材料 Q235 钢的许用应力为

$$[\sigma] = \frac{\sigma_s}{n_s} = \frac{235\text{ MPa}}{2.0} = 117.5\text{ MPa}$$

由图 9.1 可以看出，轴力大的位置截面积也大，故无法直接判断最大正应力的位置，需分段进行强度校核。

AB 段

$$\sigma_1 = \frac{F_{N1}}{A_1} = \frac{15 \times 10^3\text{ N}}{10 \times 15 \times 10^{-6}\text{ m}^2} = 100 \times 10^6\text{ Pa} = 100\text{ MPa} < [\sigma]$$

AB 段安全；

BC 段

$$\sigma_2 = \frac{F_{N2}}{A_2} = \frac{25 \times 10^3 \text{ N}}{15 \times 20 \times 10^{-6} \text{ m}^2} = 83.3 \times 10^6 \text{ Pa} = 83.3 \text{ MPa} < [\sigma]$$

BC 段安全。

但从计算结果可知，AB 段虽然轴力小，但截面积也小，正应力反而大。由于两段均安全，所以杆 AC 安全。

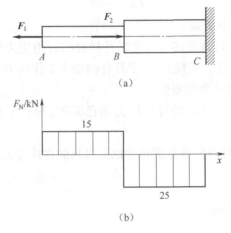

(a)

(b)

图 9.1 例 9.1 图

例 9.2 由两根材料相同的杆件组成结构，如图 9.2(a)所示，杆件的许用应力 $[\sigma] = 160 \text{ MPa}$。试求：(1)若 AB 杆的截面积为 700 mm²，AC 杆的截面积为 300 mm²，结构的许可载荷；(2)若载荷 $F = 80$ kN，两杆所需的最小截面积。

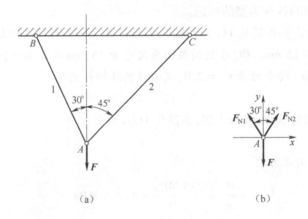

(a)   (b)

图 9.2 例 9.2 图

解:(1)确定许可载荷

取节点 A，见图 9.2(b)所示，列平衡方程

$$\sum F_x = 0, \quad F_{N1} \sin 30° - F_{N2} \sin 45° = 0$$

$$\sum F_y = 0, \quad F_{N1} \cos 30° + F_{N2} \cos 45° = F$$

联立求解，得

$$F_{N1} = \frac{2F}{1 + \sqrt{3}} = 0.732\ F,\quad F_{N2} = \frac{\sqrt{2}F}{1 + \sqrt{3}} = 0.518\ F$$

由强度条件,若 AB 杆内的正应力达到许用应力,则

$$F_{N1} \leqslant A_1[\sigma] = 700 \times 10^{-6}\ \mathrm{m}^2 \times 160 \times 10^6\ \mathrm{Pa} = 112 \times 10^3\ \mathrm{N} = 112\ \mathrm{kN}$$

许可载荷为

$$F_1 \leqslant \frac{(1 + \sqrt{3})F_{N1}}{2} = 153\ \mathrm{kN}$$

若 AC 杆内的正应力达到许用应力,则

$$F_{N2} \leqslant A_2 \cdot [\sigma] = 300 \times 10^{-6}\ \mathrm{m}^2 \times 160 \times 10^6\ \mathrm{Pa} = 48 \times 10^3\ \mathrm{N} = 48\ \mathrm{kN}$$

许可载荷为

$$F_2 \leqslant \frac{(2 + \sqrt{3})F_{N2}}{\sqrt{2}} = 92.6\ \mathrm{kN}$$

比较 F_1 和 F_2,许可载荷取其中小者,即

$$F = \min\{F_1, F_2\} = 92.6\ \mathrm{kN}$$

本问题的另一种解法,平衡方程同前,由强度条件,若 AB 杆内的正应力达到许用应力,则

$$F_{N1} \leqslant A_1[\sigma] = 700 \times 10^{-6}\ \mathrm{m}^2 \times 160 \times 10^6\ \mathrm{Pa} = 112 \times 10^3\ \mathrm{N} = 112\ \mathrm{kN}$$

若 AC 杆内的正应力达到许用应力,则

$$F_{N2} \leqslant A_2[\sigma] = 300 \times 10^{-6}\ \mathrm{m}^2 \times 160 \times 10^6\ \mathrm{Pa} = 48 \times 10^3\ \mathrm{N} = 48\ \mathrm{kN}$$

将上两式代入平衡方程,解得许可载荷

$$F = F_{N1}\cos 30° + F_{N2}\cos 45° = 136\ \mathrm{kN}$$

显然,与前一种方法解出的 F = 92.6 kN 不一样,问题出在哪里? 孰对孰错?

分析:实际上,在载荷作用下两根杆件一般不会同时达到破坏。方法 1 的计算结果表明:当 F = 92.6 kN 时,AC 杆首先达到破坏,而此时 AB 杆仍处于安全状态,此结构不会出现两根杆件同时破坏的现象。而方法 2 的计算是依据两根杆件同时达到破坏的假设做出的,这是不存在的情况,故得到的结果是错误的。

(2)截面设计

根据平衡方程和强度条件,载荷 F = 80 kN 时,AB 杆的最小截面积为

$$A_1 \geqslant \frac{F_{N1}}{[\sigma]} = \frac{2 \times 80 \times 10^3\ \mathrm{N}}{(1 + \sqrt{3}) \times 160 \times 10^6\ \mathrm{Pa}} = 3.66 \times 10^{-4}\ \mathrm{m}^2 = 366\ \mathrm{mm}^2$$

AC 杆的最小截面积为

$$A_2 \geqslant \frac{F_{N2}}{[\sigma]} = \frac{\sqrt{2} \times 80 \times 10^3\ \mathrm{N}}{(1 + \sqrt{3}) \times 160 \times 10^6\ \mathrm{Pa}} = 2.59 \times 10^{-4}\ \mathrm{m}^2 = 259\ \mathrm{mm}^2$$

9.2.3 圆轴扭转的强度设计

圆轴受扭时,圆周上切应力最大。切应力是影响圆轴强度的主要因素,考虑到变截面、

多载荷等更一般的情况,圆轴扭转的强度公式(9.6),可表示为

$$\tau_{\max} = \left(\frac{T}{W_t}\right)_{\max} \leqslant [\tau] \tag{9.10}$$

对于非圆截面杆的自由扭转,可按相应公式计算切应力,代入式(9.4)进行强度设计。

例9.3 木制圆轴受扭如图9.3(a)所示,圆轴的轴线与木材的顺纹方向一致。轴的直径为150 mm,圆轴沿木材顺纹方向的许用切应力 $[\tau]_s = 2$ MPa,沿木材横纹方向的许用切应力 $[\tau]_h = 8$ MPa。试求轴的许用外力偶的力偶矩。

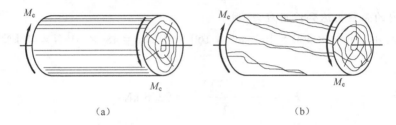

(a)   (b)

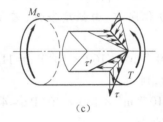

(c)

图9.3 例9.3图

解:木材的许用切应力沿顺纹(纵截面内)的许用切应力和横纹(横截面内)的许用切应力,具有不同的数值。圆轴扭转时,根据切应力互等定理,不仅横截面上产生切应力,而且包含轴线的纵截面上也会产生切应力,如图9.3(c)所示。因此,需要分别校核木材沿顺纹和沿横纹方向的强度。

横截面上的切应力沿径向线性分布,纵截面上的切应力也沿径向线性分布,而且二者具有相同的最大值,即

$$\tau_{\max} = \tau'_{\max}$$

而木材沿顺纹方向的许用切应力低于沿横纹方向的许用切应力,因此本例中的圆轴扭转破坏时将沿纵向截面裂开,如图9.3(b)所示。故只需要按圆轴沿顺纹方向的强度确定许用外载荷。根据顺纹方向的强度条件

$$\tau'_{\max} = \frac{T}{W_t} = \frac{16T}{\pi d^3} \leqslant [\tau]_s$$

得到许用外力偶的力偶矩

$$[M_e] = T = \frac{\pi d^3 [\tau]_s}{16} = \frac{\pi (150 \times 10^{-3})^3 \times 2 \times 10^6}{16}$$

$$= 1.33 \times 10^3 \text{ N} \cdot \text{m} = 1.33 \text{ kN} \cdot \text{m}$$

例9.4 如图9.4所示实心轴和空心轴通过牙嵌式离合器连接在一起。已知轴的转速 $n = 100$ r/min,传递的功率 $P = 7.5$ kW,两轴的材料相同,材料的许用切应力 $[\tau] = 40$ MPa。(1)试选择实心轴的直径 d_1 和内外径比值为 0.5 的空心轴的外径 D_2;(2)若两轴的长度相等,比较二者的重量。

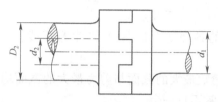

图9.4 例9.4图

解:(1)确定实心轴的直径 d_1 和空心轴的外径 D_2

计算轴传递的工作扭矩

$$T = 9\ 549 \ \frac{P}{n} = 9\ 549 \ \frac{7.5 \ \text{kW}}{100 \ \text{r/min}} = 716.2 \ \text{N} \cdot \text{m}$$

对于实心圆轴,根据强度条件

$$\tau_{\max} = \frac{T}{W_{t1}} = \frac{16 \times 716.2}{\pi d_1^3} \leqslant [\tau] = 40 \times 10^6 \ \text{MPa}$$

得实心圆轴的直径

$$d_1 \geqslant \sqrt[3]{\frac{16 \times 716.2 \ \text{N} \cdot \text{m}}{\pi \times 40 \times 10^6 \ \text{MPa}}} = 0.045 \ \text{m} = 45 \ \text{mm}$$

对于空心圆轴,根据强度条件

$$\tau_{\max} = \frac{T}{W_{t2}} = \frac{16 \times 716.2}{\pi D_2^3 (1 - \alpha^4)} \leqslant [\tau] = 40 \times 10^6 \ \text{MPa}$$

得空心圆轴的外径

$$D_2 \geqslant \sqrt[3]{\frac{16 \times 716.2 \ \text{N} \cdot \text{m}}{\pi (1 - 0.5^4) \times 40 \times 10^6 \ \text{MPa}}} = 0.045\ 989 \ \text{m} \approx 46 \ \text{mm}$$

(2)比较二者的重量

实心圆轴与空心圆轴材料相同,重量之比即体积之比,而两者长度又相等,实为截面积之比

$$\frac{A_1}{A_2} = \frac{d^2}{D^2 (1 - \alpha^2)} = \frac{45 \times 10^{-3} \ \text{m}}{46 \times 10^{-3} (1 - 0.5^2) \ \text{m}} = 1.28$$

由此可见,在两轴的长度相同、承载力(强度)相同的情况下,实心轴比空心轴用材多。

9.2.4 梁弯曲的强度设计

一般情况下,梁的弯曲强度设计主要考虑弯曲正应力,但由于梁的各横截面上常常是既有弯矩又有剪力,而剪力的作用亦不能忽略,这时既进行弯曲正应力计算又进行弯曲切应力的计算,弯曲强度设计式(9.7)、式(9.8)的一般表达式为

$$\sigma_{\max} = \left(\frac{M}{W}\right)_{\max} \leqslant [\sigma] \tag{9.11}$$

$$\tau_{\max} = \left(\frac{F_S S_{z\ \max}^*}{I_z b}\right)_{\max} \leqslant [\tau] \tag{9.12}$$

在弯曲强度计算时,必须注意以下几点:

①确定危险状态。在梁的各种受力状态中,产生弯矩或剪力最大的受力状态为危险状态。

②确定危险截面。梁上弯矩最大的截面与剪力最大的截面均为危险截面,由于两者常常不在一处,因此危险截面常常不只一个。

③确定危险点。梁弯曲时危险截面上的危险点有三种:一是最大弯曲正应力点,在横截面的上下边缘,是单向应力状态;二是最大弯曲切应力点,在横截面的中性轴上,是纯剪切应力状态;三是弯曲正应力和弯曲切应力都比较大的点,是 $\sigma-\tau$ 平面应力状态;这些危险点都需仔细分析,故危险点也不只一个。

④当许用拉应力和许用压应力不相等,中性轴不是截面的对称轴时,要分别计算最大拉应力和最大压应力。

⑤梁在弯曲变形时,一般是弯曲正应力起控制作用,弯曲切应力数值相对太小常被忽略。但对于薄壁结构、集中载荷作用在支座附近等情况,必须进行弯曲切应力的强度校核。

例9.5 如图9.5所示,一简支梁受均布载荷作用,设材料的许用正应力 $[\sigma]=10$ MPa,许用切应力 $[\tau]=2$ MPa,梁的截面为矩形,宽度 $b=80$ mm,试求所需的截面高度。

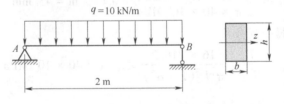

图9.5 例9.5图

解:(1)由正应力强度条件确定截面高度

梁的最大弯矩在 AB 的中点,值为

$$M_{\max} = \frac{1}{8}ql^2 = \frac{1}{8} \times 10 \times 2^2 \text{ kN} \cdot \text{m} = 5 \text{ kN} \cdot \text{m}$$

对于矩形截面梁,由 $[\sigma] \leqslant \dfrac{M_{\max}}{W_z}$ 式,有

$$W_z = \frac{1}{6}bh^2 \geqslant \frac{M_{\max}}{[\sigma]} = \frac{5 \times 10^3 \text{ N} \cdot \text{m}}{10 \times 10^6 \text{ Pa}} = 5 \times 10^{-4} \text{ m}^3$$

由此得到

$$h \geqslant \sqrt{\frac{6 \times 5 \times 10^{-4}}{0.08}} \text{ m} = 0.194 \text{ m}$$

可取 $h=200$ MPa。

（2）切应力强度校核

该梁的最大剪力在支座附近，值为

$$F_{Smax} = \frac{1}{2}ql = \frac{1}{2} \times 10 \times 2 \text{ kN} = 10 \text{ kN}$$

由矩形截面梁的最大切应力公式得

$$\tau_{max} = \frac{3}{2}\frac{F_S}{bh} = \frac{3}{2} \times \frac{10 \times 10^3 \text{ N}}{0.08 \times 0.2 \text{ m}^2} = 0.94 \times 10^6 \text{ Pa} = 0.94 \text{ MPa} < [\tau]$$

满足切应力强度要求。

例9.6 四轮吊车的轨道由两根工字钢组成，如图9.6（a）所示。起重机自重 $Q = 50$ kN，最大起重量 $F_P = 10$ kN，工字钢的弯曲许用应力 $[\sigma] = 160$ MPa，$[\tau] = 100$ MPa，试选取合适型号的工字钢。

解： 先按弯曲正应力强度计算。由于吊车工作时将在轨道上来回行驶，因而轨道内各截面的弯矩也将随吊车所在位置的不同而改变。为此，应先确定轨道内受力的危险状态及危险截面的位置和该截面上的最大弯矩。

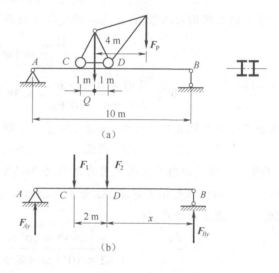

(a)

(b)

吊车对轨道的作用力 $F_1 = 10$ kN，$F_2 = 50$ kN。其计算简图如图9.6（b）所示。设吊车右轮距轨道右端为 x，此时的支反力

$$F_{Ay} = 6x + 2, \qquad F_{By} = 58 - 6x$$

根据弯矩的变化规律可知，轨道内的最大弯矩一定发生在集中力作用的截面 C 和 D 上，分别列出 C、D 两截面的弯矩为

$$M_C = F_{Ay}[10 - (2 + x)] = 16 + 46x - 6x^2$$

$$M_D = F_{By}x = 58x - 6x^2$$

令 $\dfrac{\mathrm{d}M_C}{\mathrm{d}x} = 0$，得到吊车使 C 截面产生弯矩最大值的位置。由

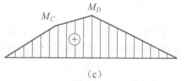

(c)

图9.6 题9.6图

$$\frac{\mathrm{d}M_C}{\mathrm{d}x} = 46 - 12x = 0$$

得

$$x = \frac{23}{6}\text{ m}$$

C 截面最大弯矩

$$M_{Cmax} = \left(6 \times \frac{23}{6} + 2\right)\left(10 - 2 - \frac{23}{6}\right) = 104 \text{ kN} \cdot \text{m}$$

令 $\dfrac{\mathrm{d}M_D}{\mathrm{d}x} = 0$，得到吊车使 D 截面产生弯矩最大值的位置。由

$$\frac{\mathrm{d}M_D}{\mathrm{d}x} = 58 - 12x = 0$$

得
$$x = \frac{29}{6} \text{ m}$$

D 截面最大弯矩

$$M_{D\max} = 58 \times \frac{29}{6} - 6\left(\frac{29}{6}\right)^2 \text{ kN} \cdot \text{m} = 140 \text{ kN} \cdot \text{m}$$

两者比较得轨道内的最大弯矩为

$$M_{\max} = 140 \text{ kN} \cdot \text{m}$$

支承吊车的工字钢为两根，故正应力强度条件应为

$$\frac{M_{\max}}{2W} \le [\sigma]$$

$$W \ge \frac{140 \times 10^3 \text{N} \cdot \text{m}}{2 \times 160 \times 10^6 \text{Pa}} = 4.38 \times 10^{-4} \text{m}^3 = 438 \text{ cm}^3$$

查附录工字钢型钢表 B.4 可知，应选 28a 号工字钢（$W = 508.15 \text{ cm}^3$）。

切应力强度是否也能满足，尚需进一步校核。根据分析可知，小车行驶到接近右支座时，两根工字钢截面内产生最大剪力总值为 58 kN，每一根内的最大剪力 $F_{S\max} = 29$ kN。并由附录工字钢型钢表 B.4 查得 28a 号工字钢的 $I/S_{\max}^* = 24.62$ cm，$b = 8.5$ mm。以此代入弯曲切应力的强度条件式，得

$$\tau_{\max} = \frac{F_S}{\left(\dfrac{I_z}{S_{z\max}^*}\right) b} = \frac{29 \times 10^3 \text{ N}}{24.62 \times 10^{-2} \text{ m} \times 8.5 \times 10^{-3} \text{ m}} = 13.86 \text{ MPa} < [\tau]$$

由此，28a 号工字钢也能满足弯曲切应力强度条件，选取此型号是合适的。所选工字钢系标准型材在图示受力情况下，翼缘和腹板结合处的强度可不再校核。

9.2.5　连接件强度的工程计算

材料力学中强度设计可大致分为两大类问题：一类是杆件的强度设计；另一类是连接件的强度设计。在机器设备和各种结构中，常要用到各式各样的连接件，例如铆钉、螺栓、键等。由于连接件的受力形式很复杂，其内部的应力分布规律很难确定，所以工程上常采用近似计算方法。

针对连接件破坏的主要因素，强度分析主要从剪切和挤压两个方面进行：

1. 剪切的工程计算

连接件的受力特点是外力作用线平行，与零件的纵向轴线正交，而且力的作用线极为靠近。从图 9.7(a) 中可以看出，铆钉在两侧面上分别受到大小相等、方向相反、作用线相距很近的两组分布外力系的作用[图 9.7(b)]，因此将沿截面 $m-m$ 发生错动[图 9.7(c)]，这种

变形称为**剪切**。发生剪切变形的截面 $m-m$，称为**剪切面**。

应用截面法可以得到剪切面上的内力，即**剪力** F_S[图 9.7(d)]。可剪切面上受力复杂，切应力的分布规律难以确定；而在制造这些连接件时，通常都使用塑性较好的材料，所以在剪切的工程计算中，假设破坏时应力沿剪切面是均匀分布的[图 9.7(e)]。

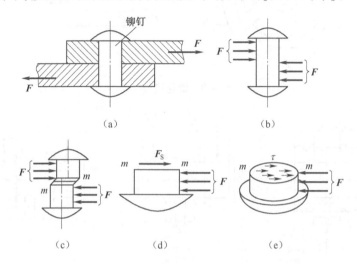

图 9.7　铆钉受剪切

因而在工程上采用的简化近似计算方法是剪切面的名义切应力为

$$\tau = \frac{F_S}{A_S}$$

式中，F_S 为剪切面上的剪力；A_S 为**剪切面的面积**；于是强度条件可写为

$$\frac{F_S}{A_S} \leqslant [\tau] \tag{9.13}$$

式中，$[\tau]$ 为剪切许用应力。在确定 $[\tau]$ 时，模拟实际零件的受力情况，测得试样破坏时的载荷，然后除以受剪面的面积，求出名义剪切极限应力 τ_u，再除以安全因数得许用切应力 $[\tau]$。因此，由式(9.13)的强度条件所计算的结果，是能满足工程要求的。

由于不同的连接件的受剪面有所不同，所以又常将剪切问题分成：一个剪切面的单剪问题(图 9.7 和图 9.8)、两个剪切面的双剪问题(图 9.9)和圆周剪切面的周剪问题(图 9.10)等。

2. 挤压的工程计算

在图 9.11(a)所示的螺栓连接中，在剪切的同时，连接件与被连接件的接触面之间还存在局部承压现象，这种现象称为**挤压**。其接触面称为**挤压面**[图 9.11(b)]。接触面上的压力，称为**挤压力** F_{bs}。

若连接件与被连接件的接触面为平面(图 9.12)，则假定挤压应力均匀分布在挤压面上，挤压面的大小形状即为实际接触面。如果连接件与被连接件的接触面是圆柱面，如铆钉、螺栓等(图 9.11)，理论挤压应力的分布如图 9.11(c)(e)所示；但工程计算时则将直径投影面当作挤压面[图 9.11(d)]，并且假定在该面上挤压应力均匀分布。

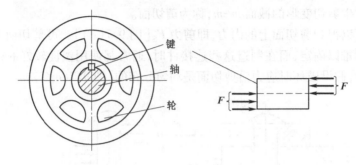

图 9.8 键连接

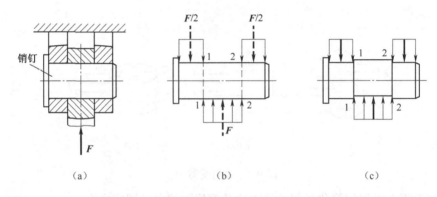

（a）　　　　　　　（b）　　　　　　　（c）

图 9.9 双剪问题

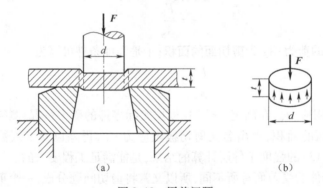

（a）　　　　　　　（b）

图 9.10 周剪问题

在挤压的工程计算中,挤压面上的**名义挤压应力**等于挤压力除以挤压面积。挤压的强度条件为

$$\frac{F_{bs}}{A_{bs}} \leqslant [\sigma_{bs}] \tag{9.14}$$

式中,F_{bs} 为挤压力;A_{bs} 为**挤压面的面积**;$[\sigma_{bs}]$ 为**挤压许用应力**。一般材料的挤压许用应力 $[\sigma_{bs}]$ 大于许用应力 $[\sigma]$,对于钢材 $[\sigma_{bs}] = (1.7 \sim 2.0)[\sigma]$。

注意:

(1)对于各种连接问题,分析的重点是确定剪切面和挤压面的位置和大小。

(2)连接件与被连接件的挤压强度均要校核。

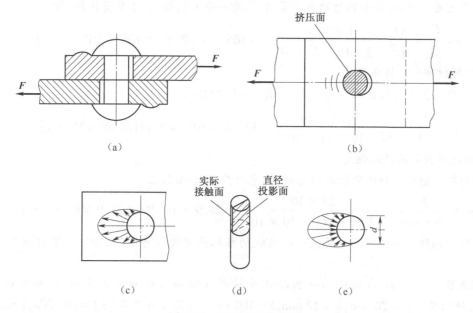

（a）　　　　　　　　　　（b）

（c）　　　（d）　　　（e）

图 9.11　铆钉连接的挤压

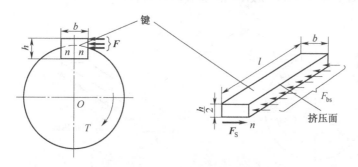

图 9.12　键块连接的挤压

（3）焊缝连接问题，可参阅有关钢结构的教材，但计算原理基本相同。

例 9.7　如图 9.3 所示在铆接头中，已知铆钉直径 $d=17$ mm，许用切应力 $[\tau]=140$ MPa，许用挤压应力 $[\sigma_c]=320$ MPa，钢板的拉力 $F=24$ kN，$\delta=10$ mm，$b=100$ mm，许用拉应力 $[\sigma]=170$ MPa，试校核强度。

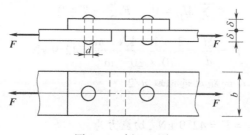

图 9.13　例 9.7 图

解：（1）校核铆钉的剪切强度

由平衡关系可知,每个铆钉均承受剪力 F,有一个剪切面,属于单剪问题,故

$$\tau = \frac{F_S}{A} = \frac{4F}{\pi d^2} = \frac{4 \times 24 \times 10^3}{3.14 \times 17^2 \times 10^{-6}} = 105.7 \times 10^6 \text{ Pa} = 105.7 \text{ MPa} < [\tau]$$

(2)校核铆钉的挤压强度

铆钉与主板之间的挤压力为 F,挤压面为 δd,则挤压应力

$$\sigma_c = \frac{F_{bs}}{A_c} = \frac{F}{\delta d} = \frac{24 \times 10^3}{10 \times 17 \times 10^{-6}} = 141.2 \times 10^6 \text{ Pa} = 141.2 \text{ MPa} < [\sigma_c]$$

(3)校核钢板的抗拉强度

铆钉孔处削弱了钢板的横截面面积,是危险截面,该截面上

$$\sigma = \frac{F}{(b-d)\delta} = \frac{24 \times 10^3}{(100-17) \times 10 \times 10^{-6}} = 28.9 \times 10^6 \text{ Pa} = 28.9 \text{ MPa} < [\sigma]$$

由铆钉的剪切强度和挤压强度的校核以及板的抗拉强度校核可知,此铆接装置的强度是足够的。

例 9.8 图 9.14(a)所示为一齿轮用平键与传动轴联接的装置简图,已知轴径 $d = 70 \text{ mm}$,键的尺寸 $b = 20 \text{ mm}$,$h = 12 \text{ mm}$,$l = 100 \text{ mm}$,键的许用应力 $[\tau] = 60 \text{ MPa}$,$[\sigma_{bS}] = 100 \text{ MPa}$,轴传递的最大扭矩 $T = 1.5 \text{ kN} \cdot \text{m}$,试校核键的强度。

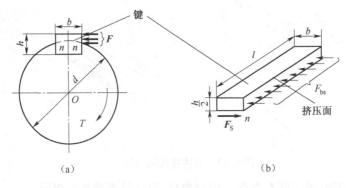

图 9.14 例 9.8 图

解:(1)外力分析

作用在键上的力可由平衡条件得出,即

$$\sum M_O = 0, \quad F\frac{d}{2} - T = 0$$

$$F = \frac{2T}{d} = \frac{2 \times 1.5 \text{ kN} \cdot \text{m}}{70 \times 10^{-3} \text{ m}} = 42.9 \text{ kN}$$

平衡方程中 F 力至轴中心 O 的距离近似取 $d/2$。

(2)校核剪切强度

剪切面上的剪力为 $F_S = F = 42.9 \text{ kN}$,切应力为

$$\tau = \frac{F_S}{bl} = \frac{42.9 \times 10^3 \text{ N} \cdot \text{m}}{20 \times 100 \times 10^{-6} \text{ m}^2} = 21.5 \times 10^6 \text{ Pa} = 21.5 \text{ MPa} < [\tau]$$

（3）校核挤压强度

挤压面的压力 $F_{bs} = F_S = F$ ，键的挤压面积为

$$A_{bs} = \frac{h}{2}l = \frac{1}{2} \times 12 \times 100 = 600 \ mm^2$$

挤压应力为

$$\sigma_{bs} = \frac{F_{bs}}{A_{bs}} = \frac{42.9 \times 10^3 N}{600 \times 10^{-6} \ m^2} = 71.5 \times 10^6 \ Pa = 71.5 \ MPa < [\sigma]$$

由此可知键满足强度要求。

9.3　强度理论的概念

简单应力状态下的强度条件，可以通过材料试验直接测定极限应力，然后将极限应力除以安全因数得出许用应力，从而建立强度条件。

在工程实际中，很多受力杆件的危险点往往处于复杂应力状态，实现材料在复杂应力状态下的试验，要比在单向拉伸或压缩或扭转时困难得多。尽管现代试验的手段已有很大的发展，但要完全复现实际中遇到的各种复杂应力状态仍不容易。再者复杂应力状态下单元体的三个主应力 σ_1、σ_2 和 σ_3 可以有无限多不同比例的组合，如果仍采用直接试验来建立强度条件，则必须对各式各样的应力状态一一进行试验，确定相应的极限应力，然后建立强度条件。由于实验技术上的困难和工作量的繁重，往往是难以实现的。因此，需要进一步研究材料在复杂应力状态下发生破坏的原因，并根据一定试验的资料以及对破坏现象的观察和分析，提出关于材料在复杂应力状态下发生破坏的假说。这一些假说就是所谓的**强度理论**。

常用强度理论的基本观点认为：材料在各种不同的应力状态下，导致某种类型破坏的原因是由于某种主要因素所决定的。即无论是简单应力状态或是复杂应力状态，某种类型的破坏都是由同一因素引起的，这样便可利用简单应力状态的试验结果去建立复杂应力状态时的强度条件。

9.4　常用的四种强度理论

大量的试验结果表明，材料在常温、静载作用下发生强度破坏的主要形式为两种：断裂和屈服。因此，强度理论也分为两类。一类是解释材料的失效形式为断裂的强度理论，其中有最大拉应力理论和最大拉应变理论。另一类是解释材料的失效形式为屈服的强度理论，其中有最大切应力理论和畸变能密度理论。这四个理论是当前工程中最常用的强度理论。

9.4.1　最大拉应力理论（第一强度理论）

最大拉应力理论认为：最大拉应力是引起材料断裂的主要因素。即无论什么应力状态，

只要最大拉应力 σ_1 达到与材料性质有关的某一极限值,材料就发生破坏。

也就是说,无论是复杂应力状态或是单向应力状态,这个极限值是唯一的;而单向应力状态下,发生断裂的极限应力为 σ_b,所以这个极限值就是材料的强度极限 σ_b。

因此说,只要单元体上的最大拉应力 σ_1 达到材料在单向拉伸下发生断裂的极限应力 σ_b,材料即发生断裂破坏。于是得到断裂的条件是

$$\sigma_1 = \sigma_b \tag{9.15}$$

将极限应力 σ_b 除以安全因数得到许用应力 $[\sigma]$,所以按第一强度理论建立的强度条件是

$$\sigma_1 \leqslant [\sigma] \tag{9.16}$$

注意:

(1)铸铁等脆性材料制成的杆件,不论在单向拉伸、扭转或双向拉应力状态下,断裂破坏都是发生在最大拉应力所在的截面上,与最大拉应力理论相符。

(2)这个理论没有考虑其他两个主应力对破坏的影响,且对单向压缩和三向压缩等没有拉应力的破坏现象无法解释。

9.4.2 最大伸长线应变理论(第二强度理论)

最大伸长线应变理论认为:最大伸长线应变是引起材料断裂的主要因素。即无论什么应力状态,只要最大伸长线应变 ε_1 达到与材料性质有关的某一极限值,材料就发生破坏。

这表明无论是复杂应力状态或是单向应力状态,引起断裂破坏的因素都是最大伸长线应变 ε_1,且其极限值是唯一的。在单向拉伸时,假定直到发生断裂,材料的伸长线应变仍可用胡克定律计算,则拉断时应变的最大值为 $\varepsilon_u = \dfrac{\sigma_b}{E}$,显然,$\varepsilon_u$ 就是这个极限值。

按照这个理论,无论处于什么应力状态下,只要最大伸长线应变 ε_1 到达 ε_u 时,材料就将发生断裂破坏。由此得到断裂的条件是

$$\varepsilon_1 = \varepsilon_u = \frac{\sigma_b}{E} \tag{9.17}$$

由广义胡克定律知

$$\varepsilon_1 = \frac{1}{E}[\sigma_1 - \mu(\sigma_2 + \sigma_3)] \tag{9.18}$$

将式(9.18)代入式(9.17),得以主应力形式表示的断裂条件为

$$\sigma_1 - \mu(\sigma_2 + \sigma_3) = \sigma_b \tag{9.19}$$

将 σ_b 除以安全因数得许用应力 $[\sigma]$,于是按第二强度理论建立的强度条件为

$$\sigma_1 - \mu(\sigma_2 + \sigma_3) \leqslant [\sigma] \tag{9.20}$$

注意:

(1)石料或混凝土等脆性材料受轴向压缩时,往往出现纵向裂缝而发生断裂破坏,这种现象用第二强度理论可以很好地解释。

(2)第二强度理论考虑了其余两个主应力 σ_2 和 σ_3 对材料强度的影响,在形式上比最大拉应力理论显得更为完善。但对于双轴或三轴受拉的情况,按此理论反而比单轴受拉更不易破坏,这显然与实际情况不符。

（3）很多试验结果表明，这一理论仅与少数脆性材料在某些情况下的破坏相符合，不能用它来描述脆性材料破坏的一般规律。

9.4.3 最大切应力理论（第三强度理论）

最大切应力理论认为：最大切应力是引起材料屈服的主要因素。即无论什么应力状态，只要最大切应力 τ_{max} 达到与材料性质有关的某一极限值，材料就发生屈服。

也就是说，无论是复杂应力状态或是单向应力状态，引起屈服的因素都是最大切应力 τ_{max}，且其极限值是唯一的。在单向拉伸下时，当横截面上的拉应力到达屈服极限 σ_S 时，材料发生屈服。此时与轴线成 45° 的斜截面上相应的最大切应力为 $\tau_u = \dfrac{\sigma_S}{2}$。显然，材料在单向拉伸屈服时的最大切应力 τ_u 就是这个极限值。

按照这一理论，在任意应力状态下，当最大切应力 τ_{max} 到达 τ_u 时，材料即发生屈服破坏。由此得出屈服的条件为

$$\tau_{max} = \tau_u = \frac{\sigma_S}{2} \tag{9.21}$$

而三向应力状态下的最大切应力为

$$\tau_{max} = \frac{\sigma_1 - \sigma_3}{2} \tag{9.22}$$

将式（9.22）代入式（9.21），得到主应力形式表达的屈服条件为

$$\sigma_1 - \sigma_3 = \sigma_S \tag{9.23}$$

将 σ_S 除以安全因数得到用应力 $[\sigma]$，则按第三强度理论建立的强度条件为

$$\sigma_1 - \sigma_3 \leqslant [\sigma] \tag{9.24}$$

注意：

（1）这一理论能够较为满意地解释塑性材料出现屈服的现象。例如低碳钢拉伸时与轴线成 45° 的斜截面上出现滑移线，而最大切应力也发生在这些截面上。

（2）这个理论由于形式简单，概念明确，所以在机械工程中得到了广泛应用。

（3）不足之处是没有考虑到中间主应力 σ_2 的影响（或者说没有考虑到另两个切应力 τ_{12} 和 τ_{23} 的影响）。

（4）只适用于拉、压屈服极限相同的材料。

（5）按这一理论所得的结果与实验结果相比偏于安全。

9.4.4 畸变能密度理论（第四强度理论）

畸变能密度理论认为：畸变能密度是引起材料屈服的主要因素。即无论什么应力状态，只要畸变能密度 v_d 达到与材料性质有关的某一极限值，材料就发生屈服。

即无论是复杂应力状态或是单向应力状态，引起屈服的因素都是畸变能密度，且极值唯一。在单向拉伸状态下，材料发生屈服时，有 $\sigma_1 = \sigma_S, \sigma_2 = \sigma_3 = 0$，则其畸变能密度（参见第 7.6 节）为

$$v_{do} = \frac{(1+\mu)}{6E}[(\sigma_s - 0)^2 + (0 - 0)^2 + (0 - \sigma_S)^2] = \frac{1+\mu}{6E}(2\sigma_S^2)$$

由于此值是单向拉伸屈服时的畸变能密度,故就是极限值。

根据第四强度理论,在任意应力状态下,只要其畸变能密度达到 v_{do},材料即发生屈服。由此得出屈服条件为

$$v_d = v_{do} = \frac{1+\mu}{6E}(2\sigma_S^2) \tag{9.25}$$

在任意应力状态下,畸变能密度为

$$v_d = \frac{(1+\mu)}{6E}[(\sigma_1 - \sigma_2)^2 + (\sigma_2 - \sigma_3)^2 + (\sigma_3 - \sigma_1)^2] \tag{9.26}$$

将式(b)代入式(a),整理后得到用主应力形式表达的屈服条件为

$$\sqrt{\frac{1}{2}[(\sigma_1 - \sigma_2)^2 + (\sigma_2 - \sigma_3)^2 + (\sigma_3 - \sigma_1)^2]} = \sigma_S \tag{9.27}$$

将 σ_S 除以安全因数为许用应力 $[\sigma]$,则按第四强度理论建立的强度条件为

$$\sqrt{\frac{1}{2}[(\sigma_1 - \sigma_2)^2 + (\sigma_2 - \sigma_3)^2 + (\sigma_3 - \sigma_1)^2]} \leqslant [\sigma] \tag{9.28}$$

注意:

(1)这一理论考虑了中间主应力 σ_2 的影响,实际上是考虑了三个切应力最大值 τ_{12}、τ_{23} 和 τ_{31} 的综合影响。

(2)几种塑性材料的试验表明,在二向应力状态下,这一理论与试验结果较为符合,它比第三强度理论更接近实际情况。

9.4.5　相当应力

综合式(9.16)、式(9.20)、式(9.24)和式(9.28),可以把四个强度理论的强度条件写成下面的统一形式

$$\sigma_r \leqslant [\sigma] \tag{9.29}$$

式中,σ_r 称为相当应力。它是由三个主应力按一定形式组合而成的。按照第一强度理论到第四强度理论的顺序,相当应力分别为

$$\left. \begin{array}{l} \sigma_{r1} = \sigma_1 \\ \sigma_{r2} = \sigma_1 - \mu(\sigma_2 + \sigma_3) \\ \sigma_{r3} = \sigma_1 - \sigma_3 \\ \sigma_{r4} = \sqrt{\frac{1}{2}[(\sigma_1 - \sigma_2)^2 + (\sigma_2 - \sigma_3)^2 + (\sigma_3 - \sigma_1)^2]} \end{array} \right\} \tag{9.30}$$

一般认为,如铸铁、石料和混凝土等脆性材料,通常情况下是以断裂形式破坏的,故宜采用第一或第二强度理论。而碳钢、铜和铝等塑性材料,通常情况下以屈服形式破坏,故宜采用第三或第四强度理论。

应该指出,不同材料固然可以发生不同的破坏形式,但同一材料在不同的应力状态下,也可以有不同的破坏形式。例如碳钢在单向拉伸下以屈服形式破坏,而在三向拉伸下,尤其

是三个主应力值接近相等时,就会出现断裂形式的破坏,面对这种情况,应采用第一强度理论。总之,强度理论应根据材料性质并结合其破坏形式来选用。

下面介绍几种常见应力状态的相当应力:

(1)仅有 σ 作用的单向应力状态

单向应力状态,如图 9.15 所示,其主应力

$$\sigma_1 = \sigma, \ \sigma_2 = 0, \ \sigma_3 = 0$$

于是,四个常用强度理论的相当应力依次为

$$\left.\begin{array}{l}\sigma_{r1} = \sigma \\ \sigma_{r2} = \sigma \\ \sigma_{r3} = \sigma \\ \sigma_{r4} = \sigma\end{array}\right\} \tag{9.31}$$

将式(9.31)代入式(9.29),得到单向应力状态的强度条件

$$\sigma \leqslant [\sigma]$$

(2)仅有 τ 作用的纯剪切应力状态

纯剪切应力状态,如图 9.16 所示,其主应力

$$\sigma_1 = \tau, \ \sigma_2 = 0, \sigma_3 = -\tau$$

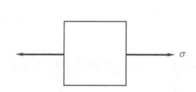

图 9.15　单向应力状态

图 9.16　纯剪切力状态

由此可得,四个常用强度理论的相当应力依次为

$$\left.\begin{array}{l}\sigma_{r1} = \tau \\ \sigma_{r2} = (1+\mu)\tau \\ \sigma_{r3} = 2\tau \\ \sigma_{r4} = \sqrt{3}\,\tau\end{array}\right\} \tag{9.32}$$

根据式(9.29),以上的最后两式可表为

$$2\tau \leqslant [\sigma] \qquad 和 \qquad \sqrt{3}\,\tau \leqslant [\sigma] \tag{9.33}$$

由此得切应力的最大值,即许用切应力为

$$[\tau] = \frac{[\sigma]}{2} \qquad 和 \qquad [\tau] = \frac{[\sigma]}{\sqrt{3}} \tag{9.34}$$

因此,通常在纯剪切应力状态下,塑性材料的许用切应力可取为 $[\tau] = (0.5 \sim 0.577)[\sigma]$,或近似的取为 $[\tau] = (0.5 \sim 0.6)[\sigma]$。同理,根据式(9.32)的前两式,可得脆性材料的许用切应力可近似的取为 $[\tau] = (0.8 \sim 1)[\sigma]$。

将式(9.34)代入式(9.33),可得纯剪切应力状态的强度条件

$$\tau \leqslant [\tau]$$

（3）σ 和 τ 同时作用的平面应力状态（见图9.17）

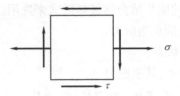

图 9.17　σ-τ 应力状态

对于在杆件变形中常见的 $\sigma - \tau$ 应力状态，其主应力为

$$\begin{Bmatrix}\sigma_1\\\sigma_3\end{Bmatrix} = \frac{\sigma}{2} \pm \sqrt{\left(\frac{\sigma}{2}\right)^2 + \tau^2}$$

$$\sigma_2 = 0$$

于是，四个常用强度理论的相当应力依次为

$$\sigma_{r1} = \frac{\sigma}{2} + \sqrt{\left(\frac{\sigma}{2}\right)^2 + \tau^2}$$

$$\sigma_{r2} = \frac{1 - \mu}{2}\sigma + \frac{1 + \mu}{2}\sqrt{\sigma^2 + 4\tau^2}$$

$$\sigma_{r3} = \sqrt{\sigma^2 + 4\tau^2} \tag{9.35}$$

$$\sigma_{r4} = \sqrt{\sigma^2 + 3\tau^2} \tag{9.36}$$

圆轴在弯曲和扭转的组合变形时，危险点即为 $\sigma - \tau$ 应力状态，其弯曲正应力和扭转切应力分别为

$$\sigma = \frac{M}{W} \quad 和 \quad \tau = \frac{T}{W_t} \tag{9.37}$$

将式（9.37）代入式（9.35）和式（9.36），并考虑到抗扭截面系数和抗弯截面系数之间的关系 $W_t = 2W$，得圆轴弯扭组合变形的第三和第四强度理论的相当应力为

$$\sigma_{r3} = \frac{\sqrt{M^2 + T^2}}{W} \tag{9.38}$$

$$\sigma_{r4} = \frac{\sqrt{M^2 + 0.75T^2}}{W} \tag{9.39}$$

杆件在拉伸（压缩）、弯曲和扭转的组合变形时，危险点也为 $\sigma - \tau$ 应力状态，正应力和扭转切应力分别为

$$\sigma = \frac{F_N}{A} + \frac{M}{W} \quad 和 \quad \tau = \frac{T}{W_t} \tag{9.40}$$

将式（9.40）代入式（9.35）和式（9.36），得杆件拉弯扭组合变形的第三和第四强度理论的相当应力

$$\sigma_{r3} = \sqrt{\left(\frac{F_N}{A} + \frac{M}{W}\right)^2 + 4\left(\frac{T}{W_t}\right)^2} \tag{9.41}$$

$$\sigma_{r4} = \sqrt{\left(\frac{F_N}{A} + \frac{M}{W}\right)^2 + 3\left(\frac{T}{W_t}\right)^2} \tag{9.42}$$

注意：

（1）式（9.35）和式（9.36）适用于 $\sigma - \tau$ 应力状态下的各类强度设计问题。

（2）式（9.38）和式（9.39）仅适用于圆轴的弯扭组合问题。这在公式使用时经常容易混淆，必须熟练掌握。

（3）杆件在拉伸（压缩）扭转组合变形时的相当应力，即为式（9.41）和式（9.42）中弯矩 $M = 0$ 的情况。

9.5　组合变形或复杂应力状态下的强度设计

工程中遇到的大多数问题都是组合变形或复杂应力状态的情况，不仅在组合变形中，即使是基本变形中，有的情况下，危险点处也是复杂应力状态。杆件基本变形的强度设计已在前面的 9.2 节讨论过，下面通过几个例题来介绍组合变形或复杂应力状态下杆件的强度设计，其中有的是基本变形中危险点是复杂应力状态的强度设计，有的是组合变形危险点是简单应力状态或复杂应力状态的强度设计，请注意观察。

例 9.9　结构如图 9.18（a）所示，梁由 2.5b 号工字钢制成，已知集中力 $F = 200\ \text{kN}$，均布载荷 $q = 10\ \text{kN/m}$，材料的许用应力 $[\sigma] = 180\ \text{MPa}$，$[\tau] = 100\ \text{MPa}$，试校核梁的强度。

解：（1）求支反力。绘内力图，利用对称性 $F_{Ay} = F_{By}$，由 $\sum M_B = 0$ 得

$$F_{Ay} = \frac{10 \times 2 \times 1 + 200(1.8 + 0.2)}{2} = 210\ \text{kN}$$

剪力图和弯矩图如图 9.18（b）（c）所示。

（2）查型钢表，得

$$I_z = 5\ 280\ \text{cm}^4, \quad W_z = 423\ \text{cm}^3, \quad I_z/S_z = 21.3\ \text{cm}$$

$$b = 118\ \text{mm}, \quad h = 250\ \text{mm}, \quad t = 13\ \text{mm}, \quad d = 10\ \text{mm}$$

（3）计算梁的应力

由图 9.18（b）（c）可知剪力图的危险截面在 A、B 处 $F_{Smax} = 210\ \text{kN}$，危险点在中性轴上（$b$ 点），切应力最大值为

$$\tau_{max} = \frac{F_{smax}}{d(I_z/S)_z} = \frac{210 \times 10^3\ \text{N}}{10 \times 10^{-3}\ \text{m} \times (21.3 \times 10^{-2}\ \text{m})} = 98.6\ \text{MPa} < [\tau] \quad （纯剪应力状态）$$

弯矩图的危险截面在跨中，$M_{max} = 45\ \text{kN} \cdot \text{m}$，危险点为跨中截面梁的翼缘的外表面（$a$ 点），弯曲正应力最大值为

$$\sigma_{max} = \frac{M_{max}}{W_z} = \frac{45 \times 10^3\ \text{N} \cdot \text{m}}{423 \times 10^{-6}\ \text{m}^3} = 106.4\ \text{MPa} < [\sigma] \quad （单向应力状态）$$

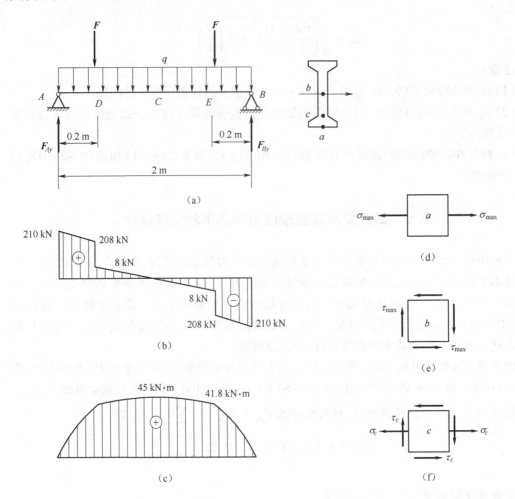

图 9.18　例 9.9 图

在 D、E 截面的弯矩和剪力都比较大，$M_D = 41.8$ kN·m，$F_{SD} = 208$ kN，在工字截面翼缘和腹板交界处（c 点），弯曲正应力和切应力都比较大，也是危险点。

$$\sigma_c = \frac{41.8 \times 10^3 \text{ N} \cdot \text{m} \times (125 - 13) \times 10^{-3} \text{ m}}{5280 \times 10^{-8} \text{ m}^4} = 88.7 \text{ MPa}$$

$$\tau_c = \frac{208 \times 10^3 \text{ N} \times 118 \times 13 \times 118.5 \times 10^{-9} \text{ m}^3}{5280 \times 10^{-8} \text{ m}^4 \times 10 \times 10^{-3} \text{ m}} = 71.6 \text{ MPa}$$

c 点应力状态如图 9.18(f) 所示为复杂应力状态。按第三强度理论，有

$$\sigma_{r3} = \sqrt{\sigma_c{}^2 + 4\tau_c{}^2} = \sqrt{88.7^2 + 4 \times 71.6^2} = 168.5 \text{ MPa} < [\sigma]$$

满足强度要求。但由此可见，C 点是最危险的点。

例 9.10　图 9.19(a) 所示桥式起重机大梁采用 28a 号工字钢，在运行时由于惯性力等原因，使 F_P 偏离梁垂直对称轴 y 为 $\alpha = 8°$。已知梁的许用应力 $[\sigma] = 150$ MPa，$l = 4$ m。起重机吊重 $F_P = 30$ kN，试校核梁的强度。

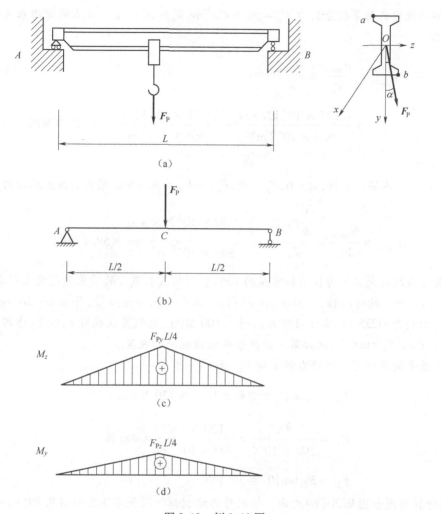

图 9.19　例 9.10 图

解: 吊车行至大梁中间,梁处于危险状态,计算简图如图 9.19(b)所示,将 F_P 沿截面对称轴 y、z 分解,得

$$F_{Py} = F_P \cos \alpha = 30 \times \cos 8° = 29.71 \text{ kN}$$

$$F_{Pz} = F_P \sin \alpha = 30 \times \sin 8° = 4.175 \text{ kN}$$

在 xOy 和 xOz 平面内的最大弯矩分别为

$$M_{zmax} = \frac{F_{Py}l}{4} = \frac{29.71 \times 4}{4} = 29.71 \text{ kN} \cdot \text{m}$$

$$M_{ymax} = \frac{F_{Pz}l}{4} = \frac{4.175 \times 4}{4} = 4.175 \text{ kN} \cdot \text{m}$$

弯矩图如图 9.19(c)(d)所示。危险截面在跨中 c 点处。由斜弯曲的应力分布图可知,在截面 c 上的 a、b 点为危险点。a 点受拉,b 点受压,但均为单向应力状态。查工字钢表,28

a 号工字钢的抗弯截面系数分别为 $W_y = 56.6\ \text{cm}^3$ 和 $W_z = 508\ \text{cm}^3$。a 点的弯曲正应力由叠加原理可知

$$\sigma_a = \sigma_{\text{tmax}} = \frac{M_{\text{ymax}}}{W_y} + \frac{M_{\text{zmax}}}{W_z}$$

$$= \frac{4.175 \times 10^3\ \text{kN}\cdot\text{m}}{56.6 \times 10^{-6}\ \text{m}^3} + \frac{29.71 \times 10^3\ \text{kN}\cdot\text{m}}{508 \times 10^{-6}\ \text{m}^3} = 132.3\ \text{MPa} < [\sigma]$$

满足强度要求。

如果吊重 F_P 不偏离 y 轴，$\alpha = 0$，$F_{Pz} = 0$，$F_{Py} = F_P = 30\ \text{kN}$。梁内的最大正应力为

$$\sigma_{a\text{max}} = \frac{M_{z\text{max}}}{W_z} = \frac{\frac{1}{4}F_{Py}l}{W_z} = \frac{\frac{1}{4} \times 30 \times 10^3\ \text{N} \times 4\ \text{m}}{508 \times 10^{-6}\ \text{m}^3} = 59.1\ \text{MPa}$$

可见，平面弯曲的最大正应力仅为斜弯梁的 45%。说明狭长截面的梁应避免发生斜弯曲。

例 9.11 一凸轮传动轴，如图 9.20(a)所示，其水平轴为空心管，外径 $D = 30\ \text{mm}$，内径 $d = 24\ \text{mm}$，材料为 Q235 钢，其许用应力 $[\sigma] = 100\ \text{MPa}$，此装置在载荷 F_1 和 F_2 作用下处于平衡状态。已知 $F_1 = 600\ \text{N}$，试按第三强度理论校核该轴的强度。

解： 根据平衡条件可得扭转力偶矩和 F_{2y} 及 F_{2z}

$$T_D = T_B = F_1 \times 200 \times 10^{-3} = 120\ \text{N}\cdot\text{m}$$

$$F_{2y} = \frac{T_D}{300 \times 10^{-3}} = \frac{120\ \text{N}\cdot\text{m}}{300 \times 10^{-3}\ \text{m}} = 400\ \text{N}$$

$$F_{2z} = F_{2y}\tan 10° = 70.5\ \text{N}$$

轴的计算简图如图 9.20(b)所示。根据外力绘制扭矩图和弯矩图如图 9.20(c)~(e)所示，综合分析内力图可知 B 截面为危险截面，该截面承受的扭矩为

$$T = 120\ \text{N}\cdot\text{m}$$

合成弯矩

$$M = \sqrt{M_y^2 + M_z^{\,2}} = \sqrt{2.64^2 + 71.25^2} = 71.3\ \text{N}\cdot\text{m}$$

轴的抗弯截面系数

$$W = \frac{\pi D^3}{32}(1 - \alpha^4) = \frac{\pi \times 30^3}{32}\left[1 - \left(\frac{24}{30}\right)^4\right] \times 10^{-9} = 1.56 \times 10^{-6}\ \text{m}^3$$

按第三强度理论

$$\sigma_{r3} = \frac{\sqrt{M^2 + T^2}}{W} = \frac{\sqrt{(71.3^2 + 120^2)}\ \text{N}\cdot\text{m}}{1.56 \times 10^{-6}\ \text{m}^3} = 89.5\ \text{MPa} < [\sigma]$$

由此可知，该轴满足强度条件。

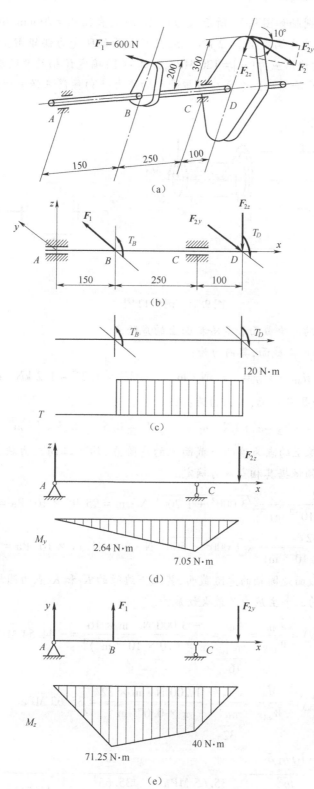

图 9.20　例 9.11 图

例 9.12 变截面圆轴如图 9.21 所示,已知:AB 段的直径 $d_1 = 70$ mm,BC 段的直径 $d_2 = 50$ mm,在 B 截面处所受力偶矩 $M_{e1} = 2$ kN·m,在 C 截面处所受力偶矩 $M_{e2} = 1$ kN·m 和集中力 $F = 1$ kN。材料的许用应力 $[\sigma] = 120$ MPa,试求:(1)确定该轴的危险截面和危险截面上的危险点;(2)求出危险点的三个主应力与最大切应力;(3)按第三强度理论校核强度。

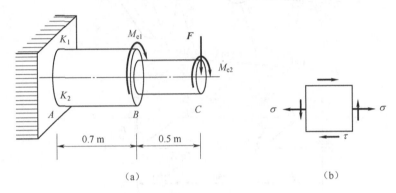

(a)   (b)

图 9.21 例 9.12 图

解:(1)确定该轴的危险截面和危险截面上的危险点。

AB 段的危险截面是 A 截面,其内力为:

$$T_{AB} = -M_{e1} - M_{e2} = -3 \text{ kN·m} \qquad M_A = 1.2F = 1.2 \text{ kN·m}$$

BC 段的危险截面是 B 截面,其内力为:

$$T_{BC} = -T_2 = -1 \text{ kN·m} \qquad M_B = 0.5F = 0.5 \text{ kN·m}$$

A、B 截面上下边缘上的点为这两个截面上的危险点,均为二向应力状态。因此确定整个圆轴上的危险点必须根据其相当应力确定。

$$\sigma_{Ar3} = \frac{32}{\pi \times (70 \times 10^{-3} \text{ m})^3} \sqrt{3\,000^2 + 1\,200^2} \text{ N·m} = 95.95 \times 10^6 \text{ Pa} = 95.95 \text{ MPa}$$

$$\sigma_{Br3} = \frac{32}{\pi \times (50 \times 10^{-3} \text{ m})^3} \sqrt{1\,000^2 + 500^2} \text{ N·m} = 91.11 \times 10^6 \text{ Pa} = 91.11 \text{ MPa}$$

由此得到 AB 段的 A 截面是圆轴的危险截面,其上下边缘的 K_1 和 K_2 点为圆轴的危险点。

(2)求出危险点的三个主应力与最大切应力。

$$\tau_{\max}(AB) = \frac{T_{AB}}{W_{tAB}} = \frac{T_{AB}}{\dfrac{\pi d_1^3}{16}} = \frac{-3\,000 \text{ N·m} \times 16}{\pi \times (70 \times 10^{-3} \text{ m}^3)^3} = -44.54 \text{ MPa}$$

$$\sigma_{\max}^{A-A} = \frac{M_A}{W_{zAB}} = \frac{M_A}{\dfrac{\pi d_1^3}{32}} = \frac{1\,200 \text{ N·m} \times 32}{\pi \times 0.07^3 \text{ m}^3} = 35.65 \text{ MPa}$$

应力单元体如图 9.21(b)所示。

$$\sigma_{\min}^{\max} = \frac{\sigma}{2} \pm \sqrt{\frac{\sigma^2}{4} + \tau^2} = \frac{35.65 \text{ MPa}}{2} \pm \sqrt{\frac{35.65^2}{4} + (-44.54)^2} \text{ MPa}$$

$$= \left.\begin{array}{c} 65.80 \\ -30.16 \end{array}\right\} \text{MPa}$$

$$\sigma_1 = 65.80 \text{ MPa}, \sigma_2 = 0, \sigma_3 = -30.16 \text{ MPa}$$

$$\tau_{\max} = \frac{\sigma_1 - \sigma_3}{2} = 47.97 \text{ MPa}$$

（3）按第三强度理论校核强度。

$$\sigma_{r3} = \sigma_1 - \sigma_3 = 65.80 \text{ MPa} - (-30.16) \text{ MPa} = 95.96 \text{ MPa}$$

$$\sigma_{r3} = 95.96 \text{ MPa} < [\sigma]$$

由此可知,该圆轴满足强度要求。

9.6　刚 度 设 计

在工程设计中,对于许多杆件除了满足强度条件外,对杆件的弹性变形和位移也有一定的限制,即对刚度也有一定的要求。否则,弹性变形和位移过大将影响机器或结构的正常工作,例如车床的主轴,若其变形过大,将影响齿轮的啮合和轴承的配合,造成磨损不匀,产生噪音,降低寿命,而且还会影响加工的精度等。因此,设计这类杆件时,应同时考虑强度条件和刚度条件,刚度条件可写成如下的形式

$$\Delta \leqslant [\Delta] \tag{9.43}$$

式中 Δ 表示在各种载荷情况下的广义位移,$[\Delta]$ 为相应变形的许用广义位移。具体的表达式根据杆件的变形情况而定。

1. 杆的拉压

刚度条件为

$$\Delta l \leqslant [\Delta l] \tag{9.44}$$

式中,Δl 为杆的轴向位移;$[\Delta l]$ 为杆的许用轴向位移。

2. 梁的弯曲

刚度条件为

$$w \leqslant [w] \tag{9.45}$$

$$\theta \leqslant [\theta] \tag{9.46}$$

式中,w、θ 分别为梁的挠度和转角;$[w]$、$[\theta]$ 分别为梁的许用挠度和许用转角。

需要说明的是,在工程设计中,对于梁的挠度,其许可值也常用许可的挠度与跨长之比值 $\left[\dfrac{w}{l}\right]$ 作为标准。例如在土建工程中,$\left[\dfrac{w}{l}\right]$ 值常限制在 $\dfrac{1}{250} \sim \dfrac{1}{1\,000}$ 范围内;在机械制造工程中(对主要的轴),$\left[\dfrac{w}{l}\right]$ 值则限制在 $\dfrac{1}{5\,000} \sim \dfrac{1}{10\,000}$ 范围内;对传动轴在支座处的许可转角 $[\theta]$ 一般限制在 $0.005 \sim 0.001$ rad 范围内。

3. 圆轴扭转

刚度条件为

$$\varphi \leqslant [\varphi] \tag{9.47}$$

或

$$\varphi' \leqslant [\varphi'] \tag{9.48}$$

式中，φ 和 $\varphi' = \varphi/l$ 分别为圆轴两个截面的相对扭转角和单位长度相对扭转角；$[\varphi]$ 和 φ' 均为相应的许用值。

工程设计中还有另外一类问题，考虑的不是限制结构或杆件的弹性位移，而是在不发生强度失效的前提下，为了特殊的功能，允许有合理的位移。例如，各种车辆的减震弹簧，为了更好的吸振和减震需就要有一定的弹性变形，以吸收车辆受到振动和冲击时产生的动能。

刚度设计与强度设计类似，通常可分为刚度校核、截面设计和确定许可载荷三方面的问题。

例9.13 吊车梁由 32a 号工字钢制成，跨度 $l = 8.76$ m（图 9.22），材料的弹性模量 $E = 210$ GPa，吊车的最大起吊重量 $F_P = 20$ kN，规定梁的许可挠度 $[w] = \dfrac{l}{500}$，试校核该梁的刚度。

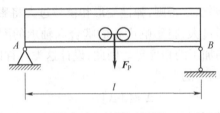

图 9.22 例 9.13 图

解：小车在大梁上来回行驶，处于中点时，梁内的弯矩最大，挠度也达最大值，故校核载荷 F_P 作用在跨度中点时的刚度。

查型钢表得 32a 号工字钢的惯性矩 $I = 11\,075.5$ cm^4，查表 5.1 可知

$$w_{max} = \frac{F_P l^3}{48EI} = \frac{20 \times 10^3 \text{ N} \times (8.76 \text{ m})^3}{48 \times 210 \times 10^9 \text{ Pa} \times 11075.5 \times 10^{-8} \text{ m}^4} = 12.04 \times 10^{-3} \text{ m} = 12.04 \text{ mm}$$

$$[w] = \frac{l}{500} = \frac{8.76 \text{ m}}{500} = 17.5 \times 10^{-3} \text{ m} = 17.5 \text{ mm}$$

$w_{max} < [w]$，满足刚度条件。

例9.14 一圆截面等直杆，受力情况如图 9.23（a）所示。已知 $F_P = 100$ kN，$M_e = 20$ kN·m，杆的长度 $l = 3$ m，直径 $D = 80$ mm，材料的许用应力 $[\sigma] = 230$ MPa，$E = 206$ GPa，$G = 80$ GPa，试按第三强度理论校核强度。若许可轴向伸长 $[\Delta l] = 1 \times 10^{-3}$ m，许可单位长度扭转角 $[\varphi'] = 2°/$m，并校核刚度。

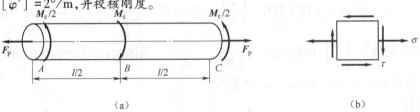

（a）　　　　　　　　　　　　　　（b）

图 9.23 例 9.14 图

解:此杆受拉扭组合变形,由截面法可得

$$F_N = F_P$$

$$T_{AB} = - T_{AC} = \frac{M_e}{2}$$

危险点在杆件的外表面,其应力状态如图 9.23(b)所示。应力分别为

$$\sigma = \frac{F_P}{A} = \frac{100 \times 10^3 \text{ N}}{\pi (80 \times 10^{-3})^2 \text{ m}^2/4} = 19.89 \times 10^6 \text{ Pa} = 19.89 \text{ MPa}$$

$$\tau = \frac{T_{AB}}{W_t} = \frac{M_e/2}{\pi D^3/16} = \frac{16 \times 10 \times 10^3 \text{ N} \cdot \text{m}}{\pi (80 \times 10^{-3})^3 \text{ m}^3} = 99.47 \times 10^6 \text{ Pa} = 99.47 \text{ MPa}$$

根据第三强度理论(最大切应力理论),有

$$\sigma_{r3} = \sqrt{\sigma^2 + 4\tau^2} = \sqrt{19.89^2 + 4 \times (99.47)^2} \text{ MPa} = 199.93 \text{ MPa} < [\sigma]$$

满足强度要求。

由于此杆件的伸长是仅由轴力 F_N 引起。单位长度扭转角由扭矩 T 决定,AB 和 BC 两段的扭矩相等 $T_{AB} = T_{AB}$,同样危险。因此,代入刚度条件,有

$$\Delta l = \frac{\sigma \times l}{E} = \frac{19.89 \times 10^6 \times 3}{206 \times 10^9} = 0.29 \times 10^{-3} \text{ m} < [\Delta l] = 1 \times 10^{-3} \text{ m}$$

$$\varphi'_{max} = \frac{T_{AB}}{GI_P} = \frac{10 \times 10^3 \text{ N}}{80 \times 10^9 \text{ Pa} \times \frac{\pi}{32} \times (80 \times 10^{-3})^4 \text{ m}^4} = 0.031 \text{ rad/m} = 1.78°/\text{m} < [\varphi'] = 2°/\text{m}$$

伸长量和单位长度扭转角均小于规定的许可值,满足刚度条件。

9.7 提高杆件强度和刚度的一些措施

在概述中曾指出,材料力学的主要任务之一就是解决杆件设计中经济与安全的矛盾,也就是说,设计杆件时既要节省材料、减轻杆件自重,又要尽量提高杆件的承载能力,即提高杆件的强度和刚度。从杆件的强度和刚度的计算中可以看出,它们主要与杆件的受力情况、截面的形状和尺寸、杆件的长度和约束条件及材料的性能等因素有关,下面分别就各影响因素来讨论提高杆件强度和刚度的一些措施。

9.7.1 选用合理的截面形状

各种不同形状的截面,尽管其截面面积相等,但其惯性矩却不一定相等,所以选择合理截面形状,在不增加面积的前提下,尽可能地增大截面的惯性矩,对于受弯或受扭的杆件来说,这是一种十分有效的措施。例如将实心圆截面改为空心圆截面,对于矩形,如把中性轴附近的材料移置到上下边缘处(图 9.24),就形成了工字形截面,其惯性矩增加了很多,大大提高了受弯杆件的承载能力,为了便于比较截面

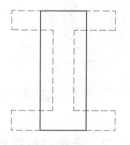

图 9.24 矩形截面
变为工字钢

形状的合理性,现将几种常用截面的有关几何性质举例列于表9.1中,从表中可知,对于受弯杆件来说,工字形截面的 I_z 和 W_z/A 均为最大,是这几种截面中最合理的截面形状。

表 9.1

截面形状	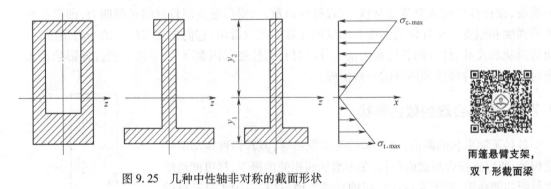 D	D d $d/D=0.5$	a a	b $2b$	No.32a
面积 A （mm^2）	67.05×10^2	67.05×10^2	67.05×10^2	67.05×10^2	67.05×10^2
惯性矩 I_z （mm^4）	3.58×10^6	5.96×10^6	3.75×10^6	7.49×10^6	110.75×10^6
抗弯截面系数 W_z(mm^3)	77.4×10^3	111.7×10^3	91.6×10^3	129.4×10^3	692.2×10^3
W_z/A	11.5	16.7	13.7	19.3	103.2

对于主要承受弯曲的杆件,若杆件材料的抗拉和抗压强度相同,应采用对中性轴对称的截面,例如工字形截面等,这样可使梁在弯曲时,截面的上、下边缘处最大拉应力和最大压应力同时达到许用应力。若材料的抗拉和抗压强度不同,宜采用中性轴偏于受拉一侧的截面形状,如图9.25所示。若能得到

$$\frac{\sigma_{tmax}}{\sigma_{cmax}} = \frac{M_{max}y_1}{I_z} \bigg/ \frac{M_{max}y_2}{I_z} = \frac{y_1}{y_2} = \frac{[\sigma_t]}{[\sigma_c]}$$

这样选得的截面,就是所要求的合理截面。即最大拉应力和最大压应力同时达到各自的许用应力。

图 9.25　几种中性轴非对称的截面形状

9.7.2　合理安排杆件的受力情况

杆件受力主要有两种,一种是工作载荷,另一种是支座约束反力,所以合理安排杆件的

受力情况主要从合理布置载荷和合理安排支座这两方面来考虑。

　　合理布置载荷可以从多方面考虑,例如图 9.26(a)所示简支梁,中间受集中力作用,其 $M_{max} = FL/4$。如结构允许的话,将集中力移向一侧,如图 9.26(b)所示,即可将最大弯矩降为 $5FL/36$。设计轴上有齿轮或皮带轮的位置时可作此考虑。又如图 9.27(a)中的集中力分散为几个集中力或分布力[图 9.27(b)(c)],也可降低 M_{max}。再者,图 9.28(a)所示机床主轴,受到切削力 F_1 和齿轮啮合力 F_2 的作用,若改变结构,使齿轮的啮合位置改变,F_2 的方向变为反向[图 9.28(b)],这时外伸端的挠度将大大小于图 9.28(a)中轴外伸端的挠度,起到了提高刚度的作用。

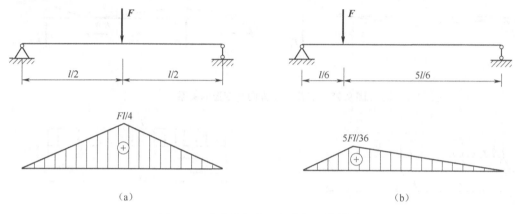

图 9.26　载荷作用位置与弯矩图的关系

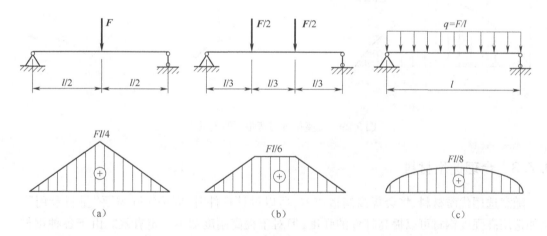

图 9.27　载荷作用方式与弯矩图的关系

　　合理安排支座,一是改变支撑的位置对于梁可起到提高强度和刚度的作用。例如图 9.29(a)所示梁,$M_{max} = ql^2/8$,$w_{max} = \dfrac{5ql^4}{384EI}$,若将支座向内移动 $0.2l$,如图 9.29(b)所示,最大弯矩降为 $ql^2/40$,仅为原简支梁的 $1/5$,其最大挠度也减小了很多。另外,如果条件允许,增加支座也是一种措施,例如在简支梁中点加一支座成为超静定梁,也能显著减小梁的弯矩和变形。

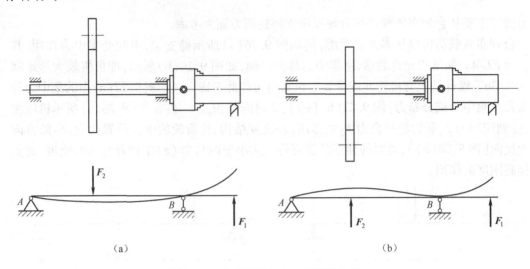

图 9.28 载荷作用方向与变形的关系

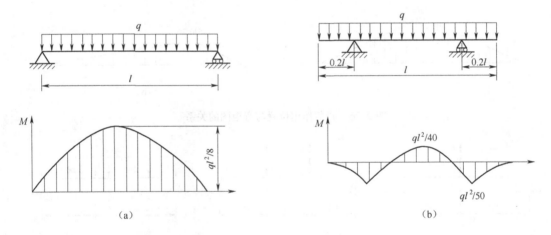

图 9.29 支座位置与弯矩图的关系

9.7.3 合理选用材料

随意选用优质材料,将会提高制造成本,所以设计杆件时,应按实际需要"量材录用"。例如选用高强度钢材可以提高杆件的强度,但对于提高刚度却不一定有效。由于各种钢材的弹性模量 E、G 数值上相差不大,而刚度和材料性质有关的因素主要是弹性模量。因此,选用高强度钢代替一般钢材来提高刚度无疑是一种浪费。

复习思考题

9.1　何谓强度理论? 按强度理论建立强度条件的思路是什么?

9.2　常用的四种强度理论的基本观点及相应的强度条件是什么?

9.3　应力状态对材料的破坏方式有何影响? 三向拉伸和三向压缩应力状态,都将使材料发生何种破坏方式?

9.4 如何选用强度理论? 根据是什么?

9.5 复习思考题9.5图中(a)为混凝土圆柱单向均匀受压。如果在混凝土圆柱外面紧密地套上一个钢管,如复习思考题9.5图(b)所示。试问哪一种情况下混凝土圆柱的强度大? 试用强度理论解释之。

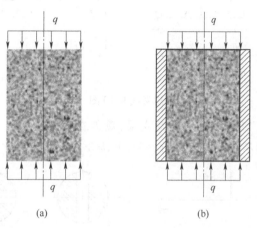

复习思考题9.5图

9.6 厚玻璃突然加入热开水,杯子会发生破裂,这是为什么? 破裂时裂缝是从外壁还是内壁开始? 为什么?

9.7 冬天的自来水管会因结冰而受内压以致被胀破。显然,水管中的冰也受到同样的反作用力,为何冰不碎而水管破裂?

9.8 试分析复习思考题9.8图中各杆件的剪切面和挤压面:复习思考题9.8图(a)螺钉;复习思考题9.8图(b)"直齿形"接头;复习思考题9.8图(c)木桁架接头。

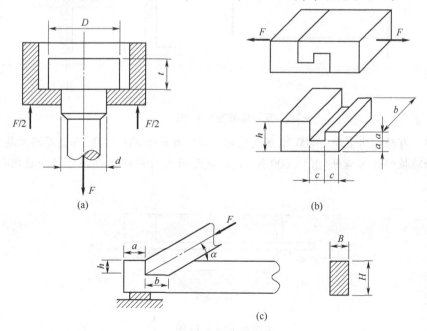

复习思考题9.8图

9.9 提高杆件的强度、刚度有哪些措施?

9.10 复习思考题 9.10 图(a)所示简支梁,在其他条件不变的情况下,将支座分别往中间移动一段距离,如图复习思考题 9.10(b)所示。试问这样改变一下支座的位置将使强度和刚度分别提高几倍?

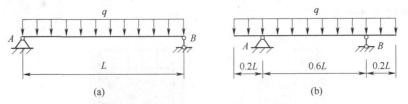

复习思考题 9.10 图

9.11 复习思考题 9.11 图示圆截面简支梁,现需在跨中处开一孔,开法有复习思考题 9.11 图(a)(b)两种,试问从强度观点分析,哪种开法合理? 开孔后对梁的刚度影响大吗?

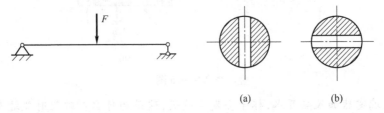

复习思考题 9.11 图

9.12 复习思考题 9.12 图示 T 字形截面铸铁悬臂梁,有复习思考题 9.12 图(a)(b)两种置放的方案,试问从强度观点分析,何者合理?

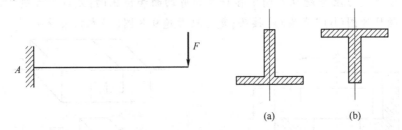

复习思考题 9.12 图

*9.13 有两人体重均为 800 N,想要过河。现有 6 m 长跳板一块,如复习思考题 9.13 图所示。已知跳板的许可弯矩 $[M]=600$ N·m。试问两人采用什么办法可安全过河(不计跳板的重量)。

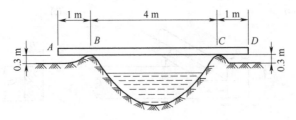

复习思考题 9.13 图

习　题

9.1　题 9.1 图示水平刚性杆 CDE 置于铰支座 D 上并与木柱 AB 铰接于 C,已知木立柱 AB 的横截面面积 $A = 100 \text{ cm}^2$,许用拉应力 $[\sigma_t] = 7 \text{ MPa}$,许用压应力 $[\sigma_c] = 9 \text{ MPa}$,弹性模量 $E = 10 \text{ GPa}$,长度尺寸和所受载荷如题 9.1 图所示,其中载荷 $F_1 = 70 \text{ kN}$,载荷 $F_2 = 40$ kN。试求:(1)校核木立柱 AB 的强度;(2)木立柱截面 A 的铅垂位移 Δ_A。

9.2　在题 9.2 图示结构中,钢索 BC 由一组直径 $d = 2 \text{ mm}$ 的钢丝组成。若钢丝的许用应力 $[\sigma] = 160 \text{ MPa}$,梁 AC 自重 $P = 3 \text{ kN}$,小车承载 $F = 10 \text{ kN}$,且小车可以在梁上自由移动,试求钢索至少需要几根钢丝组成?

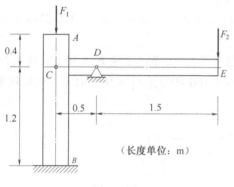

题 9.1 图

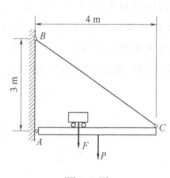

题 9.2 图

9.3　题 9.3 图受力结构中,杆 1 和杆 2 的横截面面积和许用应力分别为 $A_1 = 10 \times 10^2 \text{ mm}^2$,$A_2 = 100 \times 10^2 \text{ mm}^2$ 和 $[\sigma]_1 = 160 \text{ MPa}$,$[\sigma]_2 = 8 \text{ MPa}$。试求杆 1 和杆 2 的应力同时达到许用应力的 F 值和 θ 值。

9.4　题 9.4 图示直径为 100 mm 的实心圆轴,材料的切变模量 $G = 80 \text{ GPa}$,其表面上的纵向线在扭转力偶作用下倾斜了一个角 $\alpha = 0.065°$,试求:(1)外力偶矩 M_e 的值;(2)若 $[\tau] = 70 \text{ MPa}$,校核其强度。

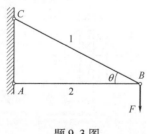

题 9.3 图

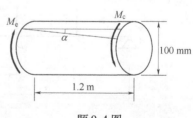

题 9.4 图

9.5　题 9.5 图两根受扭圆轴,已知轴 1 为直径 $d_1 = 40 \text{ mm}$ 的实心圆轴,轴 2 为内径 $d_2 = 40 \text{ mm}$,外径 $D_2 = 50 \text{ mm}$ 的空心圆轴,两轴的材料相同,所受的外力偶矩 $M_e = 800 \text{ N·m}$ 也相同。若要满足两轴的强度要求,则材料的许用切应力 $[\tau]$ 应为多少? 两轴用料量比值

和最大切应力 τ_{max} 的比值分别为多少?

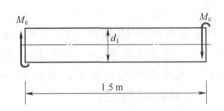 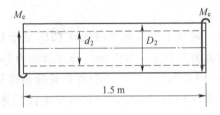

题 9.5 图

9.6 车轮与钢轨接触点处的主应力为 800 MPa、900 MPa、1 100 MPa。若 $[\sigma]$ = 300 MPa,试根据第四强度理论对接触点作强度校核。

9.7 钢制圆柱形薄壁压力容器,直径 D = 800 mm,壁厚 t = 4 mm,$[\sigma]$ = 120 MPa。试用第三强度理论确定许可承受的内压力 $[p]$。

9.8 题 9.8 图示某工厂一简易吊车如题 9.8 图所示,最大吊起重量 F_P = 30 kN,跨长 l = 5 m,吊车大梁 AB 由 20a 号工字钢制成,材料的 $[\sigma]$ = 160 MPa,$[\tau]$ = 100 MPa。试校核梁的强度。

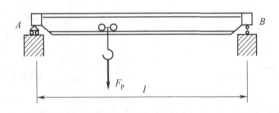

题 9.8 图

9.9 题 9.9 图为由圆形木料锯成的一矩形截面简支梁,其上作用两个集中力 F = 5 kN,材料的 $[\sigma]$ = 10 MPa。试确定抗弯截面系数最大时矩形截面的高宽比 $\dfrac{h}{b}$,及梁所需圆形木料的最小直径。

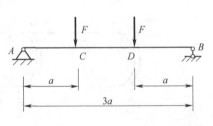 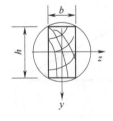

题 9.9 图

9.10 题 9.10 图示一螺栓将拉杆与厚为 8 mm 的两块盖板相联接。各部件材料相同,其许用应力均为 $[\sigma]$ = 80 MPa,$[\tau]$ = 60 MPa,$[\sigma_{bs}]$ = 160 MPa。若拉杆的厚度 t = 15 mm,拉力 F = 120 kN,试设计螺栓直径 d 及拉杆宽度 b。

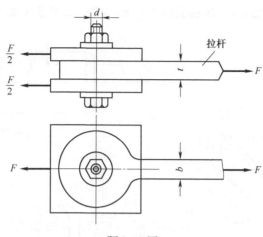

题 9.10 图

9.11 题 9.11 图示轴的直径的 $d = 80$ mm，键的尺寸为 $b = 24$ mm，$h = 14$ mm，其 $[\tau] = 40$ MPa，$[\sigma_{bs}] = 90$ MPa。若轴通过键所传递的扭转力偶矩 $T = 3\,200$ N·m。试确定键的长度 L。

9.12 在厚度 $t = 5$ mm 的钢板上，冲出一个形状如题 9.12 图所示的孔。钢板剪断时的剪切极限应力 $\tau_b = 300$ MPa，求冲床所需的冲力 F。

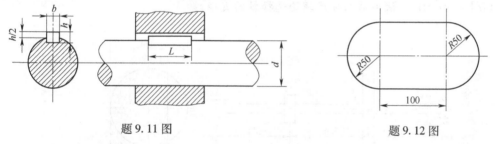

题 9.11 图　　　　　　　　　　题 9.12 图

9.13 受拉杆件形状如题 9.13 图所示，已知截面尺寸为 40 mm × 5 mm，承受轴向拉力 $F = 12$ kN。现拉杆开有切口，如不计应力集中影响，当材料的 $[\sigma] = 100$ MPa 时，试确定切口的最大许可深度，并绘出切口截面的应力变化图。

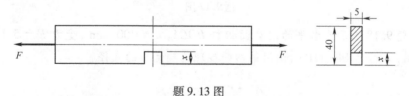

题 9.13 图

9.14 题 9.14 图示结构中，轴 AB 的直径 $D = 40$ mm，$a = 400$ mm，$[\sigma] = 160$ MPa，承受水平力 $F_x = 0.75$ kN，铅直力 $F_y = 1$ kN，试用第四强度理论校核其强度。

9.15 铸钢薄臂管如题 9.15 图所示。管的外径 $D = 200$ mm，壁厚 $t = 15$ mm，内压 $p = 4$ MPa，轴向压力 $F = 200$ kN。铸铁的抗拉和抗压许用应力分别为 $[\sigma_t] = 30$ MPa 和 $[\sigma_c] = 120$ MPa，$\nu = 0.25$；试用第二强度理论校核该管的强度。

9.16 题 9.16 图示传动轴，带轮 B 的张力铅垂，带轮 C 的张力水平，轮 B 与轮 C 的直径均

为 $D = 600$ mm。轴的直径 $d = 60$ mm，$[\sigma] = 80$ MPa，试用第三强度理论校核轴的强度。

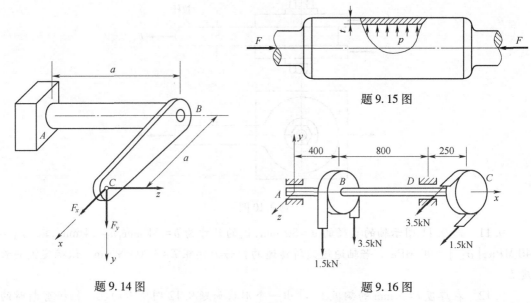

题 9.15 图

题 9.14 图

题 9.16 图

9.17　题 9.17 图示轴上装有两个轮子，轮 C、轮 D 上分别作用有力 $F = 3$ kN 与 P，轴处于平衡，$[\sigma] = 80$ MPa，试用第三强度理论选择轴的直径。

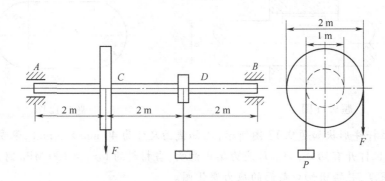

题 9.17 图

9.18　题 9.18 图示为水平的圆截面折杆 $BDCA$，$a = 400$ mm，受力 $F = 5$ kN 与力偶 $M_e = Fa$ 作用，$[\sigma] = 140$ MPa，试用第四强度理论确定杆的直径。

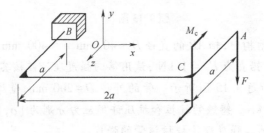

题 9.18 图

9.19 题9.19图示刚架 ABC,杆 AB 与 BC 的横截面直径均为 d,材料为低碳钢,许用应力为 $[\sigma]$。试求:

(1)危险截面与危险点的位置,并画出危险点的应力状态;

(2)按第三强度理论的强度条件表达式。

9.20 题9.20图示圆弧形小曲率圆截面杆,承受垂直载荷 F 作用,设曲杆轴半径为 R,许用应力为 $[\sigma]$,试根据第三强度理论确定杆的直径。

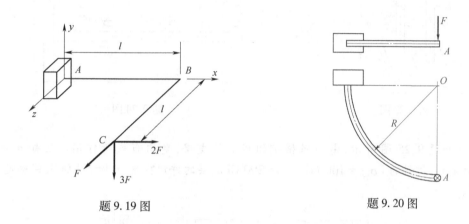

题9.19图   题9.20图

9.21 底部固支,上端自由,直径为 d 的圆截面立柱,受到三个集中力 F 作用,如题9.21图所示。材料许用应力为 $[\sigma]$,试求:(1)计算 K-K 截面内力;(2)在图中标出距上端距离为 h 处 K-K 截面危险点的位置;(3)写出 K-K 截面上的危险点的应力;(4)建立该点强度条件(用第三强度理论)。

*9.22 题9.22图示圆轴的直径 $d = 40$ mm,受轴向拉力 F 与力偶 M_e 作用,$\mu = 0.23$,$E = 2 \times 10^5$ MPa,$[\sigma] = 130$ MPa。测得表面上点 K 处的线应变 $\varepsilon_{45°} = -1.46 \times 10^{-4}$,$\varepsilon_{135°} = 4.46 \times 10^{-4}$。试用第三强度理论校核轴的强度,并计算力 F 与力偶 M_e。

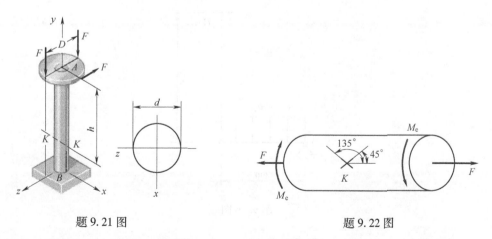

题9.21图   题9.22图

*9.23 如题9.23图所示,两根直径为 d 的立柱,上端均与刚性顶板固接,下端均与固定的刚性底座固接,并在上端承受扭转外力偶矩 M_e。试分析杆和上下刚性板的受力情况,并写出强度条件的表达式。

9.24 题 9.24 图示一端外伸的钢轴,在端部受力 $F_P = 20$ kN,材料的 $E = 200$ GPa,轴承 B 处的许用转角 $[\theta] = 0.5°$,试设计轴的直径。

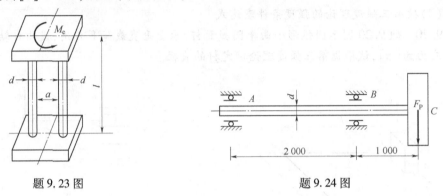

题 9.23 图   题 9.24 图

*9.25 如题 9.25 图所示,由两根槽钢组成的简支梁,受均布载荷作用。已知 $q = 10$ kN/m,$l = 4$ m,材料的 $[\sigma] = 100$ MPa,$E = 200$ GPa,梁的许用挠度 $[w] = l/1 000$,试确定槽钢的型号。

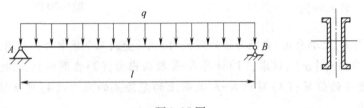

题 9.25 图

9.26 题 9.26 图示木梁的右端由钢拉杆支承。已知木梁的横截面为边长等于 0.20 m 的正方形,$q = 40$ kN/m,$E_1 = 10$ GPa;钢拉杆的横截面面积 $A_2 = 250$ mm^2,$E_2 = 210$ GPa。设结构最大的允许位移 $[w] = 8$ mm,试校核结构的刚度。

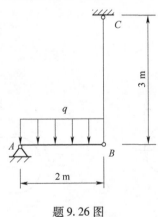

题 9.26 图

第 10 章 压杆的稳定性

随着在大跨度结构和高层建筑中日益广泛地采用高强度轻质材料和薄壁结构,稳定性问题更显突出,往往成为结构安全的关键因素。

从实践中可知,拉杆在破坏前始终能保持它原有的直线平衡状态;但细长压杆却不同,当压力达到一定值时,其不仅有压缩变形,还产生垂直于杆件轴线方向的弯曲变形,此时压杆从直线平衡状态转变为弯曲平衡状态,压杆失去了原有稳定的直线平衡状态。失稳后压杆的弯曲变形会迅速增大,将导致丧失承载能力,甚至会使得由多根杆件所组成的结构产生连锁反应,在很短的时间内造成整个结构的破坏,引发严重的事故。

1907 年 8 月 29 日,建设中的加拿大圣劳伦斯河上的魁北克桥,因主跨桥墩附近的下弦杆失稳,导致桥架倒塌,19,000 吨钢材坠入圣劳伦斯河中,正在桥上作业的 86 名工人中 75 人丧生[图 10.1(a)(b)]。2008 年初,雨雪冰冻天气袭击了中国南方十九个省区市,造成大量的输电塔因杆件失稳而倒塌[图 10.1(c)]。在建筑施工中频频发生的脚手架整体失稳等[图 10.1(d)],都是工程结构失稳的典型案例。

吊车事故

(a)魁北克桥上处于危险中的悬臂桁架在施工

(b)垮塌后的魁北克桥

(c)倒塌的电塔

(d)倾斜的脚手架

图 10.1 失稳的典型案例

10.1 两类稳定性问题

压杆的失稳现象可分为两类:第一类失稳可用理想中心受压细长直杆说明(图10.2)。

当轴向压力 F 小于某一数值时,压杆处于直线平衡状态[图10.2(a)],若此时施以微小的横向干扰力使压杆产生微小的弯曲变形,当干扰去掉后,压杆能恢复到原有的直线平衡位置。这表明,压杆的直线平衡状态是稳定的。

当轴向压力 F 大于某一数值时,压杆仍可以处于直线平衡状态,但一旦有微小的干扰,压杆将突然发生弯曲变形[图10.2(b)],当干扰去掉后,压杆处于新的弯曲平衡位置,不能恢复到原有的直线平衡位置。压杆这种由直线平衡状态突然转变为弯曲平衡状态的过程表明,此时压杆的直线平衡状态是不稳定的,或者说,压杆丧失了保持稳定的原有直线平衡状态的能力,即**失稳**。

当轴向压力 F 等于这一数值时,压杆处于由稳定平衡状态过渡到不稳定平衡状态的临界状态,相应的这一轴向压力值称为**临界压力**或**临界力**,用 F_{cr} 表示。

根据挠曲线近似微分方程分析表明,当 $F = F_{cr}$ 时,压杆的平衡形式不再唯一[图10.2(c)],既可以处于原有稳定的直线平衡状态 OA,也可以处于微小干扰后挠度不定的微弯平衡状态 AC,即随遇平衡状态,存在两种不同形式的平衡状态。

根据挠曲线精确微分方程分析表明,当 $F \geqslant F_{cr}$ 时,既可以处于不稳定的直线平衡状态 AB,也可以处于微小干扰后稳定的弯曲平衡状态 AD。例如当载荷达到 B 点,其直线平衡状态是不稳定的,稍有微小干扰就突然变到 D 点的弯曲平衡状态,压杆的平衡形式也不唯一。但不存在挠度不确定性,即使在 A 点 $F = F_{cr}$ 处,挠度仍是确定的。

这种平衡形式不唯一,出现平衡状态分支的现象,是**第一类失稳**,称为**分支点失稳**。

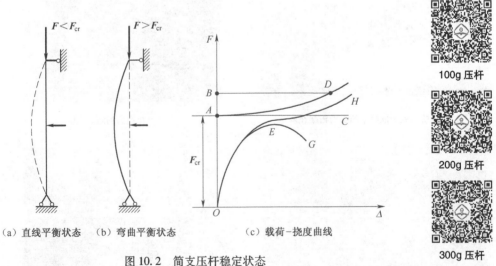

(a)直线平衡状态 (b)弯曲平衡状态 (c)载荷-挠度曲线

100g 压杆

200g 压杆

300g 压杆

图10.2 简支压杆稳定状态

实际上工程中不存在理想中心受压直杆,压杆难免存在初曲率、偏心压缩、材料不均匀等现象,从一开始受压杆件就处于压弯状态。

　　压杆稳定实验的结果大致如图 10.2(c)中的曲线 *OEG* 或 *OEH*。随着轴向压力 *F* 增加，挠度亦相应增大；轴向压力在其极大值 *E* 点之前，若压力 *F* 不变挠度也不变，平衡状态是稳定的；当轴向压力达到 *E* 点后，即使压力 *F* 不增加甚至减少，挠度仍继续增大，平衡状态是不稳定的；这种现象是**第二类失稳**，称为**极值点失稳**。极值点 *E* 为临界点，*E* 点的轴向压力为临界压力，它一般比理想中心受压直杆的临界压力小。曲线 *OEH* 代表的是非理想弹性压杆；曲线 *OEG* 代表的是载荷超过极限值后产生塑性变形的非理想压杆。

　　极值点失稳的特征是：平衡形式不发生质的变化，不出现分支现象，变形按原有形式迅速增长，使结构丧失承载能力。工程中的失稳问题大多是这种极值点失稳。

　　失稳的现象在其他结构中也会发生。例如，(1)承受均布水压力的圆环[图 10.3(a)]，当压力达到临界值 q_{cr} 时，原有圆形平衡形式将成为不稳定的，而可能出现新的非圆的平衡形式；(2)承受均布载荷的抛物线拱[图 10.3(b)]和承受集中载荷的刚架[图 10.3(c)]，在载荷达到临界值 q_{cr} 或 F_{cr} 以前，都处于轴向受压状态；而当载荷达到临界值时，均出现同时具有压缩和弯曲变形的新的平衡形式；(3)承受集中载荷的工字钢悬臂梁，当载荷达到临界值 F_{cr} 以前，梁仅在其腹板平面内弯曲；当载荷达到临界值 F_{cr} 时，原有平面弯曲形式不再是稳定的，梁将偏离腹板平面，发生斜弯曲和扭转[图 10.3(d)]。

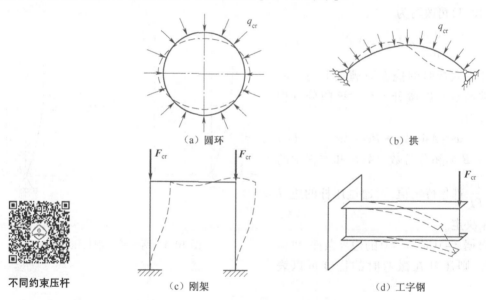

不同约束压杆

(a) 圆环　　　　　(b) 拱

(c) 刚架　　　　　(d) 工字钢

图 10.3　结构失稳实例

　　由于极值点失稳问题和挠曲线精确微分方程的求解比较复杂，本章仅讨论基于挠曲线近似微分方程的分支点失稳问题。

10.2　细长压杆的临界压力

10.2.1　两端铰支细长压杆的临界压力

　　根据分支点失稳现象，临界压力是压杆保持稳定的直线平衡状态的载荷最大值，也是压杆微弯平衡状态的载荷最小值。由于在直线平衡状态难以确定杆件的临界压力,故从微弯平衡状态入手,寻求压杆微弯平衡状态的载荷最小值。

以两端铰支细长等直压杆为例,如图 10.4 所示。当杆件在压力 F 作用下处于微弯变形时,距端点 B 为 x 的横截面产生了挠度 w,压力 F 对该横截面的形心产生弯距 $M(x)$。由图中可见,任一 x 截面上的弯矩为

$$M(x) = -Fw \qquad (10.1)$$

在杆内应力不超过材料比例极限的条件下,小挠度弯曲的挠曲线近似微分方程为

$$\frac{\mathrm{d}^2 w}{\mathrm{d}x^2} = \frac{M}{EI} \qquad (10.2)$$

综合考虑以上两式,有

$$\frac{\mathrm{d}^2 w}{\mathrm{d}x^2} = -\frac{Fw}{EI} \qquad (10.3)$$

令

$$\frac{F}{EI} = k^2 \qquad (a)$$

则式(10.3)可改写为

$$\frac{\mathrm{d}^2 w}{\mathrm{d}x^2} + k^2 w = 0 \qquad (b)$$

即压杆在微弯时的挠度应满足上述二阶线性常系数齐次微分方程。该微分方程的通解为

$$w = A\sin kx + B\cos kx \qquad (c)$$

式中,A、B 为积分常数。A、B 和方程中的

$k = \sqrt{\dfrac{F}{EI}}$ 都是待定值,要通过压杆的边界条件来决定。

根据 $x = 0$ 时,$w = 0$ 的边界条件,可得 $B = 0$。则压杆在微弯时的挠度可以表示为

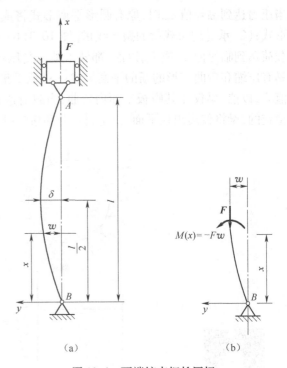

图 10.4 两端铰支细长压杆

$$w = A\sin kx \qquad (d)$$

根据 $x = l$ 时,$w = 0$ 的边界条件,由上式得

$$A\sin kl = 0 \qquad (e)$$

这就要求 A 和 $\sin kl$ 中至少有一个为零。

如果 $A = 0$,w 就恒等于零,即压杆无挠度,处于直线平衡状态。在这种情况下,k 可以具有任何值,由式(a)可知,压力 F 也可以具有任何值,临界压力无法确定。

若要压杆处于微弯平衡状态,只能是

$$\sin kl = 0 \qquad (f)$$

要满足这一条件,kL 就应该是 π 的整数倍,即

$$kl = n\pi \qquad n = 0,1,2,\cdots \tag{g}$$

由此求得

$$k = \frac{n\pi}{l} \tag{h}$$

把 k 值代入式(a),有

$$k^2 = \frac{F}{EI} = \frac{n^2\pi^2}{l^2} \tag{i}$$

即

$$F = \frac{n^2\pi^2 EI}{l^2} \tag{10.4}$$

由式(g)可知 n 是 $0,1,2,3\cdots$ 等整数中的任一个,所以上式表明,能够使得压杆保持微弯平衡状态的压力有多个值,临界压力 F_{cr} 是其中最小非零值,取 $n=1$ 即为两端铰支中心受压细长等直杆的临界压力

$$F_{cr} = \frac{\pi^2 EI}{l^2} \tag{10.5}$$

由于欧拉(L,Euler)在 18 世纪中叶最先用此方法研究压杆的稳定问题,故通常称为**欧拉公式**。

在两端均为球铰的情况下,压杆的微弯变形一定发生于抗弯能力最小的纵向平面内,所以,上式中的 I 应是杆件横截面的最小形心主惯性矩 I_{min}。

根据式(d),当 $kl = \pi$ 时,由 $x = \frac{l}{2}$,$w = \delta$(δ 为中点挠度),有 $A = \delta$,由此可得,压杆微弯变形的挠度曲线方程为

$$w = \delta\sin\frac{\pi}{l}x \tag{10.6}$$

挠曲线为半波正弦曲线。式中的中点挠度 δ 是不确定值。由于 δ 是根据挠曲线近似微分方程推导得到的,所以它为微小值。

式(10.6)表明,无论 δ 为任何微小值,压杆都能维持微弯平衡状态,这种不确定的微弯平衡状态似乎是随遇平衡。此结果可用图 10.2(c)中的 AC 表示。实际上这种随遇平衡状态是不存在的,是因为它是基于挠曲线近似微分方程得到的结论。

若采用挠曲线的精确微分方程

$$\frac{\mathrm{d}\theta}{\mathrm{d}s} = -\frac{M(x)}{EI} = -\frac{F_{cr}w}{EI} \tag{10.7}$$

可解得挠曲线中点的挠度 δ 与压力 F 之间的近似关系式为[①]

$$\delta = \frac{2\sqrt{2}l}{\pi}\sqrt{\frac{F}{F_{cr}} - 1}\left[1 - \frac{1}{2}\left(\frac{F}{F_{cr}} - 1\right)\right] \tag{10.8}$$

当 $F \geqslant F_{cr}$ 时,压力 F 与挠度 δ 之间呈一一对应关系,弯曲平衡状态是稳定的,此结果可用

---

① 详细推导过程可参见 Timoshenko, S. Theory of Elastic Stability, p. 70 ~ 74, McGraw-Hill Book Company, Inc. 1936.

图 10.2(c)中的 AD 表示。

10.2.2 其他支座下细长压杆的临界压力

工程实际中,压杆除两端为铰支的形式外,还有其他各种不同的支座情况,这些压杆的临界压力计算公式可以仿照上述方法,由挠曲线近似微分方程及边界条件求得,也可利用挠曲线相似的特点,以两端铰支为基本形式推广而得。例如千斤顶在顶重物时,千斤顶的螺杆就可以看成是一根压杆(图 10.5),螺杆下端可简化为固定端,而上端因为可与所顶重物共同作微小的侧向位移,所以简化为自由端。这样,千斤顶的螺杆就可以看成为一端固定,一端自由的压杆。

设在临界压力下,上述压杆以微弯状态保持平衡(图 10.6)。现将变形曲线延伸一倍,如图中假想线 BAC 所示。比较图 10.6(a)和图 10.6(b),可见一端固定而另一端自由、且长为 l 的压杆的挠曲线,与两端铰支、长为 $2l$ 的压杆的挠曲线的上半部分完全相同。所以,对于一端固定而另一端自由且长为 l 的压杆,其临界压力等于两端铰支而长为 $2l$ 的压杆的临界压力,即

$$F_{cr} = \frac{\pi^2 EI}{(2l)^2} \tag{10.9}$$

图 10.5　千斤顶及其力学计算简图

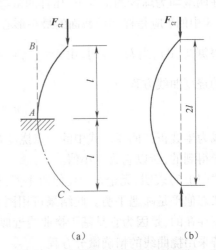

(a)　　　　　　(b)

图 10.6　两端铰支压杆与一端固定,一端自由的压杆的挠曲线相似性

比较式(10.5)和式(10.9)可知,一端固定,一端自由的压杆的抗失稳能力要弱于两端铰支压杆。为提高一端固定,一端自由的压杆的抗失稳能力,可以在此类压杆的自由端加上铰支约束,这就形成了一端固定、一端铰支的压杆。一端固定、一端铰支的细长压杆失稳后的挠曲线形状如图 10.7 所示。可以证明,该挠曲线有一拐点 C,且拐点在距铰支端约为 $0.7l$ 处。故近似地将大约长为 $0.7l$ 的 BC 部分视为两端铰支的压杆。于是计算临界压力的公式可写成

$$F_{cr} = \frac{\pi^2 EI}{(0.7l)^2} \tag{10.10}$$

要进一步提高一端固定,一端铰支压杆的抗失稳能力,还可以加强对其铰支端的约束。如果限制铰支端绕垂直于纸面的轴的转动,就形成如图 10.8 所示的两端固支压杆。两端固支的细长压杆在微弯状态时,距上、下两端各为 $\frac{l}{4}$ 处各有一个拐点,这两点处的弯矩等于零,因而可以把这两点视为铰链,而长为 $\frac{l}{2}$ 的中间部分 CD 可以看成是两端铰支的压杆。所以,它的临界压力为

$$F_{cr} = \frac{\pi^2 EI}{(l/2)^2} \tag{10.11}$$

式(10.11)所求得的 F_{cr} 虽然是 CD 段的临界压力,但 CD 段是整个压杆的一部分,并且整个压杆的稳定性主要就取决于相对较长的 CD 段,所以它的临界压力就是整个杆件 AB 的临界压力。

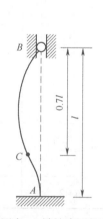

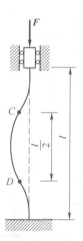

图 10.7　一端固定、一端铰支压杆失稳时的挠曲线　　图 10.8　两端固支压杆失稳后的挠曲线

由式(10.5)、式(10.9)、式(10.10)和式(10.11)中可以看出,不同支座约束时的压杆临界压力计算公式是相似的,只是分母中长度 L 所乘的系数不同。因此,对于不同支座约束情况的细长压杆的临界压力计算公式可统一地写成

$$F_{cr} = \frac{\pi^2 EI}{(\mu l)^2} \tag{10.12}$$

式(10.12)即为欧拉公式的普遍形式。式中 μl 表示把压杆折算成两端铰支的长度,故称为**相当长度**。μ 称为**长度因数**,它反映了杆端不同支座情况对临界压力的影响。

现将几种理想情况的临界压力公式及长度因数 μ 列于表 10.1。

应该指出,以上的结果是理想情况下得到的,工程实际中情况要复杂得多,需要根据具体情况进行具体分析,从而决定其长度因数。例如内燃机配气机构中的挺杆(图 10.9),通常可简化成两端铰支。发动机的连杆(图 10.10),在其运动平面内,上端连接活塞销,下端与曲轴相连,两端都可以自由转动,故简化成两端铰支;而在另一个与运动平面垂直的纵向

平面内,两端不能转动,因此简化为两端固定,所以在这两个平面内长度因数 μ 是不相同的。有些受压杆端部与其他弹性杆件固接,由于弹性杆件也会发生弹性变形,所以杆端弹性约束处于固定支座和铰支座之间。此外,作用于压杆上的载荷也有多种形式,例如压力可能是沿轴线分布而不是集中于两端等等。上述各种不同情况,也可用不同的长度因数 μ 来反映,这些系数值可从有关的设计手册或规范中查到,也可直接用实验来分析测定。

表 10.1　压杆的临界压力和长度因数 μ 的取值

支端情况	两端铰支	一端固定另端铰支	两端固定	一端固定另端自由	两端固定但可沿横向相对移动
失稳时挠曲线形状	（图）l，B，A	（图）l，B，$0.7l$，C，A　C－挠曲线拐点	（图）l，B，D，$0.5l$，C，A　C、D－挠曲线拐点	（图）l，$2l$	（图）l，$\dfrac{l}{2}$，C　C－挠曲线拐点
临界力 F_{cr} 欧拉公式	$F_{cr}=\dfrac{\pi^2 EI}{l^2}$	$F_{cr}\approx\dfrac{\pi^2 EI}{(0.7l)^2}$	$F_{cr}=\dfrac{\pi^2 EI}{(0.5l)^2}$	$F_{cr}=\dfrac{\pi^2 EI}{(2l)^2}$	$F_{cr}=\dfrac{\pi^2 EI}{l^2}$
长度因数 μ	$\mu=1$	$\mu\approx0.7$	$\mu\approx0.5$	$\mu\approx2$	$\mu\approx1$

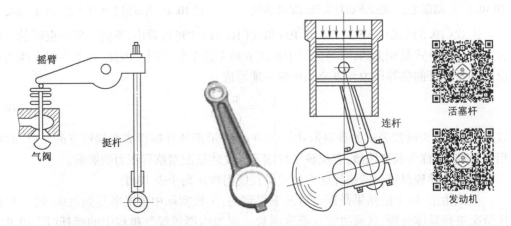

图 10.9　内燃机配气机构中的挺杆　　图 10.10　发动机的连杆及其分析简图

前面分析除两端铰支的其他压杆的临界压力时,都是通过压杆的形状的比较得到的。

其实,也可以通过压杆挠曲线近似微分方程的分析得到,请读者自行分析。

例 10.1 一细长圆截面连杆,两端可视为铰支,长度 $l=1$ m,直径 $d=20$ mm,材料为 Q235 钢,其弹性模量 $E=200$ GPa,屈服极限 $\sigma_s=235$ MPa。试计算连杆的临界压力以及使连杆压缩屈服所需的轴向压力。

解:(1)计算临界压力

根据式(10.5)可知,其临界压力为

$$F_{cr} = \frac{\pi^2 EI}{l^2} = \frac{\pi^3 Ed^4}{64l^2} = \frac{\pi^3 \times 200 \times 10^9 \text{ Pa} \times (0.02 \text{ m})^4}{64 \times (1 \text{ m})^2} = 15.5 \text{ kN}$$

(2)使连杆压缩屈服所需的轴向压力为

$$F_S = A\sigma_S = \frac{\pi d^2 \sigma_s}{4} = \frac{\pi \times (0.02 \text{ m})^2 \times 235 \times 10^6 \text{ Pa}}{4} = 7.38 \times 10^4 \text{ N} = 73.8 \text{ kN}$$

F_S 远远大于 F_{cr},所以对于细长杆来说,其承压能力一般是由稳定性要求确定的。

10.3 压杆的临界应力 经验公式

10.3.1 临界应力

压杆处于临界状态时,杆的横截面上已有弯矩的作用,这会使得压杆的横截面上产生弯曲正应力,并且同一横截面上的不同点处的轴向弯曲正应力不相等。但由于此时压杆仅为"微弯",该弯矩所产生的弯曲正应力并不明显,可以近似认为压杆横截面上的轴向正应力仍为临界压力 F_{cr} 与压杆的横截面面积 A 之比。该正应力称为压杆的**临界应力**,以 σ_{cr} 表示。即

$$\sigma_{cr} = \frac{F_{cr}}{A} = \frac{\pi^2 EI}{(\mu l)^2 A} \tag{10.13}$$

式中,$\frac{I}{A} = i^2$,i 为截面的惯性半径,是一个与截面形状和尺寸有关的几何量。将此关系代入式(10.13),得

$$\sigma_{cr} = \frac{\pi^2 E i^2}{(\mu l)^2} = \frac{\pi^2 E}{\left(\dfrac{\mu l}{i}\right)^2} \tag{10.14}$$

令

$$\lambda = \frac{\mu l}{i} \tag{10.15}$$

则临界应力可写为

$$\sigma_{cr} = \frac{\pi^2 E}{\lambda^2} \tag{10.16}$$

式(10.16)为欧拉公式的另一种形式,式中 λ 称为压杆的**柔度**或**长细比**,是量纲唯一的量,它集中反映了压杆的长度、约束条件、截面的形状和尺寸等因素对临界应力 σ_{cr} 的影响。因此,

在压杆稳定问题中,柔度 λ 是一个很重要的参量,柔度 λ 越大,相应的 σ_{cr} 就越小,即压杆越容易失稳。

10.3.2 欧拉公式的适用范围

欧拉公式是根据压杆挠曲线的近似微分方程 $\dfrac{\mathrm{d}^2 w}{\mathrm{d}x^2} = \dfrac{M(x)}{EI}$ 导出的,而这个微分方程只有在小变形及材料服从胡克定律的条件下才能成立。所以,欧拉公式也只能在应力不超过材料的比例极限 σ_P 时才适用,即欧拉公式的适用范围是

$$\sigma_{cr} = \frac{\pi^2 E}{\lambda^2} \leqslant \sigma_P \tag{10.17}$$

或

$$\lambda \geqslant \sqrt{\frac{\pi^2 E}{\sigma_P}} \tag{10.18}$$

将临界应力等于材料比例极限时的压杆柔度用 λ_P 表示,即

$$\lambda_P = \pi \sqrt{\frac{E}{\sigma_P}} \tag{10.19}$$

于是,欧拉公式的适用范围又可表示为

$$\lambda \geqslant \lambda_P \tag{10.20}$$

满足 $\lambda \geqslant \lambda_P$ 的压杆称为大柔度杆,前面常提到的细长压杆指的就是大柔度杆。

式(10.19)说明,λ_P 是由材料的性质所决定的,与压杆的约束条件和结构形式无关。不同材料的 λ_P 的数值不同,欧拉公式适用的范围也就不同。以常用的 Q235 钢为例,其 $E = 200$ GPa,$\sigma_p = 200$ MPa,代入式(10.19),得

$$\lambda_P = \pi \sqrt{\frac{200 \times 10^9}{200 \times 10^6}} \approx 100$$

所以,用 Q235 钢制作的压杆,只有当 $\lambda \geqslant 100$ 时,才可以应用欧拉公式。又如对 $E = 70$ GPa,$\sigma_P = 175$ MPa 的铝合金,其 $\lambda_P = 62.8$,表示对于这类铝合金所制成的压杆,只有当 $\lambda \geqslant 62.8$ 时方能使用欧拉公式。

10.3.3 临界应力的经验公式

工程中除细长压杆外,还有很多柔度小于 λ_P 的压杆,它们受压时也会发生失稳,如内燃机的连杆、千斤顶的螺杆等。对于这些杆件,应力已超过材料的比例极限 σ_P,不能采用欧拉公式计算其临界应力 σ_{cr}。对于这类压杆的稳定问题,工程上一般采用以试验结果为依据的经验公式,常用的有直线公式和抛物线公式,这里只介绍其中的一种经验公式——直线公式。

直线公式把柔度小于 λ_P 的压杆的临界应力 σ_{cr} 与其柔度 λ 表示为以下的直线关系:

$$\sigma_{cr} = a - b\lambda \tag{10.21}$$

式中,a 和 b 是与材料性质有关的常数。在表 10.2 中列入了几种常用材料的 a 和 b 的值。

表10.2　直线经验公式的系数 a 和 b

材料	E/GPa	a/MPa	b/MPa	λ_P(参考值)	λ_S(参考值)
Q235 钢	196—216	304	1.12	100	61.4
优质碳钢	186—206	461	2.58	100	60.3
灰铸铁	78.5—157	332.2	1.45		
LY12 硬铝	72	392	3.16	50	

压杆的 $\lambda \leqslant \lambda_\mathrm{P}$ 时已不能使用欧拉公式,但也不是所有 $\lambda \leqslant \lambda_\mathrm{P}$ 的压杆都可用式 (10.21)。因为当 λ 小到某一数值时,压杆的破坏不是由于失稳所引起的,而主要是因为压应力达到屈服极限(塑性材料)或强度极限(脆性材料)所引起的,这已是一个强度问题。所以,对这类压杆来说,"临界应力"就应是屈服极限或强度极限。使用直线公式(10.21)时,λ 应有一个最低界限,它们所对应的临界应力分别为屈服极限(塑性材料)或抗压极限(脆性材料)。对于塑性材料,在式(10.21)中,令 $\sigma_\mathrm{cr} = \sigma_\mathrm{S}$,得

$$\lambda_\mathrm{S} = \frac{a - \sigma_\mathrm{S}}{b} \qquad (10.22)$$

如果是脆性材料,只要把式(10.22)中的 σ_S 改为 σ_b 就可确定相应的 λ 的最低界限 λ_b。通常把柔度 λ 小于 λ_S(或 λ_b)的压杆称为小柔度杆,把柔度 λ 介于 λ_P 与 $\lambda_\mathrm{S}(\lambda_\mathrm{b})$ 之间的压杆称为中柔度杆。

压杆的临界应力 σ_cr 随柔度 λ 变化的情况可用 $\sigma_\mathrm{cr} - \lambda$ 图线来表示(图10.11)。此图称为压杆的临界应力总图,它表示了柔度 λ 不同的压杆的临界应力值。对于 $\lambda < \lambda_\mathrm{S}(\lambda_\mathrm{b})$ 的小柔度压杆,应按强度问题计算,其临界应力即压杆材料的屈服极限或强度极限,故在图10.11中表示为水平线 AB。对于 $\lambda \geqslant \lambda_\mathrm{P}$ 的大柔度压杆,应按欧拉公式计算该压杆的临界应力,在图10.12中表示为曲线 CD。柔度介于 λ_P 与 λ_S(或 λ_b)之间的中柔度杆,可用经验公式(10.21)计算其临界应力,在图10.11中表示为斜直线 BC。由此可见,

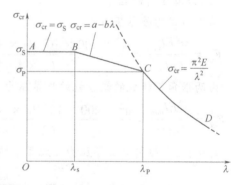

图 10.11　压杆的临界应力总图

在计算时首先要根据压杆的柔度值和压杆材料的 λ_P 与 $\lambda_\mathrm{S}(\lambda_\mathrm{b})$ 判断它属于哪一类压杆,然后选用相应的公式,计算出临界应力后,乘以横截面面积,便可得到该压杆的临界压力。

例10.2　图10.12所示为一端固定,一端自由的中心受压立柱,长 $l = 1$ m,材料为 Q235 钢,弹性模量 $E = 200$ GPa,$\lambda_\mathrm{P} = 100$,试计算分别为图示两种截面时柱的临界压力。一种是截面为 45 mm×45 mm×6 mm 的角钢柱,另一种是截面由两个 45 mm×45 mm×6 mm 的角钢组成的组合柱。

解:(1)计算压杆的柔度

单根角钢的柱,查型钢表得:$I_\mathrm{min} = I_{y0} = 3.89$ cm^4 = 3.89×10^{-8} m^4,$i_\mathrm{min} = i_{y0} = 8.8$ mm,压杆的柔度为

$$\lambda = \frac{\mu l}{i_{y0}} = \frac{2 \times 1\,000}{8.8} = 227$$

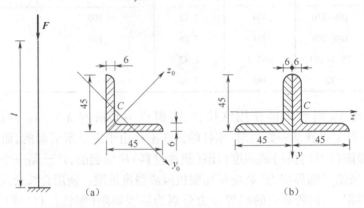

图 10.12　例 10.2 图

两根角钢组成的组合柱,由型钢表查得:$I_{min} = I_z = 2 \times 9.33 \text{ cm}^4 = 18.66 \times 10^{-8} \text{ m}^4$,$i_{min} = i_z = 13.6 \text{ mm}$,其柔度为

$$\lambda = \frac{\mu l}{i_{y0}} = \frac{2 \times 1\,000}{13.6} = 147$$

这两种截面的压杆柔度均大于 λ_P,都属于细长杆,可用欧拉公式计算临界压力。

（2）计算压杆的临界压力

单根角钢的临界压力为

$$F_{cr} = \frac{\pi^2 E I_{min}}{(\mu l)^2} = \frac{\pi^2 \times 200 \times 10^9 \text{ Pa} \times 3.89 \times 10^{-8} \text{ m}^4}{(2 \times 1 \text{ m})^2} = 1.918 \times 10^4 \text{ N} = 19.18 \text{ kN}$$

由两根角钢组成的组合柱的临界压力为

$$F_{cr} = \frac{\pi^2 E I_{min}}{(\mu l)^2} = \frac{\pi^2 \times 200 \times 10^9 \text{ Pa} \times 18.66 \times 10^{-8} \text{ m}^4}{(2 \times 1 \text{ m})^2} = 9.199 \times 10^4 \text{ N} = 91.99 \text{ kN}$$

讨论:这两根杆的临界压力之比等于惯性矩之比,其比值为

$$\frac{F_{cr(2)}}{F_{cr(1)}} = \frac{I_{min(2)}}{I_{min(1)}} = \frac{18.66}{3.89} = 4.8$$

用两根角钢组成的组合柱比单根角钢在面积增大一倍的情形下,临界压力可增大 4.8 倍。这说明组合柱是一种很好的抗失稳结构,因此,在工程中广泛使用组合柱。如果将两根角钢组成空心矩形截面柱,其临界力如何,请分析。

例 10.3　试求图 10.13 所示三种不同杆端约束压杆的临界压力。压杆的材料为 Q235 钢,$E = 200 \text{ GPa}$,杆长 $l = 300 \text{ mm}$,横截面为矩形,$b = 12 \text{ mm}$,$h = 20 \text{ mm}$。

解:为了选用相应的计算公式,各压杆应先分别计算各自的柔度,压杆失稳总是发生在它抗弯能力最小的纵向平面内。因此,应先求横截面的最小惯性半径

$$i_{min} = \sqrt{\frac{I_{min}}{A}} = \sqrt{\frac{hb^3/12}{bh}} = \frac{12}{2\sqrt{3}} = 3.46 \text{ mm}$$

（1）一端固定、一端自由的压杆,长度因数 $\mu = 2$

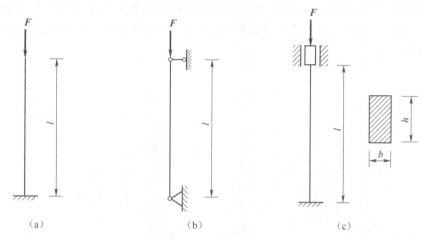

图 10.13　不同杆端约束压杆

$$\lambda = \frac{\mu l}{i} = \frac{2 \times 300}{3.46} = 173.4$$

Q235 钢 $\lambda_P = 100$，该压杆的柔度 $\lambda > \lambda_P$，属大柔度杆，可应用欧拉公式计算临界压力

$$F_{cr} = \frac{\pi^2 EI}{(\mu l)^2} = \frac{\pi^2 \times 200 \times 10^9 \text{ Pa} \times \dfrac{20 \times 12^3}{12} \times 10^{-12} \text{ m}^4}{(2 \times 300 \times 10^{-3} \text{ m})^2} = 15.8 \times 10^3 \text{ N} = 15.8 \text{ kN}$$

（2）两端铰支的压杆，长度因数 $\mu = 1$

$$\lambda = \frac{\mu l}{i} = \frac{1 \times 300}{3.46} = 86.7$$

Q235 钢 $\lambda_P = 100$，　　$\lambda_S = \dfrac{a - \sigma_s}{b} = \dfrac{304 - 235}{1.12} = 61.6$

由此可知该压杆柔度介于 λ_P 和 λ_S 之间（$\lambda_S < \lambda < \lambda_P$），故属中柔度杆，可使用直线公式计算临界应力。

$$\sigma_{cr} = a - b\lambda = 304 - 1.12 \times 86.7 = 207 \text{ MPa}$$

$$F_{cr} = \sigma_{cr} A = 207 \times 10^6 \text{ Pa} \times 20 \times 12 \times 10^{-6} \text{ m}^2 = 49.7 \times 10^3 \text{ N} = 49.7 \text{ kN}$$

（3）两端固定的压杆，长度因数 $\mu = 0.5$

$$\lambda = \frac{\mu l}{i} = \frac{0.5 \times 300}{3.46} = 43.3 < \lambda_S$$

此杆属小柔度杆，应按强度问题计算，即 $\sigma_{cr} = \sigma_S = 235 \text{ MPa}$，故"临界压力"为

$$F_{cr} = \sigma_S A = 235 \times 10^6 \text{ Pa} \times 20 \times 12 \times 10^{-6} \text{ m}^2 = 56.4 \times 10^3 \text{ N} = 56.4 \text{ kN}$$

例 10.4　发动机连杆如图 10.14 所示，截面为工字型，尺寸如图 10.14 所示。连杆的材料为 45 号优质碳钢，$\sigma_S = 350 \text{ MPa}$，$\sigma_P = 280 \text{ MPa}$，$E = 210 \text{ GPa}$。试求连杆所能承受压力的临界值。

解：根据杆端约束情况，在连杆的运动平面（即 x-y 平面）内，可视为两端铰支压杆，长度因数 $\mu_1 = 1$，发生弯曲时 z 轴是其中性轴，截面的惯性矩应为 I_z，如图 10.14（a）所示；在与运动平面垂直的纵向平面（即 x-z 平面）内，因连接件的限制，两端无法产生转角，则可简化为

两端固定的压杆,长度因数$\mu_2 = 0.5$,发生弯曲时y轴是其中性轴,截面的惯性矩应为I_y,如图10.14(b)所示。发动机连杆是变截面杆件,为简化计算将其近似等效为横截面尺寸取均值的等截面杆。

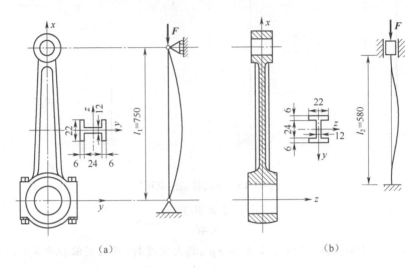

(a)　　　　　　　　　　　　(b)

图 10.14　发动机连杆

(1)计算压杆的柔度

$$I_z = \frac{1}{12} \times 22 \times 36^3 - \frac{1}{12} \times (22 - 12) \times 24^3 = 7.40 \times 10^4 \text{ mm}^4$$

$$I_y = \frac{1}{12} \times 24 \times 12^3 + 2 \times \frac{1}{12} \times 6 \times 22^3 = 1.41 \times 10^4 \text{ mm}^4$$

$$A = 24 \times 12 + 2 \times 6 \times 22 = 552 \text{ mm}^2$$

连杆在x-y平面内的柔度

$$\lambda_{xy} = \frac{\mu_1 l_1}{i_z} = \frac{\mu_1 l_1}{\sqrt{I_z/A}} = \frac{1 \times 750}{\sqrt{7.40 \times 10^4/552}} = 64.8$$

连杆在x-z平面内的柔度

$$\lambda_{xz} = \frac{\mu_2 l_2}{i_y} = \frac{\mu_2 l_2}{\sqrt{I_y/A}} = \frac{0.5 \times 580}{\sqrt{1.41 \times 10^4/552}} = 57.4$$

因为在x-z平面内的柔度较x-y平面内的柔度小,故连杆在x-y平面内较易失稳,故应求x-y平面内失稳的临界应力。

(2)计算临界压力

由于连杆的材料为45号优质碳钢,$\sigma_S = 350 \text{ MPa}$,$\sigma_P = 280 \text{ MPa}$,$E = 210 \text{ GPa}$,所以

$$\lambda_P = \pi \sqrt{\frac{E}{\sigma_P}} = \pi \sqrt{\frac{210 \times 10^9 \text{ Pa}}{280 \times 10^6 \text{ Pa}}} = 86$$

由表9.2查得优质碳钢的$a = 461 \text{ MPa}$,$b = 2.58 \text{ MPa}$,于是

$$\lambda_S = \frac{a - \sigma_S}{b} = \frac{461 \text{ MPa} - 350 \text{ MPa}}{2.58 \text{ MPa}} = 43.02$$

连杆柔度介于 λ_S 和 λ_P 之间（即 $\lambda_S < \lambda < \lambda_P$），属于中柔度杆，应选用直线公式计算临界压力为

$$F_{cr} = (a - b\lambda)A = (461\ \text{MPa} - 2.75\ \text{MPa} \times 64.8) \times 552\ \text{mm}^2 = 163 \times 10^3\ \text{N} = 163\ \text{kN}$$

由于连杆的工作状态要求其在相互垂直的两个平面内有不同的约束，连杆设计时相应的选取了合适的截面形式，使得其柔度 λ_{xy} 和 λ_{xz} 相近，这就是优化设计的思想。

10.4　压杆稳定设计

稳定性设计主要包含两个主要的内容，一个是确定临界压力或临界应力，上节已讨论；另一个是确定稳定性设计准则，即建立稳定性安全条件。

为了保证压杆正常工作，也就是说具有足够的稳定性，设计中必须使压杆所实际承受的压力（或应力）小于临界压力（或临界应力），使其具有一定的安全裕度。

工程上，常用的压杆稳定性设计准则有两种。

1. 安全因数法

对于各种柔度的压杆，根据临界应力总图，通过欧拉公式或经验公式可以求出其相应的临界应力，乘以其横截面面积便为其**临界压力** F_{cr}。设该压杆的实际**工作压力**为 F。则临界压力 F_{cr} 与实际工作压力 F 之比即为压杆的**工作安全因数** n，它应大于规定的**稳定安全因数** $[n_{St}]$，即

$$n = \frac{F_{cr}}{F} \geq [n_{St}] \tag{10.23}$$

由于确定临界压力时所采用的是理想中心受压状态，这与实际工程中压杆存在着许多不容忽视的差异。例如压杆的初曲率、压力的偏心、压杆装配应力、材料不均匀性和支座的缺陷等。这些因素对强度的影响不十分显著，却严重地影响压杆的稳定性。因此，稳定安全因数通常高于强度安全因数。对于钢 $[n_{St}] = 1.8 \sim 3.0$；对于铸铁 $[n_{St}] = 5.0 \sim 5.5$；对于木材 $[n_{St}] = 2.8 \sim 3.2$。

2. 折减系数法

折减系数法的稳定条件是，压杆的工作应力小于压杆的强度许用应力 $[\sigma]$ 乘上一个系数 φ，即

$$\frac{F}{A} \leq \varphi[\sigma] \tag{10.24}$$

式中 F 为压杆的工作压力；A 为压杆的横截面面积；$[\sigma]$ 为压杆的强度许用应力；φ 称为为稳定系数或折减系数，通常小于 1。φ 不是一个定值，它是随实际压杆的柔度而变化的。工程实用上常将各种材料的 φ 值随 λ 而变化的关系绘出曲线或列成数据表以便应用。限于篇幅，折减系数法本书不予讨论，读者可参阅其他有关书籍。

最后，需要指出的是，压杆的稳定性取决于整个杆件的弯曲刚度，临界压力的大小是由压杆整体的变形所决定的。压杆上因存在沟槽或铆钉孔等而造成的有限局部削弱对临界压力的影响很小。因此，在确定压杆临界压力和临界应力时，不论是用欧拉公式或经验公式，均用未削弱的横截面形状和尺寸进行计算。而强度计算则需考虑净面积，甚至应力集中的

影响。

稳定性计算包括稳定性校核、截面设计和确定许可载荷三方面。

例 10.5 图 10.15 所示千斤顶,已知其丝杆长度 $l = 0.5$ m,直径 $d = 52$ mm,材料为 Q235 钢,$\sigma_P = 200$ MPa,$\sigma_S = 240$ MPa,$E = 200$ MPa,最大顶起重量 $F = 150$ kN,规定稳定安全因数 $[n_{St}] = 2.5$,试校核丝杆的稳定性。

解: 用稳定性条件式(10.23)校核千斤顶丝杆的稳定性。丝杆可视为上端自由、下端固定的压杆,故 $\mu = 2$,杆长 $l = 0.5$ m,惯性半径

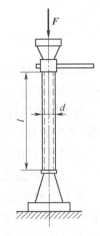

$$i = \sqrt{\frac{I}{A}} = \frac{d}{4} = 13 \text{ mm}$$

丝杆的柔度

$$\lambda = \frac{\mu l}{i} = \frac{2 \times 500}{13} = 76.9$$

对于 Q235 钢,可分别求出

$$\lambda_S = \frac{a - \sigma_S}{b} = \frac{304 - 240}{1.12} = 57.1$$

$$\lambda_P = \sqrt{\frac{\pi^2 E}{\sigma_P}} = \sqrt{\frac{\pi^2 \times 200 \times 10^9}{200 \times 10^6}} \approx 100$$

图 10.15　例 10.5 图

由于 $\lambda_S < \lambda < \lambda_P$,故丝杆属中柔度杆,由直线经验公式计算临界应力

$$\sigma_{cr} = a - b\lambda = 304 - 1.12 \times 76.9 = 218 \text{ MPa}$$

临界压力为

$$F_{cr} = A\sigma_{cr} = \frac{\pi \times 52^2}{4} \times 218 = 463 \text{ kN}$$

工作安全系数

$$n = \frac{F_{cr}}{F} = \frac{463}{150} = 3.09 > [n_{St}]$$

故千斤顶的丝杆满足稳定性要求。

例 10.6 图 10.16 所示结构中,AB 和 AC 均为长 1 m 的圆截面等直杆,杆的材料为 Q235 钢,已知材料的 $[\sigma] = 160$ MPa,$E = 200$ GPa,$\sigma_p = 200$ MPa,$\sigma_S = 235$ MPa,$[n_{St}] = 3$,试选择 AB、AC 两杆的直径。

解: 由平衡条件求出 AB、AC 两杆的轴力分别为 $F_{NAB} = 10$ kN(拉),$F_{NAC} = 10$ kN(压)。由于 AB 杆受拉,不存在失

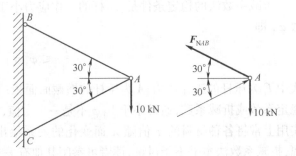

图 10.16　例 10.6 图

稳的问题,可由强度条件选取直径。AC 杆受轴向压力,应由稳定条件来确定杆的直径。

AB 杆:由强度条件 $\dfrac{F_N}{A} \leq [\sigma]$ 得

$$d_{AB} \geqslant \sqrt{\frac{4F_{NAB}}{\pi[\sigma]}} = \sqrt{\frac{4 \times 10 \times 10^3}{\pi \times 160}}$$
$$= 8.92 \text{ mm}$$

AC 杆:在稳定性计算的截面设计中,一般先假设 AC 杆为大柔度杆,确定出截面尺寸,然后用得到的尺寸数据校核是否为大柔度杆,若是问题解决;否则,再假设为中柔度杆,以此类推。

设 AC 杆为大柔度杆,根据稳定条件 $\frac{F_{cr}}{F} \geqslant [n_{st}]$,有

$$\frac{\frac{\pi^2 EI}{l^2}}{F} = \frac{\pi^2 E}{Fl^2}\frac{\pi d^4}{64} \geqslant [n_{st}]$$

化简,得

$$d_{AC} \geqslant \sqrt[4]{\frac{64Fl^2[n_{st}]}{\pi^3 E}} = \sqrt[4]{\frac{64 \times 10 \times 10^3 \times (1 \times 10^3)^2 \times 3}{\pi^3 \times 200 \times 10^3}} = 23.6 \text{ mm}$$

由 $d_{AC} = 23.6$ mm,求出杆 AC 的柔度为

$$\lambda = \frac{\mu l}{i} = \frac{1 \times 1\ 000}{\frac{23.6}{4}} = 169.5$$

而

$$\lambda_P = \sqrt{\frac{\pi^2 E}{\sigma_P}} = \sqrt{\frac{\pi^2 \times 200 \times 10^3}{200}} \approx 100$$

AC 杆柔度 $\lambda > \lambda_P$ 是大柔度杆,故用欧拉公式求临界压力是正确的,所确定的 AC 杆的直径 $d_{AC} = 23.6$ mm 也是正确的。

例 10.7 如图 10.17a 所示 10 号工字钢的 C 端固定,A 端铰支于空心钢管 AB 上。钢管的内径和外径分别为 30 mm 和 40 mm,B 端亦为铰支。梁及钢管同为 Q235 钢,许用应力 $[\sigma] = 170$ MPa,钢管的柔度 $\lambda_P = 100$,当载荷 $F = 18$ kN 时,试校核杆的稳定性和梁的强度。规定稳定安全因数 $[n_{St}] = 2.0$。

解:本题是超静定结构的强度和稳定性校核问题,问题的求解分为三部分。

(1)求解超静定问题

取静定基如图 10.17(b)所示,设梁 AC 长为 l,钢管 AB 长为 l_1。根据叠加原理,得 CA 梁在 A 点的挠度为

$$w_A = \frac{Fl^3}{3EI} - \frac{F_N l^3}{3EI} = (F - F_N)\frac{l^3}{3EI}$$

AB 杆的变形为
$$\Delta l = \frac{F_N l_1}{EA}$$

查型钢表,得 10 号工字钢的 $I = 245$ cm^4,$W = 49$ cm^3。钢管的截面积为

$$A = \frac{\pi}{4}(D^2 - d^2) = \frac{\pi}{4}(40^2 - 30^2) = 550 \text{ mm}^2$$

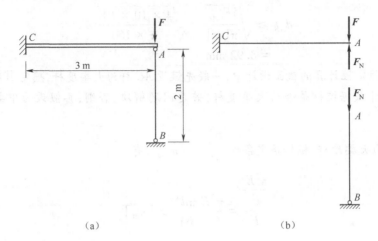

（a）   （b）

图 10.17   例 10.17 图

变形协调条件为 $w_A = \Delta l$，即

$$\frac{l^3}{3EI}(F - F_N) = \frac{F_N l_1}{EA}$$

上式解得

$$F_N = \frac{\dfrac{l^3}{3I}}{\dfrac{l_1}{A} + \dfrac{l^3}{3I}}F = \frac{\dfrac{3^3}{245 \times 10^{-8} \times 3}}{\dfrac{2}{550 \times 10^{-6}} + \dfrac{3^3}{245 \times 10^{-8} \times 3}} \times 18 \times 10^3 \text{ N} = 17.98 \times 10^3 \text{ N}$$

（2）校核 AB 杆的稳定性

AB 杆是 Q235 钢，柔度为

$$\lambda = \frac{\mu l_1}{i} = \frac{4 l_1}{\sqrt{D^2 + d^2}} = \frac{4 \times 2}{\sqrt{0.04^2 + 0.03^2}} = 160 > \lambda_P = 100$$

为大柔度杆，应使用欧拉公式计算其临界应力。

$$\sigma_{cr} = \frac{\pi E}{\lambda^2} = \frac{\pi^2 \times 210 \times 10^9}{160^2} = 81 \times 10^6 \text{ MPa}$$

代入稳定性条件

$$n = \frac{\sigma_{cr}}{\dfrac{F_N}{A}} = \frac{81 \times 10^6 \times 550 \times 10^{-6}}{17.98 \times 10^3} = 2.48 > [n_{St}]$$

因此钢管 AB 安全。

（3）校核 CA 梁的强度

CA 梁的危险截面在 C 处，危险点在截面的上下表面，其最大弯曲应力为

$$\sigma_{max} = \frac{(F - F_N)l}{W} = \frac{(18 - 17.98) \times 10^3 \text{ N} \times 3 \text{ m}}{49 \times 10^{-6} \text{ m}^3} = 1.22 \times 10^6 \text{ Pa} < [\sigma]$$

显然满足强度条件。可以看出,这样的结构 AB 杆是主要承载杆件。

10.5　提高压杆稳定性的措施

提高压杆的稳定性,就是要提高压杆的临界压力或临界应力。因此,必须综合考虑杆长、端部支承情况、压杆截面的形状和尺寸以及材料特性等因素的影响。

1. 减小压杆的长度

由欧拉公式的普遍形式(10.12)式可以看出,压杆的临界压力随着杆长的减小而增加。因此,在条件允许的情况下,设法通过改进结构或增加中间支承点,使得尽可能的减小支承间的杆长,提高临界压力,从而增加压杆的稳定性。

2. 增强约束

根据欧拉公式的普遍形式(10.12)式,压杆的长度因数 μ 值越小,临界压力就越大。而长度因数 μ 值越小意味着杆端约束的刚性越大,即越牢固。因此尽可能改善杆端约束情况,加强杆端约束的刚性,例如变简支为固支等等,使压杆的长度因数 μ 值减小,临界压力相应增大,从而提高压杆的稳定性。

3. 选择合理的截面形状

根据欧拉公式的普遍形式(10.12)式,惯性矩越大,临界压力越大。在横截面面积一定的前提下,尽可能使材料远离截面形心,例如用空心圆环形截面代替实心圆形截面等空心截面代替实心截面的方法,及充分利用薄壁杆件,如工字钢、槽钢等。但值得注意的是,很多截面(矩形、工字形、槽形)各个方向的惯性矩不一样,在使用中要与相当长度 μl 合理配合,优化设计提高临界压力和压杆的稳定性。

4. 优化设计柔度

由于压杆的临界应力随柔度 λ 的减小而增大,而柔度 λ 又与压杆截面的惯性半径 i 和相当长度 μl 有关,λ 与惯性半径 i 成反比,与相当长度 μl 成正比。因此,压杆稳定设计时要综合考量,优化设计,避免各方向稳定性相差太多,造成在某一方向过早失稳。若压杆在各个纵向平面内的支承情况相同(如球铰支座和固定支座),则应尽可能使压杆截面的最大和最小两个轴惯性矩相等(即 i 相等),使压杆在各纵向平面内具有相同的 λ 值。当压杆两端在互相垂直的纵向平面内,其支承情况或相当长度 μl 不同时,应采用最大与最小惯性矩不等的截面(如工字形、槽形、矩形截面),并使惯性矩较小的平面内具有较小相当长度 μl,即的刚性较大的支承或较短的杆长,反之亦然。尽量使压杆在两个纵向平面内的柔度 λ 接近或相等(如例题 10.4),这样压杆将具有比较良好的稳定性。

5. 合理选用材料　由于各种钢材的 E 值大致相等,因此,对细长压杆选用材料更好的高强度钢,结果成本高而效益不大。对非弹性失稳的压杆,因其临界应力与材料的强度有关,选用高强度钢能使其临界应力有所提高。

复习思考题

10.1　何谓失稳?如何区别压杆的稳定平衡和不稳定平衡?

10.2 压杆的失稳与梁的弯曲变形在本质上有何区别?

10.3 何谓临界压力? 它的值与哪些因素有关?

10.4 何谓柔度? 它与压杆的承载能力有什么关系?

10.5 若细长压杆的长度增加一倍(其他条件不变),它的临界压力有何变化?

10.6 若圆截面细长压杆的截面直径增加一倍(其他条件不变),它的临界压力有何变化?

10.7 铸铁抗压性能好,因此它适合于做各类压杆,这个观点对吗? 为什么?

10.8 两端球铰支承的各压杆,其截面形状如复习思考题10.8图所示。试问压杆失稳时,它的截面将绕哪一根轴转动?

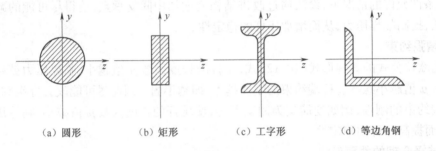

(a) 圆形　　　(b) 矩形　　　(c) 工字形　　　(d) 等边角钢

复习思考题10.8图

10.9 如何绘制某种材料压杆的临界应力总图?

10.10 如何区分大、中、小柔度杆? 他们的临界应力如何确定?

10.11 欧拉公式的适用范围是什么? 它的根据是什么?

10.12 试归纳计算压杆临界压力的步骤。

10.13 两端球铰的三根压杆,在截面积 A 相同的情况下,一根采用正方形截面,一根采用矩形截面$\left(\dfrac{h}{b}=2\right)$,一根采用圆形截面,试问那一根的临界压力最大?

10.14 由四根角钢组成的压杆,其截面形状有复习思考题10.14图(a)(b)两种方案。试问哪种方案稳定性好? 为什么?

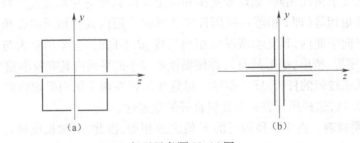

(a)　　　　　　　　(b)

复习思考题10.14图

习 题

10.1 三根圆截面压杆,直径均为 $d=160$ mm,材料为 Q235 钢,$E=200$ GPa,$\sigma_{\mathrm{p}}=$

200 MPa,σ_S=240 MPa。两端均为铰支,长度分别为 l_1、l_2和 l_3,且 $l_1 = 2l_2 = 4l_3 = 5$ m。试求各杆的临界压力 F_{cr}。

10.2　题 10.2 图示各压杆均为大柔度杆,其横截面的形状和尺寸均相同。试问哪根杆能承受的轴向压力最大? 哪根杆承受的轴向压力最小?

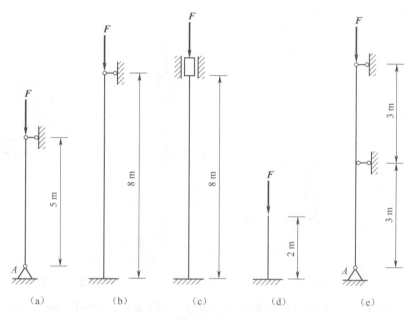

题 10.2 图

10.3　题 10.3 图示各压杆均为大柔度杆,两端均为球铰支,材料相同,$E = 200$ GPa,试求各杆的临界载荷。已知:(a)杆为圆形截面,直径 $d = 25$ mm,杆长 $l = 1$ m;(b)杆为矩形截面,$h = 40$ mm,$b = 20$ mm,杆长 $l = 1$ m;(c)杆为 16 号工字钢,$l = 2$ m。

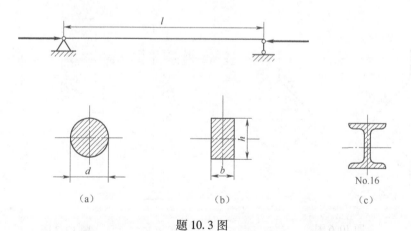

题 10.3 图

10.4　题 10.4 图示压杆的截面为 $200 \times 125 \times 18$,不等边角钢两端为球铰,试求其临界压力。$\lambda_P = 100$,$E = 200$ GPa。

10.5　题 10.5 图示空心圆截面压杆,两端固定,压杆材料为 Q235 钢,$\lambda_P = 100$,$E =$

200 GPa。设截面外径与内径之比 $\alpha = \dfrac{D}{d} = \dfrac{4}{3}$，试求：

(1) 压杆为大柔度杆时，杆长与外径 D 的最小比值以及此时压杆的临界压力；

(2) 若将此压杆改为实心圆截面，而杆的材料、长度、杆端约束及临界压力均不改变，此杆与空心圆截面杆的重量比。

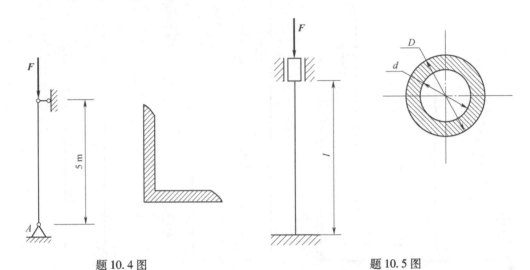

题 10.4 图   题 10.5 图

10.6   已知正方形桁架各杆的截面面积为 $A_1 = 295\ \text{mm}^2$，$A_2 = 417\ \text{mm}^2$，杆的截面形状为实心圆，$a = 0.5\ \text{m}$。试求题 10.6 图示(a)(b)两种情况下的极限载荷 F。已知材料的 $E = 200\ \text{GPa}$，$\sigma_P = 200\ \text{MPa}$，$\sigma_S = 240\ \text{MPa}$。

10.7   两端铰支压杆，材料为 Q235 钢，具有题 10.7 图示 4 种横截面形状，截面面积均为 $4.0 \times 10^3\ \text{mm}^2$，试比较它们的临界载荷值。设 $d_2 = 0.7 d_1$。

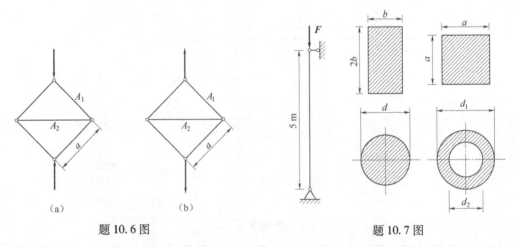

（a）   （b）

题 10.6 图   题 10.7 图

10.8   题 10.8 图示立柱，由两根 NO.10 槽钢组成，$l = 6\ \text{m}$，立柱顶部为球铰，底部为固定端，试问 a 为多大时立柱的临界压力 F_{cr} 最大？其值为多少？已知材料的弹性模量 $E = 200\ \text{GPa}$，比例极限 $\sigma_P = 200\ \text{MPa}$。

10.9 题 10.9 图示结构,用 Q235 钢制成,$\sigma_P = 200$ MPa,$\sigma_S = 235$ MPa,$E = 200$ GPa,AB 梁为 16 号工字钢,强度安全系数 $n = 2$,BC 杆为直径 $d = 40$ mm 圆钢,稳定安全因数 $[n_{St}] = 3$,试求该结构的许可载荷 $[F]$。

10.10 题 10.10 图示结构中,AB 和 AC 两杆均为圆截面等直杆,直径的 $d = 100$ mm,材料为 Q235 钢,$E = 200$ GPa,$\sigma_P = 200$ MPa,$\sigma_S = 235$ MPa,稳定安全因数 $[n_{St}] = 3$,求此结构的许可载荷 $[F]$。

10.11 梁柱结构如题 10.11 图所示,梁采用 16 号工字钢,立柱用两根 $63 \times 63 \times 10$ mm 的角钢组成,材料均为 Q235 钢,强度安全系数 $n = 1.4$。稳定安全因数 $[n_{St}] = 2$。试校核结构的强度和稳定性。已知 $E = 200$ GPa,$\sigma_P = 200$ MPa,$\sigma_S = 235$ MPa。

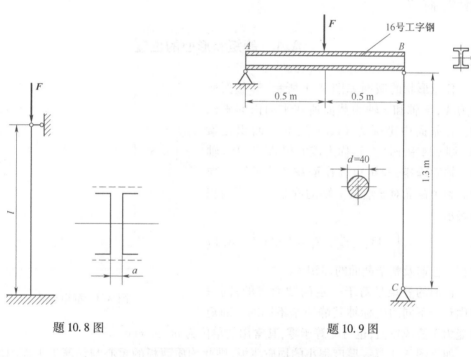

题 10.8 图   题 10.9 图

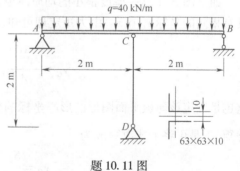

题 10.10 图   题 10.11 图

附录 A 截面的几何性质

杆件的强度、刚度和稳定性与杆件横截面的几何性质密切相关。杆件在拉伸与压缩时，强度、刚度与其横截面的面积 A 有关；杆件在扭转变形时，强度、刚度与横截面图形的极惯性矩 I_P 有关；在弯曲问题中，杆件的强度、刚度和稳定性还与杆件截面图形的静矩、惯性矩和惯性积等有关。

A.1 静矩和形心的位置

任意形状的截面如图 A.1 所示，其截面面积为 A，y 轴和 z 轴为截面所在平面内的坐标轴。在截面中坐标为 (y,z) 处取一面积元素 $\mathrm{d}A$，则 $y\mathrm{d}A$ 和 $z\mathrm{d}A$ 分别称为该面积 $\mathrm{d}A$ 对于 z 轴和 y 轴的**静矩**，静矩也称作**面积矩**或**截面一次矩**。整个截面对 z 轴和 y 轴的静矩用以下两积分表示

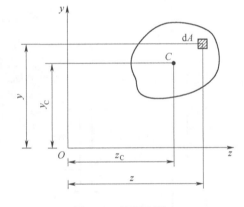

图 A.1 静矩和形心

$$S_z = \int_A y\mathrm{d}A, \qquad S_y = \int_A z\mathrm{d}A \quad (\text{A.1})$$

此积分应遍及整个截面的面积 A。

截面的静矩是对于一定的轴而言的，同一截面对于不同的坐标轴其静矩是不同的。静矩可能为正值或负值，也可能等于零，其常用的单位为 m^3 或 mm^3。

如果图 A.1 是一厚度很小的均质薄板，则此均质薄板的重心与该薄板平面图形的形心具有相同的坐标 y_C 和 z_C，由力矩定理可知，均质等厚薄板重心的坐标 y_C 和 z_C 分别是

$$y_C = \frac{\int_A y\mathrm{d}A}{A}, \qquad z_C = \frac{\int_A z\mathrm{d}A}{A} \tag{A.2}$$

这也是确定该薄板平面图形的形心坐标的公式。由于上式中的 $\int_A y\mathrm{d}A$ 和 $\int_A z\mathrm{d}A$ 就是截面的静矩，于是可将上式改写成为

$$y_C = \frac{S_z}{A}, \qquad z_C = \frac{S_y}{A} \tag{A.3}$$

因此，在知道截面对于 z 轴和 y 轴的静矩以后，即可求得截面形心的坐标。若将上式写为

$$S_z = Ay_C, \qquad S_y = Az_C \tag{A.4}$$

则在已知截面的面积 A 和截面形心的坐标 y_C，z_C 时，就可求得该截面对于 z 轴和 y 轴的静矩。

由以上两式可见,若截面对于某一轴的静矩等于零,则该轴必通过截面的形心;反之,截面对于通过其形心的轴的静矩恒等于零。

当截面由若干简单图形,例如矩形、圆形或三角形等组成时,由于简单图形的面积及其形心位置均为已知,而且,从静矩的定义可知,截面各组成部分对于某一轴的静矩的代数和,就等于该截面对于同一轴的静矩,于是,得整个截面的静矩为

$$S_z = \sum_{i=1}^n A_i y_{Ci}, \qquad S_y = \sum_{i=1}^n A_i z_{Ci} \qquad\qquad (A.5)$$

式中, A_i 和 y_{Ci}，z_{Ci} 分别代表任一简单图形的面积及其形心的坐标; n 为组成截面的简单图形的个数。

若将按式(A.5)求得的 S_z 和 S_y 代入式(A.2),可得计算组合截面形心坐标的公式为

$$y_C = \frac{\sum_{i=1}^n A_i y_{Ci}}{\sum_{i=1}^n A_i}, \qquad z_C = \frac{\sum_{i=1}^n A_i z_{Ci}}{\sum_{i=1}^n A_i} \qquad\qquad (A.6)$$

例 A.1　试计算图 A.2 所示三角形截面对于与其底边重合的 z 轴的静矩。

解: 取平行于 z 轴的狭长条(见图)作为面积元素,因其上各点到 z 轴的距离 y 相同,故 $\mathrm{d}A = b(y)\mathrm{d}y$。由相似三角形关系,可知 $b(y) = \dfrac{b}{h}(h - y)$,因此有 $\mathrm{d}A = \dfrac{b}{h}(h - y)\mathrm{d}y$。将其代入式(A.2),即得

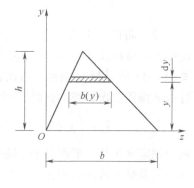

图 A.2　例 A.1 图

$$S_z = \int_A y\mathrm{d}A = \int_0^h \frac{b}{h}(h - y)y\mathrm{d}y = b\int_0^h y\mathrm{d}y - \frac{b}{h}\int_0^h y^2\mathrm{d}y = \frac{bh^2}{6}$$

例 A.2　试计算图 A.3 所示 T 形截面的形心位置。

解: 由于 T 形截面关于 y 轴对称,形心必在 y 轴上,因此 $z_C = 0$,只需计算 y_C。T 形截面可看作由矩形Ⅰ和矩形Ⅱ组成, $C_Ⅰ$，$C_Ⅱ$ 分别为两矩形的形心。两矩形的截面面积和形心纵坐标分别为

$$A_Ⅰ = A_Ⅱ = 20\ \mathrm{mm} \times 60\ \mathrm{mm} = 1\ 200\ \mathrm{mm}^2$$

$$y_{C_Ⅰ} = 10\ \mathrm{mm}, \qquad y_{C_Ⅱ} = 50\ \mathrm{mm}$$

由式(A.6)得

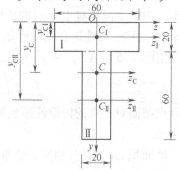

$$y_C = \frac{\sum A_i y_{Ci}}{\sum A_i} = \frac{A_Ⅰ y_{C_Ⅰ} + A_Ⅱ y_{C_Ⅱ}}{A_Ⅰ + A_Ⅱ} =$$

$$\frac{1\ 200\ \mathrm{mm}^2 \times 10\ \mathrm{mm} + 1\ 200\ \mathrm{mm}^2 \times 50\ \mathrm{mm}}{1\ 200\ \mathrm{mm}^2 + 1\ 200\ \mathrm{mm}^2} =$$

30 mm

图 A.3　例 A.2 图

例 A.3 求图 A.4 所示半径为 r 的半圆形心位置。

解: 取图示参考坐标轴 Oyz,由于 z 轴是半圆的对称轴,形心 C 一定位于 z 轴上,因此只需确定形心的纵坐标 z_c。

取平行半圆底边(y 轴)的窄条为微面积 $dA = b(z)dz$。根据半圆方程 $y^2 + z^2 = r^2$,得 $b(z) = 2y = 2\sqrt{r^2 - z^2}$,于是得微面积 dA 对 y 轴的静矩为 $dS_y = zdA = 2z\sqrt{r^2 - z^2}\,dz$,而半圆面积 $A = \dfrac{\pi r^2}{2}$,由式(A.6),得

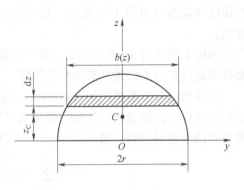

图 A.4 例 A.3 图

$$z_C = \frac{S_y}{A} = \frac{\int_0^r 2z\sqrt{r^2 - z^2}\,dz}{\pi r^2/2} = \frac{\frac{2}{3}r^3}{\pi r^2/2} = \frac{4r}{3\pi}$$

A.2 惯性矩、极惯性矩、惯性积、惯性半径

设一面积为 A 的任意形状截面如图 A.5 所示。从截面中取一微面积 dA,则 dA 与其至 z 轴或 y 轴距离平方的乘积 y^2dA 或 z^2dA 分别称为该面积元素对 z 轴或 y 轴的**惯性矩**或**截面二次轴矩**。而以下两积分

$$I_z = \int_A y^2\,dA, \qquad I_y = \int_A z^2\,dA \qquad (A.7)$$

则分别定义为整个截面对于 z 轴或 y 轴的惯性矩。上述积分应遍及整个截面面积 A。

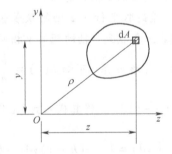

图 A.5 惯性矩和极惯性矩

微面积 dA 与其至坐标原点距离平方的乘积 ρ^2dA,称为该微面积对 O 点的极惯性矩。而以下积分

$$I_P = \int_A \rho^2\,dA \qquad (A.8)$$

则定义为整个截面对于 O 点的**极惯性矩**或**截面二次极矩**。同样,上述积分应遍及整个截面面积 A。显然,惯性矩和极惯性矩的数值均恒为正值,其单位为 m^4 或 mm^4。

由图 A.5 可见,$\rho^2 = y^2 + z^2$,故有

$$I_P = \int_A \rho^2\,dA = \int_A (y^2 + z^2)\,dA = I_z + I_y \qquad (A.9)$$

即任意截面对一点的极惯性矩的数值,等于截面以该点为原点的任意两正交坐标轴的惯性矩之和。

微面积 dA 与其分别至 z 轴和 y 轴距离的乘积 $yzdA$,称为该微面积对于两坐标轴的惯性积。而将以下积分

$$I_{yz} = \int_A yz \mathrm{d}A \qquad\qquad (A.10)$$

定义为整个截面对于 z,y 两坐标轴的**惯性积**,其积分也应遍及整个截面的面积。

从上述定义可见,同一截面对于不同坐标轴的惯性矩或惯性积一般是不同的。惯性矩的数值恒为正值,而惯性积则可能为正值或负值,也可能等于零。若 z,y 两坐标轴中有一为截面的对称轴,则其惯性积 I_{yz} 恒等于零。如图 A.6 所示,图中 y 轴是对称轴,在对称轴的两侧是处于对称位置的两微面积 $\mathrm{d}A$,这两个微面积对 y 轴和 z 轴的惯性积正、负号相反,而数值相等,其和为零,所以整个截面对 y 轴和 z 轴的惯性积必等于零。惯性积的单位与惯性矩的单位相同,也为 m^4 或 mm^4 。

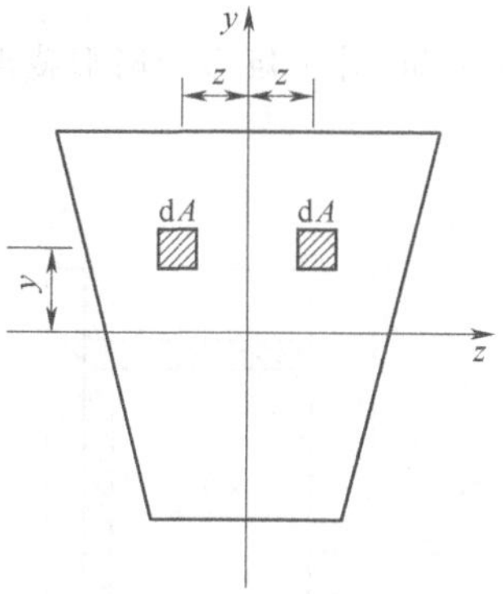

在某些应用中,将惯性矩除以面积 A ,再开方,定义为**惯性半径**,用 i 表示,其单位为 m 或 mm。所以对 z 轴和 y 轴的惯性半径分别表示为

图 A.6 y 轴是对称轴时 I_{yz} 恒等于零

$$i_z = \sqrt{\frac{I_z}{A}}, \qquad\qquad i_y = \sqrt{\frac{I_y}{A}} \qquad\qquad (A.11)$$

例 A.4 试计算图 A.7 所示矩形截面对于其对称轴(即形心轴) z 和 y 的惯性矩 I_z 和 I_y ,及其惯性积 I_{yz} 。

解: 取平行于 z 轴的狭长条作为面积元素 $\mathrm{d}A$,则 $\mathrm{d}A = b\mathrm{d}y$,根据式(A.7)的第一式,可得

$$I_z = \int_A y^2 \mathrm{d}A = \int_{-\frac{h}{2}}^{\frac{h}{2}} by^2 \mathrm{d}y = \frac{bh^3}{12}$$

同理,在计算对 y 的惯性矩 I_y 时,取平行于 y 轴的狭长条作为面积元素 $\mathrm{d}A$,则 $\mathrm{d}A = h\mathrm{d}z$,根据式(A.7)的第二式,可得

$$I_y = \int_A z^2 \mathrm{d}A = \int_{-\frac{b}{2}}^{\frac{b}{2}} hz^2 \mathrm{d}z = \frac{b^3 h}{12}$$

因为 z 轴(或 y 轴)为对称轴,故惯性积

$$I_{yz} = 0$$

例 A.5 试计算图 A.8 所示圆形截面对 O 点的极惯性矩 I_P 和对于其形心轴(即直径轴)的惯性矩 I_y 和 I_z 。

解: 以圆心为原点,选坐标轴 z、y 如图 A.8 所示。在离圆心 O 距离为 ρ 处,取厚度为 $\mathrm{d}\rho$ 的圆环作为面积元素 $\mathrm{d}A$,即 $\mathrm{d}A = 2\pi\rho\mathrm{d}\rho$,故

$$I_P = \int_A \rho^2 \mathrm{d}A = \int_0^{\frac{d}{2}} \rho^2 (2\pi\rho\mathrm{d}\rho) = \frac{\pi d^4}{32}$$

由于圆截面对任意方向的直径轴都是对称的,故

$$I_y = I_z$$

于是,利用公式 $I_P = I_z + I_y$,并将 $I_P = \dfrac{\pi d^4}{32}$ 代入,得

$$I_y = I_z = \frac{I_P}{2} = \frac{\pi d^4}{64}$$

由此可知,对于矩形和圆形截面,由于 z、y 两轴都是截面的对称轴,故其惯性积 I_{yz} 均等于零。

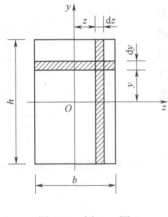

图 A.7　例 A.4 图

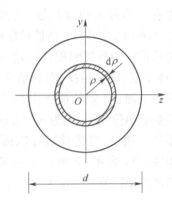

图 A.8　例 A.5 图

A.3　惯性矩和惯性积的平行移轴公式　组合截面的惯性矩和惯性积

A.3.1　惯性矩和惯性积的平行移轴公式

设一面积为 A 的任意形状截面如图 A.9 所示。截面对任意的 z,y 两坐标轴的惯性矩和惯性积分别为 I_z,I_y 和 I_{yz}。另外,通过截面的形心 C 有分别与 z,y 两轴平行的 z_C,y_C 轴,称为形心轴。截面对于形心轴的惯性矩和惯性积分别为 I_{z_C},I_{y_C} 和 $I_{y_C z_C}$。

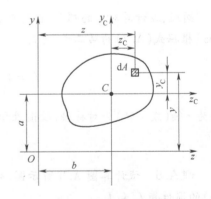

图 A.9　平行移轴公式

由图 A.9 可见,截面上任一微面积 dA 在两坐标系内的坐标 (y,z) 和 (y_C,z_C) 之间的关系为

$$y = y_C + a, \qquad z = z_C + b \qquad (a)$$

式中,a,b 是截面形心在 Oyz 坐标系内的坐标值。将式(a)中的 y 代入式(A.7)中的第一式,经展开并逐项积分后,可得

$$I_z = \int_A y^2 \mathrm{d}A = \int_A (y_C + a)^2 \mathrm{d}A = \int_A y_C^2 \mathrm{d}A + 2a \int_A y_C \mathrm{d}A + a^2 \int_A \mathrm{d}A \qquad (b)$$

根据惯性矩和静矩的定义,上式右端的各项积分分别为

$$\int_A y_C^2 \mathrm{d}A = I_{z_C}, \qquad \int_A y_C \mathrm{d}A = S_{z_C}, \qquad \int_A \mathrm{d}A = A$$

其中，S_{z_C} 为截面对 z_C 轴的静距，但由于 z_C 轴通过截面形心 C，因此 S_{z_C} 等于零。于是，式（b）可写作

$$I_z = I_{z_C} + a^2 A \tag{A.12a}$$

同理

$$I_y = I_{y_C} + b^2 A \tag{A.12b}$$

$$I_{yz} = I_{y_C z_C} + abA \tag{A.12c}$$

注意：上式中的 a,b 两坐标值有正负号，可由截面形心 C 所在的象限来确定。

式（A.12）称为惯性矩和惯性积的**平行移轴公式**。应用上式即可根据截面对于形心轴的惯性矩或惯性积，计算截面对于与形心轴平行的坐标轴的惯性矩或惯性积，或进行相反的运算。

A.3.2　组合截面的惯性矩和惯性积

在工程中常遇到组合截面。根据惯性矩和惯性积的定义可知，组合截面对某坐标轴的惯性矩（或惯性积）就等于其各组成部分对同一坐标轴的惯性矩（或惯性积）之和。若截面是由 n 个部分组成，则组合截面对 y、z 两轴的惯性矩和惯性积分别为

$$I_y = \sum_{i=1}^{n} I_{yi}, \qquad I_z = \sum_{i=1}^{n} I_{zi}, \qquad I_{yz} = \sum_{i=1}^{n} I_{yzi} \tag{A.13}$$

式中，I_{xi}、I_{yi} 和 I_{xyi} 分别为组合截面中组成部分 i 对 x、y 两轴的惯性矩和惯性积。

例 A.6　试计算例 A.2 中图 A.3 所示截面对于其形心轴 z_C 的惯性矩 I_{z_C}。

解：由例题 A.2 的结果可知，截面的形心坐标 y_C 和 z_C 分别为

$$z_C = 0 \text{ mm}$$
$$y_C = 30 \text{ mm}$$

然后用平行移轴公式，分别求出矩形 Ⅰ 和 Ⅱ 对 z_C 轴的惯性矩 $I_{z_C}^{\mathrm{I}}$ 和 $I_{z_C}^{\mathrm{II}}$，最后相加，即得整个截面的惯性矩 I_{z_C}。

$$I_{z_C}^{\mathrm{I}} = \left[\frac{1}{12} \times 60 \times 20^3 + (30 - 10)^2 \times 60 \times 20 \right] \text{ mm}^4$$

$$= 52 \times 10^4 \text{ mm}^4$$

$$I_{z_C}^{\mathrm{II}} = \left[\frac{1}{12} \times 20 \times 60^3 + (50 - 30)^2 \times 20 \times 60 \right] \text{ mm}^4$$

$$= 84 \times 10^4 \text{ mm}^4$$

整个截面的惯性矩 I_{z_C}

$$I_{z_C} = I_{z_C}^{\mathrm{I}} + I_{z_C}^{\mathrm{II}} = (52 + 84) \times 10^4 \text{ mm}^4 = 136 \times 10^4 \text{ mm}^4$$

例 A.7　图 A.10 示截面由一个 25c 号槽钢截面和两个 90 mm×90 mm×12 mm 角钢截面组成。试求组合截面分别对形心轴 y 和 z 的惯性矩 I_y 和 I_z。

解：（1）型钢截面的几何性质

由型钢规格表查得：25c 号槽钢截面

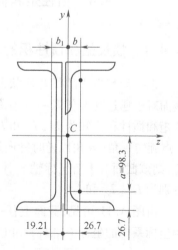

图 A.10　例 A.7 图

$A = 44.91 \times 10^2 \text{ mm}, I_{zc} = 3\ 690.45 \times 10^4 \text{ mm}^4, I_{yc} = 218.415 \times 10^4 \text{ mm}^4$

90 mm×90 mm×12 mm 角钢截面

$$A = 20.3 \times 10^2 \text{ mm}, I_{zc} = I_{yc} = 149.22 \times 10^4 \text{ mm}^4$$

（2）组合截面的形心位置

如图 A.10 所示，为便于计算，以两角钢截面的形心连线作为参考轴，则组合截面形心 C 离该轴的距离 b 为

$$\bar{z} = \frac{\sum A_i \bar{z}_i}{\sum A_i} = \frac{2 \times (2\ 030 \text{ mm}^2) \times 0 + (4\ 491 \text{ mm}^2) \times [-(19.21 \text{ mm} + 26.7 \text{ mm})]}{2 \times (2\ 030 \text{ mm}^2) + 4\ 491 \text{ mm}^2}$$

$$= -24.1 \text{ mm}$$

由此得
$$b = |\bar{z}| = 24.1 \text{ mm}$$

（3）组合截面的惯性矩

按平行移轴公式（A.12），分别计算槽钢截面和角钢截面对于 y 轴和 z 轴的惯性矩。

槽钢截面：

$$I_{z1} = I_{z_c} + a_1^2 A = 3\ 690.45 \times 10^4 \text{ mm}^4 + 0 = 3\ 690 \times 10^4 \text{ mm}^4$$

$$I_{y1} = I_{y_c} + b_1^2 A = 218.415 \times 10^4 \text{ mm}^4 + (19.21 \text{ mm} + 26.7 \text{ mm} - 24.1 \text{ mm})^2 \times 4\ 491 \text{ mm}^2$$

$$= 431 \times 10^4 \text{ mm}^4$$

角钢截面：

$$I_{z2} = I_{z_c} + a^2 A = 149.22 \times 10^4 \text{ mm}^4 + (98.3 \text{ mm})^2 \times 2\ 030 \text{ mm}^2 = 2\ 110 \times 10^4 \text{ mm}^4$$

$$I_{y2} = I_{y_c} + b^2 A = 149.22 \times 10^4 \text{ mm}^4 + (24.1 \text{ mm})^2 \times 2\ 030 \text{ mm}^2 = 267 \times 10^4 \text{ mm}^4$$

按式（A.13），可得组合截面的惯性矩为

$$I_z = 3\ 690 \times 10^4 \text{ mm}^4 + 2 \times (2\ 110 \times 10^4 \text{ mm}^4) = 7\ 910 \times 10^4 \text{ mm}^4$$

$$I_y = 431 \times 10^4 \text{ mm}^4 + 2 \times (267 \times 10^4 \text{ mm}^4) = 965 \times 10^4 \text{ mm}^4$$

A.4 惯性矩和惯性积的转轴公式 主惯性轴和主惯性矩

A.4.1 惯性矩和惯性积的转轴公式

设一面积为 A 的任意形状截面如图 A.11 所示。截面对于通过其上任意一点 O 的两坐标轴 z,y 的惯性矩和惯性积已知为 I_z，I_y 和 I_{yz}。若坐标轴 z,y 绕 O 点旋转 α 角（α 角以逆时针向旋转为正）至 z_1,y_1 位置，则该截面对于新坐标轴 z_1,y_1 的惯性矩和惯性积分别为 I_{z_1}，I_{y_1} 和 $I_{y_1 z_1}$。

由图 A.11 可见，截面上任一微面积 dA 在新、老两坐标系内的坐标 (y_1, z_1) 和 (y, z) 之间的关系为

$$y_1 = \overline{AC} = \overline{AD} - \overline{EB} = y\cos \alpha - z\sin \alpha$$

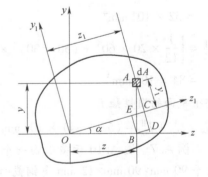

图 A.11 转轴公式

$$z_1 = \overline{OC} = \overline{OE} + \overline{BD} = z\cos \alpha + y\sin \alpha$$

将 y_1 代入式(A.7)中的第一式,经过展开并逐项积分后,即得该截面对于坐标轴 z_1 的惯性矩 I_{z_1} 为

$$I_{z_1} = \cos^2 \alpha \int_A y^2 \mathrm{d}A + \sin^2 \alpha \int_A z^2 \mathrm{d}A - 2\sin \alpha \cos \alpha \int_A yz \mathrm{d}A \tag{a}$$

根据惯性矩和静矩的定义,上式右端的各项积分分别为

$$\int_A y^2 \mathrm{d}A = I_z, \qquad \int_A z^2 \mathrm{d}A = I_y, \qquad \int_A yz \mathrm{d}A = I_{yz}$$

将其代入式(a)并改用二倍角函数的关系,即得

$$I_{z_1} = \frac{I_z + I_y}{2} + \frac{I_z - I_y}{2}\cos 2\alpha - I_{yz}\sin 2\alpha \tag{A.14a}$$

同理

$$I_{y_1} = \frac{I_z + I_y}{2} - \frac{I_z - I_y}{2}\cos 2\alpha + I_{yz}\sin 2\alpha \tag{A.14b}$$

$$I_{y_1 z_1} = \frac{I_z - I_y}{2}\sin 2\alpha + I_{yz}\cos 2\alpha \tag{A.14c}$$

以上三式就是惯性矩和惯性积的**转轴公式**。

将式(A.14a)和(A.14b)中的 I_{z_1} 和 I_{y_1} 相加,可得

$$I_{z_1} + I_{y_1} = I_z + I_y \tag{b}$$

上式表明,截面对于通过同一点的任意一对相互垂直的坐标轴的两惯性矩之和为一常数,并等于截面对该坐标原点的极惯性矩(见式 A.9)。

利用惯性矩和惯性积的转轴公式可以计算截面的主惯性轴和主惯性矩。

A.4.2　主惯性轴和主惯性矩

由上节式(A.14c)可知,当坐标轴旋转时,惯性积 $I_{y_1 z_1}$ 将随着 α 角作周期性变化,并且有正有负。因此,必有一特定角度 α_0,使截面对于新坐标轴 y_0, z_0 的惯性积等于零。若截面对某一对坐标轴的惯性积等于零,则称该对坐标轴为**主惯性轴**。截面对于主惯性轴的惯性矩,称为**主惯性矩**。通过截面形心的主惯性轴,称为**形心主惯性轴**。截面对于形心主惯性轴的惯性矩,称为形心主惯性矩。杆件横截面上的形心主惯性轴与杆件轴线所确定的平面,称为**形心主惯性平面**。

为确定主惯性轴位置,设 α_0 角为主惯性轴与原坐标轴之间的夹角(参阅图 A.11),将 α_0 角代入惯性积的转轴公式(A.14c)并令其等于零,即

$$\frac{I_z - I_y}{2}\sin 2\alpha_0 + I_{yz}\cos 2\alpha_0 = 0$$

上式可改写成为

$$\tan 2\alpha_0 = -\frac{2I_{yz}}{I_z - I_y} \tag{A.15}$$

由上式可求出两个角度 α_0 和 $\alpha_0 + 90°$ 的数值,从而确定两主惯性轴 z_0 和 y_0 的位置。

将由式(A.15)所得的 α_0 值代入式(A.14a)和(A.14b),可求出截面的主惯性矩的数值。为计算方便,下面导出直接计算主惯性矩数值的公式。将公式(A.15)变形,可得

$$\cos 2\alpha_0 = \frac{1}{\sqrt{1 + \tan^2 2\alpha_0}} = \frac{I_z - I_y}{\sqrt{(I_z - I_y)^2 + 4I_{yz}^2}} \tag{a}$$

$$\sin 2\alpha_0 = \frac{\tan 2\alpha_0}{\sqrt{1 + \tan^2 2\alpha_0}} = \frac{-2I_{yz}}{\sqrt{(I_z - I_y)^2 + 4I_{yz}^2}} \tag{b}$$

将以上两式代入式(A.14a)和(A.14b),经简化后即得**主惯性矩的计算公式**

$$\left.\begin{aligned} I_{z_0} &= \frac{I_z + I_y}{2} + \frac{1}{2}\sqrt{(I_z - I_y)^2 + 4I_{yz}^2} \\ I_{y_0} &= \frac{I_z + I_y}{2} - \frac{1}{2}\sqrt{(I_z - I_y)^2 + 4I_{yz}^2} \end{aligned}\right\} \tag{A.16}$$

另外,由惯性矩的表达式也可导出上述主惯性矩的计算公式。由式(A.14a)和(A.14b)可见,惯性矩 I_{z_1} 和 I_{y_1} 都是 α 角的正弦和余弦函数,而 α 角可在 0° 到 360° 的范围内变化,故 I_{z_1} 和 I_{y_1} 必然有极值。由于截面对通过同一点的任意一对相互垂直的坐标轴的两惯性矩之和为一常数,因此,此两惯性矩中的一个将为极大值,另一个则为极小值。故将式(A.14a)和(A.14b)对 α 求导,且使其等于零,即

$$\frac{\mathrm{d}I_{z_1}}{\mathrm{d}\alpha} = 0 \quad \text{和} \quad \frac{\mathrm{d}I_{y_1}}{\mathrm{d}\alpha} = 0$$

由此解得的使惯性矩取得极值的坐标轴位置的表达式与式(A.15)完全一致。从而可知,截面对于通过任一点的主惯性轴的主惯性矩之值,也就是通过该点所有轴的惯性矩中的极大值 $I_{\max}$ 和极小值 $I_{\min}$。从式(A.16)可见,I_{z_0} 就是 $I_{\max}$,而 I_{y_0} 则为 $I_{\min}$。

式(A.15)和(A.16)也可用于确定形心主惯性轴的位置和用于形心主惯性矩的计算,但此时式中的 I_z,I_y 和 I_{yz} 应为截面对于通过其形心的某一对轴的惯性矩和惯性积。

若通过截面形心的一对坐标轴中有一个为对称轴(如 T 形、槽形截面),则该对称轴就是形心主惯性轴。对于这种具有对称轴的组合截面,则包括此轴在内的一对互相垂直的形心轴就是形心主惯性轴。此时,只需利用移轴公式(A.12)即可求得截面的形心主惯性矩。

对于无对称轴的组合截面,必须首先确定其形心的位置,然后通过该形心选择一对便于计算惯性矩和惯性积的坐标轴,算出组合截面对于这一对坐标轴的惯性矩和惯性积。将结果代入式(A.15)和(A.16),即可确定表示形心主惯性轴位置的角度 α_0 和形心主惯性矩的数值。

若组合截面具有对称轴,则包含对称轴的一对互相垂直的形心轴就是形心主惯性轴。此时,利用公式(A.12)和(A.13),即可得截面的形心主惯性矩。

例如 Z 形和 L 形截面,其形心主惯性轴的方位角 α_0 可由式(A.15)求出,其形心主惯性矩的数值可由式(A.16)求出。Z 形和 L 形截面的形心主惯性轴大致位置如图 A.12 所示。

表 A.1 中为常见截面的几何性质,供读者使用时查询。

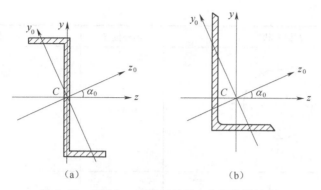

图 A.12 Z 形和 L 形截面的形心主惯性轴的位置

表 A.1 常用截面的几何性质

序号	截面形状	形心位置	惯性矩
1		截面中心	$I_z = \dfrac{bh^3}{12}$
2		截面中心	$I_z = \dfrac{bh^3}{12}$
3		$y_c = \dfrac{h}{3}$	$I_z = \dfrac{bh^3}{36}$
4		$y_c = \dfrac{h(2a+b)}{3(a+b)}$	$I_z = \dfrac{h^3(a^2+4ab+b^2)}{36(a+b)}$

序号	截面形状	形心位置	惯性矩
5		圆心处	$I_z = \dfrac{\pi d^4}{64}$
6		圆心处	$I_z = \dfrac{\pi(D^4 - d^4)}{64} = \dfrac{\pi D^4}{64}(1 - \alpha^4)$ $\alpha = d/D$
7		圆心处	$I_z = \pi R_0^3 \delta$
8		$y_c = \dfrac{4R}{3\pi}$	$I_z = \dfrac{(9\pi^2 - 64)R^4}{72\pi} = 0.109\,8R^4$
9		$y_c = \dfrac{2R\sin\alpha}{3\alpha}$	$I_z = \dfrac{R^4}{4}\left(\alpha + \sin\alpha\cos\alpha - \dfrac{16\sin^2\alpha}{9\alpha}\right)$
10		椭圆中心	$I_z = \dfrac{\pi ab^3}{4}$

例 A.8　试确定图 A.13 所示图形的形心主惯性轴的位置,并计算形心主惯性矩。

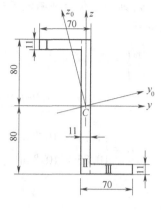

图 A.13　例 A.8 图

解: 把图形看作由 Ⅰ,Ⅱ,Ⅲ 三个矩形所组成。选取通过矩形 Ⅱ 形心的水平轴及铅垂轴作为 y 轴和 z 轴。

矩形 Ⅰ 的形心坐标为 $(-35, 74.5)$ mm

矩形 Ⅱ 的形心坐标为 $(0, 0)$ mm

矩形 Ⅲ 的形心坐标为 $(35, -74.5)$ mm

故矩形 Ⅰ,Ⅲ 组合图形的形心与矩形 Ⅱ 的形心重合在坐标原点 C。

利用平行移轴公式分别求出各矩形对 y 轴和 z 轴的惯性矩和惯性积:

矩形 Ⅰ:

$$I_y^{\mathrm{I}} = I_{y_c}^{\mathrm{I}} + a_1^2 A_1 = \frac{1}{12} \times 0.059 \times 0.011^3 \text{ m}^4 + 0.074\,5^2 \times 0.011 \times 0.059 \text{ m}^4 = 3.607 \times 10^{-6} \text{ m}^4$$

$$I_z^{\mathrm{I}} = I_{z_c}^{\mathrm{I}} + b_1^2 A_1 = \frac{1}{12} \times 0.011 \times 0.059^3 \text{ m}^4 + (-0.035)^2 \times 0.011 \times 0.059 \text{ m}^4 = 0.982 \times 10^{-6} \text{ m}^4$$

$$I_{yz}^{\mathrm{I}} = I_{y_c z_c}^{\mathrm{I}} + a_1 b_1 A_1 = 0 + 0.074\,5 \times (-0.035) \times 0.011 \times 0.059 \text{ m}^4 = -1.69 \times 10^{-6} \text{ m}^4$$

矩形 Ⅱ:

$$I_y^{\mathrm{II}} = \frac{1}{12} \times 0.011 \times 0.16^3 \text{ m}^4 = 3.607 \times 10^{-6} \text{ m}^4$$

$$I_z^{\mathrm{II}} = \frac{1}{12} \times 0.16 \times 0.011^3 \text{ m}^4 = 0.017\,8 \times 10^{-6} \text{ m}^4$$

$$I_{yz}^{\mathrm{II}} = 0$$

矩形 Ⅲ:

$$I_y^{\mathrm{III}} = I_{y_c}^{\mathrm{III}} + a_3^2 A_3 = \frac{1}{12} \times 0.059 \times 0.011^3 \text{ m}^4 + (-0.074\,5)^2 \times 0.011 \times 0.059 \text{ m}^4 = 3.607 \times 10^{-6} \text{ m}^4$$

$$I_z^{\mathrm{III}} = I_{z_c}^{\mathrm{III}} + b_3^2 A_3 = \frac{1}{12} \times 0.011 \times 0.059^3 \text{ m}^4 + 0.035^2 \times 0.011 \times 0.059 \text{ m}^4 = 0.982 \times 10^{-6} \text{ m}^4$$

$$I_{yz}^{\mathrm{III}} = I_{y_c z_c}^{\mathrm{III}} + a_3 b_3 A_3 = 0 + (-0.074\,5) \times 0.035 \times 0.011 \times 0.059 \text{ m}^4 = -1.69 \times 10^{-6} \text{ m}^4$$

整个图形对 y 轴和 z 轴的惯性矩和惯性积分别为

$$I_y = I_y^{\mathrm{I}} + I_y^{\mathrm{II}} + I_y^{\mathrm{III}} = (3.607 + 3.76 + 3.607) \times 10^{-6} \text{ m}^4 = 10.97 \times 10^{-6} \text{ m}^4$$

$$I_z = I_z^{\mathrm{I}} + I_z^{\mathrm{II}} + I_z^{\mathrm{III}} = (0.982 + 0.017\,8 + 0.982) \times 10^{-6} \text{ m}^4 = 1.98 \times 10^{-6} \text{ m}^4$$

$$I_{yz} = I_{yz}^{\mathrm{I}} + I_{yz}^{\mathrm{II}} + I_{yz}^{\mathrm{III}} = (-1.69 + 0 - 1.69) \times 10^{-6} \text{ m}^4 = -3.38 \times 10^{-6} \text{ m}^4$$

把求得的 I_y, I_z, I_{yz} 代入式(A.15),得

$$\tan 2\alpha_0 = \frac{-2 I_{yz}}{I_y - I_z} = \frac{-2(-3.38 \times 10^{-6}) \text{ m}^4}{10.97 \times 10^{-6} \text{ m}^4 - 1.98 \times 10^{-6} \text{ m}^4} = 0.752$$

$$2\alpha_0 \approx 37° \text{ 或 } 217°$$

$$\alpha_0 \approx 18°30' \text{ 或 } 108°30'$$

α_0 的两个值分别确定了形心主惯性轴 y_0 和 z_0 的位置。随后,由式(A.16)求得形心主惯性矩为

$$\left.\begin{array}{c} I_{y_0} \\ I_{z_0} \end{array}\right\} = \frac{I_z + I_y}{2} \pm \frac{1}{2}\sqrt{(I_z - I_y)^2 + 4I_{yz}^2}$$

$$= \frac{(10.97 + 1.98) \times 10^{-6}}{2} \text{ m}^4 \pm \frac{1}{2}\sqrt{(10.97 - 1.98)^2 + 4(-3.38)^2} \times 10^{-6} \text{ m}^4$$

$$= \begin{cases} 12.1 \times 10^{-6} \text{ m}^4 \\ 0.85 \times 10^{-6} \text{ m}^4 \end{cases}$$

习 题

A.1 试求题 A.1 图示各图形的阴影线面积对 z 轴的静矩,图中尺寸单位:mm。

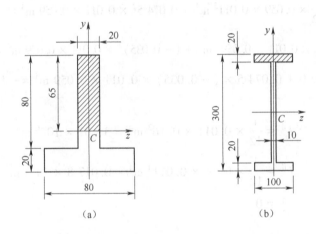

(a)   (b)

题 A.1 图

A.2 试确定题 A.2 图示各截面的形心位置,图中尺寸单位:mm。

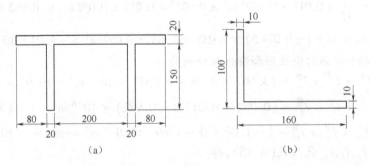

(a)   (b)

题 A.2 图

A.3 由半圆和槽形组合而成的横截面和尺寸(单位毫米)如题 A.3 图所示。试求该组合截面的形心位置 c。并求该截面对图示坐标轴 y 和 z' 的静矩 S_y 和 S'_z。

A.4 试求图示各截面对其对称轴 z 的惯性矩,题 A.4 图中尺寸单位:mm。

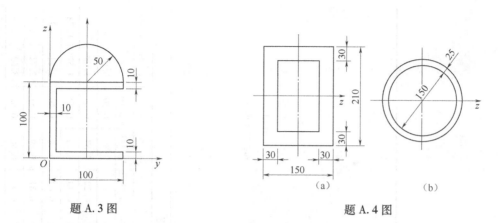

题 A.3 图   题 A.4 图

A.5 试求题 A.5 图示各截面对其形心轴 z_c 的惯性矩 I_{z_c}。

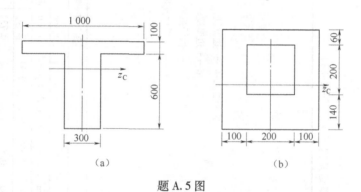

题 A.5 图

A.6 画出题 A.6 图示各图形形心主惯性轴的大致位置,并在每个图形中区别两个形心主惯性矩的大小。

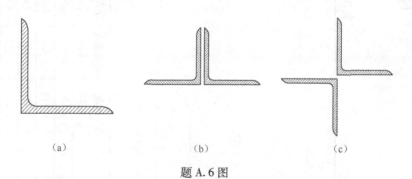

（a）   （b）   （c）

题 A.6 图

附录 B 型 钢 表

表 B.1 热轧等边角钢 (GB 9787—1988)

符号意义: b——边宽度;
d——边厚度;
r——内圆弧半径;
r_1——边端内圆弧半径;
I——惯性矩;
i——惯性半径;
W——截面系数;
z_0——重心距离。

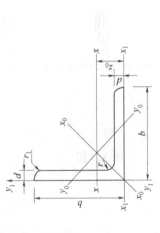

角钢号数	尺寸/mm			截面面积 /cm²	理论重量 /(kg·m⁻¹)	外表面积 /(m²·m⁻¹)	参考数值											
							$x-x$			x_0-x_0			y_0-y_0			x_1-x_1	z_0/cm
	b	d	r				I_x/cm⁴	i_x/cm	W_x/cm³	I_{x0}/cm⁴	i_{x0}/cm	W_{x0}/cm³	I_{y0}/cm⁴	i_{y0}/cm	W_{y0}/cm³	I_{x1}/cm⁴	
2	20	3	3.5	1.132	0.889	0.078	0.40	0.59	0.29	0.63	0.75	0.45	0.17	0.39	0.20	0.81	0.60
		4		1.459	1.145	0.077	0.50	0.58	0.36	0.78	0.73	0.55	0.22	0.38	0.24	1.09	0.64
2.5	25	3	3.5	1.432	1.124	0.098	0.82	0.76	0.46	1.29	0.95	0.73	0.34	0.49	0.33	1.57	0.73
		4		1.859	1.459	0.097	1.03	0.74	0.59	1.62	0.93	0.92	0.43	0.48	0.40	2.11	0.76
3.0	30	3	4.5	1.749	1.373	0.117	1.46	0.91	0.68	2.31	1.15	1.09	0.61	0.59	0.51	2.71	0.85
		4		2.276	1.786	0.117	1.84	0.90	0.87	2.92	1.13	1.37	0.77	0.58	0.62	3.63	0.89

续表

角钢号数	尺寸/mm			截面面积/cm²	理论重量/(kg·m⁻¹)	外表面积/(m²·m⁻¹)	参考数值												
							$x-x$			x_0-x_0			y_0-y_0			x_1-x_1	z_0/cm
	b	d	r				I_x/cm⁴	i_x/cm	W_x/cm³	I_{x0}/cm⁴	i_{x0}/cm	W_{x0}/cm³	I_{y0}/cm⁴	i_{y0}/cm	W_{y0}/cm³	I_{x1}/cm⁴	
3.6	36	3	4.5	2.109	1.656	0.141	2.58	1.11	0.99	4.09	1.39	1.61	1.07	0.71	0.76	4.68	1.00
		4		2.756	2.163	0.141	3.29	1.09	1.28	5.22	1.38	2.05	1.37	0.70	0.93	6.25	1.04
		5		3.382	2.654	0.141	3.95	1.08	1.56	6.24	1.36	2.45	1.65	0.70	1.09	7.84	1.07
4.0	40	3	5	2.359	1.852	0.157	3.59	1.23	1.23	5.69	1.55	2.01	1.49	0.79	0.96	6.41	1.09
		4		3.086	2.422	0.157	4.60	1.22	1.60	7.29	1.54	2.58	1.91	0.79	1.19	8.56	1.13
		5		3.791	2.976	0.156	5.53	1.21	1.96	8.76	1.52	3.01	2.30	0.78	1.39	10.74	1.17
4.5	45	3	5	2.659	2.088	0.177	5.17	1.40	1.58	8.20	1.76	2.58	2.14	0.89	1.24	9.12	1.22
		4		3.486	2.736	0.177	6.65	1.38	2.05	10.56	1.74	3.32	2.75	0.89	1.54	12.18	1.26
		5		4.292	3.369	0.176	8.04	1.37	2.51	12.74	1.72	4.00	3.33	0.88	1.81	15.25	1.30
		6		5.076	3.985	0.176	9.33	1.36	2.95	14.76	1.70	4.64	3.89	0.88	2.06	18.36	1.33
5	50	3	5.5	2.971	2.332	0.197	7.18	1.55	1.96	11.37	1.96	3.22	2.98	1.00	1.57	12.50	1.34
		4		3.897	3.059	0.197	9.26	1.54	2.56	14.70	1.94	4.16	3.82	0.99	1.96	16.69	1.38
		5		4.803	3.770	0.196	11.21	1.53	3.13	17.79	1.92	5.03	4.64	0.98	2.31	20.90	1.42
		6		5.688	4.465	0.196	13.05	1.52	3.68	20.68	1.91	5.85	5.42	0.98	2.63	25.14	1.46
5.6	56	3	6	3.343	2.624	0.221	10.19	1.75	2.48	16.14	2.20	4.08	4.24	1.13	2.02	17.56	1.48
		4		4.390	3.446	0.220	13.18	1.73	3.24	20.92	2.18	5.28	5.46	1.11	2.52	23.43	1.53
		5		5.415	4.251	0.220	16.02	1.72	3.97	25.42	2.17	6.42	6.61	1.10	2.98	29.33	1.57
		8		8.367	6.568	0.219	23.63	1.68	6.03	37.37	2.11	9.44	9.89	1.09	4.16	47.24	1.68
6.3	63	4	7	4.978	3.907	0.248	19.03	1.96	4.13	30.17	2.46	6.78	7.89	1.26	3.29	33.35	1.70
		5		6.143	4.822	0.248	23.17	1.94	5.08	36.77	2.45	8.25	9.57	1.25	3.90	41.73	1.74
		6		7.288	5.721	0.247	27.12	1.93	6.00	43.03	2.43	9.66	11.20	1.24	4.46	50.14	1.78
		8		9.515	7.469	0.247	34.46	1.90	7.75	54.56	2.40	12.25	14.33	1.23	5.47	67.11	1.85
		10		11.657	9.151	0.246	41.09	1.88	9.39	64.85	2.36	14.56	17.33	1.22	6.36	84.31	1.93

续表

角钢号数	尺寸/mm b	尺寸/mm d	尺寸/mm r	截面面积 /cm²	理论重量 /(kg·m⁻¹)	外表面积 /(m²·m⁻¹)	I_x/cm⁴	i_x/cm	W_x/cm³	I_{x0}/cm⁴	i_{x0}/cm	W_{x0}/cm³	I_{y0}/cm⁴	i_{y0}/cm	W_{y0}/cm³	I_{x1}/cm⁴	z_0/cm
							x-x			x0-x0			y0-y0			x1-x1	
7	70	4	8	5.570	4.372	0.275	26.39	2.18	5.14	41.80	2.74	8.44	10.99	1.40	4.17	45.74	1.86
		5		6.875	5.397	0.275	32.21	2.16	6.32	51.08	2.73	10.32	13.34	1.39	4.95	57.21	1.91
		6		8.160	6.406	0.275	37.77	2.15	7.48	59.93	2.71	12.11	15.61	1.38	5.67	68.73	1.95
		7		9.424	7.398	0.275	43.09	2.14	8.59	68.35	2.69	13.81	17.82	1.38	6.34	80.29	1.99
		8		10.667	8.373	0.274	48.17	2.12	9.68	76.37	2.68	15.43	19.98	1.37	6.98	91.92	2.03
7.5	75	5	9	7.412	5.818	0.295	39.97	2.33	7.32	63.30	2.92	11.94	16.63	1.50	5.77	70.56	2.04
		6		8.797	6.905	0.294	46.95	2.31	8.64	74.38	2.90	14.02	19.51	1.49	6.67	84.55	2.07
		7		10.160	7.976	0.294	53.57	2.30	9.93	84.96	2.89	16.02	22.18	1.48	7.44	98.71	2.11
		8		11.503	9.030	0.294	59.96	2.28	11.20	95.07	2.88	17.93	24.86	1.47	8.19	112.97	2.15
		10		14.126	11.089	0.293	71.98	2.26	13.64	113.92	2.84	21.48	30.05	1.46	9.56	141.71	2.22
8	80	5	9	7.912	6.211	0.315	48.79	2.48	8.34	77.33	3.13	13.67	20.25	1.60	6.66	85.36	2.15
		6		9.397	7.376	0.314	57.35	2.47	9.87	90.98	3.11	16.08	23.72	1.59	7.65	102.50	2.19
		7		10.860	8.525	0.314	65.58	2.46	11.37	104.07	3.10	18.40	27.09	1.58	8.58	119.70	2.23
		8		12.303	9.658	0.314	73.49	2.44	12.83	116.60	3.08	20.61	30.39	1.57	9.46	136.97	2.27
		10		15.126	11.874	0.313	88.43	2.42	15.64	140.09	3.04	24.76	36.77	1.56	11.08	171.74	2.35
9	90	6	10	10.637	8.350	0.354	82.77	2.79	12.61	131.26	3.51	20.63	34.28	1.80	9.95	145.87	2.44
		7		12.301	9.656	0.354	94.83	2.78	14.54	150.47	3.50	23.64	39.18	1.78	11.19	170.30	2.48
		8		13.944	10.946	0.353	106.47	2.76	16.42	168.97	3.48	26.55	43.97	1.78	12.35	194.80	2.52
		10		17.167	13.476	0.353	128.58	2.74	20.07	203.90	3.45	32.04	53.26	1.76	14.52	244.07	2.59
		12		20.306	15.940	0.352	149.22	2.71	23.57	236.21	3.41	37.12	62.22	1.75	16.49	293.76	2.67

续表

角钢号数	尺寸/mm			截面面积/cm²	理论重量/(kg·m⁻¹)	外表面积/(m²·m⁻¹)	参考数值										
							$x-x$			x_0-x_0			y_0-y_0			x_1-x_1	z_0/cm
	b	d	r				I_x/cm⁴	i_x/cm	W_x/cm³	I_{x0}/cm⁴	i_{x0}/cm	W_{x0}/cm³	I_{y0}/cm⁴	i_{y0}/cm	W_{y0}/cm³	I_{x1}/cm⁴	
10	100	6	12	11.932	9.366	0.393	114.95	3.01	15.68	181.98	3.90	25.74	47.92	2.00	12.69	200.07	2.67
		7		13.796	10.830	0.393	131.86	3.09	18.10	208.97	3.89	29.55	54.74	1.99	14.26	233.54	2.71
		8		15.638	12.276	0.393	148.24	3.08	20.47	235.07	3.88	33.24	61.41	1.98	15.75	267.09	2.76
		10		19.261	15.120	0.392	179.51	3.05	25.06	284.68	3.84	40.26	74.35	1.96	18.54	334.48	2.84
		12		22.800	17.898	0.391	208.90	3.03	29.48	330.95	3.81	46.80	86.84	1.95	21.08	402.34	2.91
		14		26.256	20.611	0.391	236.53	3.00	33.73	374.06	3.77	52.90	99.00	1.94	23.44	470.75	2.99
		16		29.627	23.257	0.390	262.53	2.98	37.82	414.16	3.74	58.57	110.89	1.94	25.63	539.80	3.06
11	110	7	12	15.196	11.928	0.433	177.16	3.41	22.05	280.94	4.30	36.12	73.38	2.20	17.51	310.64	2.96
		8		17.238	13.532	0.433	199.46	3.40	24.95	316.49	4.28	40.69	82.42	2.19	19.39	355.20	3.01
		10		21.261	16.690	0.432	242.19	3.38	30.60	384.39	4.25	49.42	99.98	2.17	22.91	444.65	3.09
		12		25.200	19.782	0.431	282.55	3.35	36.05	448.17	4.22	57.62	116.93	2.15	26.15	534.60	3.16
		14		29.056	22.809	0.431	320.71	3.32	41.31	508.01	4.18	65.31	133.40	2.14	29.14	625.16	3.24
12.5	125	8	14	19.750	15.504	0.492	297.03	3.88	32.52	470.89	4.88	53.28	123.16	2.50	25.86	521.01	3.37
		10		24.373	19.133	0.491	361.67	3.85	39.97	573.89	4.85	64.93	149.46	2.48	30.62	651.93	3.45
		12		28.912	22.696	0.491	423.16	3.83	41.17	671.44	4.82	75.96	174.88	2.46	35.03	783.42	3.53
		14		33.367	26.193	0.490	481.65	3.80	54.16	763.73	4.78	86.41	199.57	2.45	39.13	915.61	3.61
14	140	10	14	27.373	21.488	0.551	514.65	4.34	50.58	817.27	5.46	82.56	212.04	2.78	39.20	915.11	3.82
		12		32.512	25.522	0.551	603.68	4.31	59.80	958.79	5.43	96.85	248.57	2.76	45.02	1 099.28	3.90
		14		37.567	29.490	0.550	688.81	4.28	68.75	1 093.56	5.40	110.47	284.06	2.75	50.45	1 284.22	3.98
		16		42.539	33.393	0.549	770.24	4.26	77.46	1 221.81	5.36	123.42	318.67	2.74	55.55	1 470.07	4.06

续表

角钢号数	尺寸/mm			截面面积 /cm²	理论重量 /(kg·m⁻¹)	外表面积 /(m²·m⁻¹)	参 考 数 值											
							x-x			x_0-x_0			y_0-y_0			x_1-x_1	z_0/cm
	b	d	r				I_x/cm⁴	i_x/cm	W_x/cm³	I_{x0}/cm⁴	i_{x0}/cm	W_{x0}/cm³	I_{y0}/cm⁴	i_{y0}/cm	W_{y0}/cm³	I_{x1}/cm⁴	
16	160	10	16	31.502	24.729	0.630	779.53	4.98	66.70	1 237.30	6.27	109.36	321.76	3.20	52.76	1 365.33	4.31
		12		37.441	29.391	0.630	916.58	4.95	78.98	1 455.68	6.24	128.67	377.49	3.18	60.74	1 639.57	4.39
		14		43.296	33.987	0.629	1 048.36	4.92	90.95	1 665.02	6.20	147.17	431.70	3.16	68.244	1 914.68	4.47
		16		49.067	38.518	0.629	1 175.08	4.89	102.63	1 865.57	6.17	164.89	484.59	3.14	75.31	2 190.82	4.55
18	180	12	18	42.241	33.159	0.710	1 321.35	5.59	100.82	2 100.10	7.05	165.00	542.61	3.58	78.41	2 332.80	4.89
		14		48.896	38.388	0.709	1 514.48	5.56	116.25	2 407.42	7.02	189.14	625.53	3.56	88.38	2 723.48	4.97
		16		55.467	43.542	0.709	1 700.99	5.54	131.13	2 703.37	6.98	212.40	698.60	3.55	97.83	3 115.29	5.05
		18		61.955	48.634	0.708	1 875.12	5.50	145.64	2 988.24	6.94	234.78	762.01	3.51	105.14	3 502.43	5.13
20	200	14	18	54.642	42.894	0.788	2 103.55	6.20	144.70	3 343.26	7.82	236.40	863.83	3.98	111.82	3 734.10	5.46
		16		62.013	48.680	0.788	2 366.15	6.18	163.65	3 760.89	7.79	265.93	971.41	3.96	123.96	4 270.39	5.54
		18		69.301	54.401	0.787	2 620.64	6.15	182.22	4 164.54	7.75	294.48	1 076.74	3.94	135.52	4 808.13	5.62
		20		76.505	60.056	0.787	2 867.30	6.12	200.42	4 554.55	7.72	322.06	1 180.04	3.93	146.55	5 347.51	5.69
		24		90.661	71.168	0.785	3 338.25	6.07	236.17	5 294.97	7.64	374.41	1 381.53	3.90	166.55	6 457.16	5.87

注：截面图中的 $r_1 = 1/3d$ 及表中 r 的数据用于孔型设计，不做交货条件。

表 B.2 热轧不等边角钢（GB 9788—1988）

符号意义: B——长边宽度;
b——短边宽度;
d——边厚度;
r——内圆弧半径;
r_1——边端内圆弧半径;
I——惯性矩;
i——惯性半径;
W——截面系数;
x_0——重心距离;
y_0——重心距离。

角钢号数	尺寸/mm B	b	d	r	截面面积/cm²	理论重量/(kg·m⁻¹)	外表面积/(m²·m⁻¹)	x-x I_x/cm⁴	i_x/cm	W_x/cm³	y-y I_y/cm⁴	i_y/cm	W_y/cm³	x_1-x_1 I_{x1}/cm⁴	y_0/cm	y_1-y_1 I_{y1}/cm⁴	x_0/cm	u-u I_u/cm⁴	i_u/cm	W_u/cm³	tan α
2.5/1.6	25	16	3	3.5	1.162	0.912	0.080	0.70	0.78	0.43	0.22	0.44	0.19	1.56	0.86	0.43	0.42	0.14	0.34	0.16	0.392
			4		1.499	1.176	0.079	0.88	0.77	0.55	0.27	0.43	0.24	2.09	0.90	0.59	0.46	0.17	0.34	0.20	0.381
3.2/2	32	20	3	3.5	1.492	1.171	0.102	1.53	1.01	0.72	0.46	0.55	0.30	3.27	1.08	0.82	0.49	0.28	0.43	0.25	0.382
			4		1.939	1.522	0.101	1.93	1.00	0.93	0.57	0.54	0.39	4.37	1.12	1.12	0.53	0.35	0.42	0.32	0.374
4/2.5	40	25	3	4	1.890	1.484	0.127	3.08	1.28	1.15	0.93	0.70	0.49	6.39	1.32	1.59	0.59	0.56	0.54	0.40	0.386
			4		2.467	1.936	0.127	3.93	1.26	1.49	1.18	0.69	0.63	8.53	1.37	2.14	0.63	0.71	0.54	0.52	0.381
4.5/2.8	45	28	3	5	2.149	1.687	0.143	4.45	1.44	1.47	1.34	0.79	0.62	9.10	1.47	2.23	0.64	0.80	0.61	0.51	0.383
			4		2.806	2.203	0.143	5.69	1.42	1.91	1.70	0.78	0.80	12.13	1.51	3.00	0.68	1.02	0.60	0.66	0.380
5/3.2	50	32	3	5.5	2.431	1.908	0.161	6.24	1.60	1.84	2.02	0.91	0.82	12.49	1.60	3.31	0.73	1.20	0.70	0.68	0.404
			4		3.177	2.494	0.160	8.02	1.59	2.39	2.58	0.90	1.06	16.65	1.65	4.45	0.77	1.53	0.69	0.87	0.402

续表

角钢号数	尺寸/mm				截面面积/cm²	理论重量/(kg·m⁻¹)	外表面积/(m²·m⁻¹)	参考数值														
								$x-x$			$y-y$			x_1-x_1		y_1-y_1		$u-u$				
	B	b	d	r				I_x/cm⁴	i_x/cm	W_x/cm³	I_y/cm⁴	i_y/cm	W_y/cm³	I_{x1}/cm⁴	y_0/cm	I_{y1}/cm⁴	x_0/cm	I_u/cm⁴	i_u/cm	W_u/cm³	$\tan\alpha$
5.6/3.6	56	36	3	6	2.743	2.153	0.181	8.88	1.80	2.32	2.92	1.03	1.05	17.54	1.78	4.70	0.80	1.73	0.79	0.87	0.408
			4		3.590	2.818	0.180	11.45	1.79	3.03	3.76	1.02	1.37	23.39	1.82	6.33	0.85	2.23	0.79	1.13	0.408
			5		4.415	3.466	0.180	13.86	1.77	3.71	4.49	1.01	1.65	29.25	1.87	7.94	0.88	2.67	0.78	1.36	0.404
6.3/4	63	40	4	7	4.058	3.185	0.202	16.49	2.02	3.87	5.23	1.14	1.70	33.30	2.04	8.63	0.92	3.12	0.88	1.40	0.398
			5		4.993	3.920	0.202	20.02	2.00	4.74	6.31	1.12	2.71	41.63	2.08	10.86	0.95	3.76	0.87	1.71	0.396
			6		5.908	4.638	0.201	23.36	1.96	5.59	7.29	1.11	2.43	49.98	2.12	13.12	0.99	4.34	0.86	1.99	0.393
			7		6.802	5.339	0.201	26.53	1.98	6.40	8.24	1.10	2.78	58.07	2.15	15.47	1.03	4.97	0.86	2.29	0.389
7/4.5	70	45	4	7.5	4.547	3.570	0.226	23.17	2.26	4.86	7.55	1.29	2.17	45.92	2.24	12.26	1.02	4.40	0.98	1.77	0.410
			5		5.609	4.403	0.225	27.95	2.23	5.92	9.13	1.28	2.65	57.10	2.28	15.39	1.06	5.40	0.98	2.19	0.407
			6		6.647	5.218	0.225	32.54	2.21	6.95	10.62	1.26	3.12	68.35	2.32	18.58	1.09	6.35	0.98	2.59	0.404
			7		7.657	6.011	0.225	37.22	2.20	8.03	12.01	1.25	3.57	79.99	2.36	21.84	1.13	7.16	0.97	2.94	0.402
(7.5/5)	75	50	5	8	6.125	4.808	0.245	34.86	2.39	6.83	12.61	1.44	3.30	70.00	2.40	21.04	1.17	7.41	1.10	2.74	0.435
			6		7.260	5.699	0.245	41.12	2.38	8.12	14.70	1.42	3.88	84.30	2.44	25.37	1.21	8.54	1.08	3.19	0.435
			8		9.467	7.431	0.244	52.39	2.35	10.52	18.53	1.40	4.99	112.50	2.52	34.23	1.29	10.87	1.07	4.10	0.429
			10		11.590	9.098	0.244	62.71	2.33	12.79	21.96	1.38	6.04	140.80	2.60	43.43	1.36	13.10	1.06	4.99	0.423
8/5	80	50	5	8	6.375	5.005	0.255	41.96	2.56	7.78	12.82	1.42	3.32	85.21	2.60	21.06	1.14	7.66	1.10	2.74	0.388
			6		7.560	5.935	0.255	49.49	2.56	9.25	14.95	1.41	3.91	102.53	2.65	25.41	1.18	8.85	1.08	3.20	0.387
			7		8.724	6.848	0.255	56.16	2.54	10.58	16.96	1.39	4.48	119.33	2.69	29.82	1.21	10.18	1.08	3.70	0.384
			8		9.867	7.745	0.254	62.83	2.52	11.92	18.85	1.38	5.03	136.41	2.73	34.32	1.25	11.38	1.07	4.16	0.381

续表

角钢号数	尺寸/mm				截面面积/cm²	理论重量/(kg·m⁻¹)	外表面积/(m²·m⁻¹)	参考数值													
	B	b	d	r				$x-x$			$y-y$			x_1-x_1		y_1-y_1		$u-u$			
								I_x/cm⁴	i_x/cm	W_x/cm³	I_y/cm⁴	i_y/cm	W_y/cm³	I_{x1}/cm⁴	y_0/cm	I_{y1}/cm⁴	x_0/cm	I_u/cm⁴	i_u/cm	W_u/cm³	$\tan\alpha$
9/5.6	90	56	5	9	7.212	5.661	0.287	60.45	2.90	9.92	18.32	1.59	4.21	121.32	2.91	29.53	1.25	10.98	1.23	3.49	0.385
			6		8.557	6.717	0.286	71.03	2.88	11.74	21.42	1.58	4.96	145.59	2.95	35.58	1.29	12.90	1.23	4.18	0.384
			7		9.880	7.756	0.286	81.01	2.86	13.49	24.36	1.57	5.70	169.66	3.00	41.71	1.33	14.67	1.22	4.72	0.382
			8		11.183	8.779	0.286	91.03	2.85	15.27	27.15	1.56	6.41	194.17	3.04	47.93	1.36	16.34	1.21	5.29	0.380
10/6.3	100	63	6	10	9.617	7.550	0.320	99.06	3.21	14.64	30.94	1.79	6.35	199.71	3.24	50.50	1.43	18.42	1.38	5.25	0.394
			7		11.111	8.722	0.320	113.45	3.20	16.88	35.26	1.78	7.29	233.00	3.28	59.14	1.47	21.00	1.38	6.02	0.393
			8		12.584	9.878	0.319	127.37	3.18	19.08	39.39	1.77	8.21	266.32	3.32	67.88	1.50	23.50	1.37	6.78	0.391
			10		15.467	12.142	0.319	153.81	3.15	23.32	47.12	1.74	9.98	333.06	3.40	85.73	1.58	28.33	1.35	8.24	0.387
10/8	100	80	6	10	10.637	8.350	0.354	107.04	3.17	15.19	61.24	2.40	10.16	199.83	2.95	102.68	1.97	31.65	1.72	8.37	0.627
			7		12.301	9.656	0.354	122.73	3.16	17.52	70.08	2.39	11.71	233.20	3.00	119.98	2.01	36.17	1.72	9.60	0.626
			8		13.944	10.946	0.353	137.92	3.14	19.81	78.58	2.37	13.21	266.6	3.04	137.37	2.05	40.58	1.71	10.80	0.625
			10		17.167	13.476	0.353	166.87	3.12	24.24	94.65	2.35	16.12	333.63	3.12	172.48	2.13	49.10	1.69	13.12	0.622
11/7	110	70	6	10	10.637	8.350	0.354	133.37	3.54	17.85	42.92	2.01	7.90	265.78	3.53	69.08	1.57	25.36	1.54	6.53	0.403
			7		12.301	9.656	0.354	153.00	3.53	20.60	49.01	2.00	9.09	310.07	3.57	80.82	1.61	28.95	1.53	7.50	0.402
			8		13.944	10.946	0.353	172.04	3.51	23.30	54.87	1.98	10.25	354.39	3.62	92.70	1.65	32.45	1.53	8.45	0.401
			10		17.167	13.476	0.353	208.39	3.48	28.54	65.88	1.96	12.48	443.13	3.70	116.83	1.72	39.20	1.51	10.29	0.397
12.5/8	125	80	7	11	14.096	11.066	0.403	227.98	4.02	26.86	74.42	2.30	12.01	454.99	4.01	120.32	1.80	43.81	1.76	9.92	0.408
			8		15.989	12.551	0.403	256.77	4.01	30.41	83.49	2.28	13.56	519.99	4.06	137.85	1.84	49.15	1.75	11.18	0.407
			10		19.712	15.474	0.402	312.04	3.98	37.33	100.67	2.26	16.56	650.09	4.14	173.40	1.92	59.45	1.74	13.64	0.404
			12		23.351	18.330	0.402	364.41	3.95	44.01	116.67	2.24	19.43	780.39	4.22	209.67	2.00	69.35	1.72	16.01	0.400

续表

角钢号数	尺寸/mm B	尺寸/mm b	尺寸/mm d	尺寸/mm r	截面面积 /cm²	理论重量 /(kg·m⁻¹)	外表面积 /(m²·m⁻¹)	$x-x$ I_x/cm⁴	$x-x$ i_x/cm	$x-x$ W_x/cm³	$y-y$ I_y/cm⁴	$y-y$ i_y/cm	$y-y$ W_y/cm³	x_1-x_1 I_{x1}/cm⁴	x_1-x_1 y_0/cm	y_1-y_1 I_{y1}/cm⁴	y_1-y_1 x_0/cm	$u-u$ I_u/cm⁴	$u-u$ i_u/cm	$u-u$ W_u/cm³	$\tan\alpha$
14/9	140	90	8	12	18.038	14.160	0.453	365.64	4.50	38.48	120.69	2.59	17.34	730.53	4.50	195.79	2.04	70.83	1.98	14.31	0.411
			10		22.261	17.475	0.452	445.50	4.47	47.31	146.03	2.56	21.22	913.20	4.58	245.92	2.12	85.82	1.96	17.48	0.409
			12		26.400	20.724	0.451	521.59	4.44	55.87	169.79	2.54	24.95	1 096.09	4.66	296.89	2.19	100.21	1.95	20.54	0.406
			14		30.456	23.908	0.451	594.10	4.42	64.18	192.10	2.51	28.54	1 279.26	4.74	348.82	2.27	114.13	1.94	23.52	0.403
16/10	160	100	10	13	25.315	19.872	0.512	668.69	5.14	62.13	205.03	2.85	26.56	1 362.89	5.24	336.59	2.28	121.74	2.19	21.92	0.390
			12		30.054	23.592	0.511	784.91	5.11	73.49	239.06	2.82	31.28	1 635.56	5.32	405.94	2.36	142.33	2.17	25.79	0.388
			14		34.709	27.247	0.510	896.30	5.08	84.56	271.20	2.80	35.83	1 908.50	5.40	476.42	2.43	162.23	2.16	29.56	0.385
			16		39.281	30.835	0.510	1 003.04	5.05	95.33	301.60	2.77	40.24	2 181.79	5.48	548.22	2.51	182.57	2.16	33.44	0.382
18/11	180	110	10	14	28.373	22.273	0.571	956.25	5.80	78.96	278.11	3.13	32.49	1 940.40	5.89	447.22	2.44	166.50	2.42	26.88	0.376
			12		33.712	26.464	0.571	1 124.72	5.78	93.53	325.03	3.10	38.32	2 328.38	5.98	538.94	2.52	194.87	2.40	31.66	0.374
			14		38.967	30.589	0.570	1 286.91	5.75	107.76	369.55	3.08	43.97	2 716.60	6.06	631.95	2.59	222.30	2.39	36.32	0.372
			16		44.139	34.649	0.569	1 443.06	5.72	121.64	411.85	3.06	49.44	3 105.15	6.14	726.46	2.67	248.94	2.38	40.87	0.369
20/12.5	200	125	12	14	37.912	29.761	0.641	1 570.90	6.44	116.73	483.16	3.57	49.99	3 193.85	6.54	787.74	2.83	285.79	2.74	41.23	0.392
			14		43.867	34.436	0.640	1 800.97	6.41	134.65	550.83	3.54	57.44	3 726.17	6.02	922.47	2.91	326.58	2.73	47.34	0.390
			16		49.739	39.045	0.639	2 023.35	6.38	152.18	615.44	3.52	64.69	4 258.86	6.70	1 058.86	2.99	366.21	2.71	53.32	0.388
			18		55.526	43.588	0.639	2 238.30	6.35	169.33	677.19	3.49	71.74	4 792.00	6.78	1 197.13	3.06	404.83	2.70	59.18	0.385

注:①括号内型号不推荐使用。
②截面图中的 $r_1 = 1/3d$ 及表中 r 的数据,用于孔型设计,不做交货条件。

表 B.3 热轧槽钢（GB 707—1988）

符号意义：h——高度；
b——腿宽度；
d——腰宽度；
t——平均腿厚度；
r——内圆弧半径；
r₁——腿端圆弧半径；
I——惯性矩；
W——截面系数；
i——惯性半径；
z₀——y－y 轴与 y₁－y₁ 轴间距。

型号	尺寸/mm						截面面积/cm²	理论重量/(kg·m⁻¹)	参考数值							
									x－x			y－y			y₁－y₁	
	h	b	d	t	r	r_1			W_x/cm^3	I_x/cm^4	i_x/cm	W_y/cm^3	I_y/cm^4	i_y/cm	I_{y1}/cm^4	z_0/cm
5	50	37	4.5	7	7.0	3.5	6.928	5.438	10.4	26.0	1.94	3.55	8.30	1.10	20.9	1.35
6.3	63	40	4.8	7.5	7.5	3.8	8.451	6.634	16.1	50.8	2.45	4.50	11.9	1.19	28.4	1.36
8	80	43	5.0	8	8.0	4.0	10.248	8.045	25.3	101	3.15	5.79	16.6	1.27	37.4	1.43
10	100	48	5.3	8.5	8.5	4.2	12.748	10.007	39.7	198	3.95	7.8	25.6	1.41	54.9	1.52
12.6	126	53	5.5	9	9.0	4.5	15.692	12.318	62.1	391	4.95	10.2	38.0	1.57	77.1	1.59
14a	140	58	6.0	9.5	9.5	4.8	18.516	14.535	80.5	564	5.52	13.0	53.2	1.70	107	1.71
14b	140	60	8.0	9.5	9.5	4.8	21.316	16.733	87.1	609	5.35	14.1	61.1	1.69	121	1.67
16a	160	63	6.5	10	10.0	5.0	21.962	17.240	108	866	6.28	16.3	73.3	1.83	144	1.80
16	160	65	8.5	10	10.0	5.0	25.162	19.752	117	935	6.10	17.6	83.4	1.82	161	1.75

续表

型号	尺寸/mm						截面面积/cm²	理论重量/(kg·m⁻¹)	参考数值							
	h	b	d	t	r	r_1			$x-x$			$y-y$			y_1-y_1	z_0/cm
									W_x/cm³	I_x/cm⁴	i_x/cm	W_y/cm³	I_y/cm⁴	i_y/cm	I_{y1}/cm⁴	
18a	180	68	7.0	10.5	10.5	5.2	25.699	20.174	141	1 270	7.04	20.0	98.6	1.96	190	1.88
18	180	70	9.0	10.5	10.5	5.2	29.299	23.000	152	1 370	6.84	21.5	111	1.95	210	1.84
20a	200	73	7.0	11	11.0	5.5	28.837	22.637	178	1 780	7.86	24.2	128	2.11	244	2.01
20	200	75	9.0	11	11.0	5.5	32.837	25.777	191	1 910	7.64	25.9	144	2.09	268	1.95
22a	220	77	7.0	11.5	11.5	5.8	31.846	24.999	218	2 390	8.67	28.2	158	2.23	298	2.10
22	220	79	9.0	11.5	11.5	5.8	36.246	28.453	234	2 570	8.42	30.1	176	2.21	326	2.03
25a	250	78	7.0	12	12.0	6.0	34.917	27.410	270	3 370	9.82	30.6	176	2.24	322	2.07
25b	250	80	9.0	12	12.0	6.0	39.917	31.335	282	3 530	9.41	32.7	196	2.22	353	1.98
25c	250	82	11.0	12	12.0	6.0	44.917	35.260	295	3 690	9.07	35.9	218	2.21	384	1.92
28a	280	82	7.5	12.5	12.5	6.2	40.034	31.427	340	4 760	10.9	35.7	218	2.33	388	2.10
28b	280	84	9.5	12.5	12.5	6.2	45.634	35.823	366	5 130	10.6	37.9	242	2.30	428	2.02
28c	280	86	11.5	12.5	12.5	6.2	51.234	40.219	393	5 500	10.4	40.3	268	2.29	463	1.95
32a	320	88	8.0	14	14.0	7.0	48.513	38.083	475	7 600	12.5	46.5	305	2.50	552	2.24
32b	320	90	10.0	14	14.0	7.0	54.913	43.107	509	8 140	12.2	49.2	336	2.47	593	2.16
32c	320	92	12.0	14	14.0	7.0	61.313	48.131	543	8 690	11.9	52.6	374	2.47	643	2.09
36a	360	96	9.0	16	16.0	8.0	60.910	47.814	660	11 900	14.0	63.5	455	2.73	818	2.44
36b	360	98	11.0	16	16.0	8.0	68.110	53.466	703	12 700	13.6	66.9	497	2.70	880	2.37
36c	360	100	13.0	16	16.0	8.0	75.310	59.118	746	13 400	13.4	70.0	536	2.67	948	2.34
40a	400	100	10.5	18	18.0	9.0	75.068	58.928	879	17 600	15.3	78.8	592	2.81	1 070	2.49
40b	400	102	12.5	18	18.0	9.0	83.068	65.208	932	18 600	15.0	82.5	640	2.78	1 140	2.44
40c	400	104	14.5	18	18.0	9.0	91.068	71.488	986	19 700	14.7	86.2	688	2.75	1 220	2.42

注:截面图和表中标注的圆弧半径 r、r_1 的数据用于孔型设计,不做交货条件。

表 B.4 热轧工字钢（GB 706—1988）

符号意义:
h——高度;
b——腿宽度;
d——腰宽度;
t——平均腿厚度;
r——内圆弧半径;
r_1——腿端圆弧半径;
I——惯性矩;
W——截面系数;
i——惯性半径;
S——半截面的静矩。

型号	尺寸/mm						截面面积 /cm²	理论重量 /(kg·m⁻¹)	参考数值						
	h	b	d	t	r	r_1			x-x				y-y		
									I_x/cm⁴	W_x/cm³	i_x/cm	I_x/S_x/cm	I_y/cm⁴	W_y/cm³	i_y/cm
10	100	68	4.5	7.6	6.5	3.3	14.345	11.261	245	49.0	4.14	8.59	33.0	9.72	1.52
12.6	126	74	5.0	8.4	7.0	3.5	18.118	14.223	488	77.5	5.20	10.8	46.9	12.7	1.61
14	140	80	5.5	9.1	7.5	3.8	21.516	16.890	712	102	5.76	12.0	64.4	16.1	1.73
16	160	88	6.0	9.9	8.0	4.0	26.131	20.513	1 130	141	6.58	13.8	93.1	21.2	1.89
18	180	94	6.5	10.7	8.5	4.3	30.756	24.143	1 660	185	7.36	15.4	122	26.0	2.00
20a	200	100	7.0	11.4	9.0	4.5	35.578	27.929	2 370	237	8.15	17.2	158	31.5	2.12
20b	200	102	9.0	11.4	9.0	4.5	39.578	31.069	2 500	250	7.96	16.9	169	33.1	2.06
22a	220	110	7.5	12.3	9.5	4.8	42.128	33.070	3 400	309	8.99	18.9	225	40.9	2.31
22b	220	112	9.5	12.3	9.5	4.8	46.528	36.524	3 570	325	8.78	18.7	239	42.7	2.27
25a	250	116	8.0	13.0	10.0	5.0	48.541	38.105	5 020	402	10.2	21.6	280	48.3	2.40
25b	250	118	10.0	13.0	10.0	5.0	53.541	42.030	5 280	423	9.94	21.3	309	52.4	2.40
28a	280	122	8.5	13.7	10.5	5.3	55.404	43.492	7 110	508	11.3	24.6	345	56.6	2.50

续表

型号	尺寸/mm						截面面积/cm²	理论重量/(kg·m⁻¹)	参考数值						
									x−x				y−y		
	h	b	d	t	r	r_1			I_x/cm^4	W_x/cm^3	i_x/cm	$I_x/S_x/\text{cm}$	I_y/cm^4	W_y/cm^3	i_y/cm
28b	280	124	10.5	13.7	10.5	5.3	61.004	47.888	7 480	534	11.1	24.2	379	61.2	2.49
32a	320	130	9.5	15.0	11.5	5.8	67.156	52.717	11 100	692	12.8	27.5	460	70.8	2.62
32b	320	132	11.5	15.0	11.5	5.8	73.556	57.741	11 600	726	12.6	27.1	502	76.0	2.61
32c	320	134	13.5	15.0	11.5	5.8	79.956	62.765	12 200	760	12.3	26.8	544	81.2	2.61
36a	360	136	10.0	15.8	12.0	6.0	76.480	60.037	15 800	875	14.4	30.7	552	81.2	2.69
36b	360	138	12.0	15.8	12.0	6.0	83.680	65.689	16 500	919	14.1	30.3	582	84.3	2.64
36c	360	140	14.0	15.8	12.0	6.0	90.880	71.341	17 300	962	13.8	29.9	612	87.4	2.60
40a	400	142	10.5	16.5	12.5	6.3	86.112	67.598	21 700	1 090	15.9	34.1	660	93.2	2.77
40b	400	144	12.5	16.5	12.5	6.3	94.112	73.878	22 800	1 140	15.6	33.6	692	96.2	2.71
40c	400	146	14.5	16.5	12.5	6.3	102.112	80.158	23 900	1 190	15.2	33.2	727	99.6	2.65
45a	450	150	11.5	18.0	13.5	6.8	102.446	80.420	32 200	1 430	17.7	38.6	855	114	2.89
45b	450	152	13.5	18.0	13.5	6.8	111.446	87.485	33 800	1 500	17.4	38.0	894	118	2.84
45c	450	154	15.5	18.0	13.5	6.8	120.446	94.550	35 300	1 570	17.1	37.6	938	122	2.79
50a	500	158	12.0	20.0	14.0	7.0	119.304	93.654	46 500	1 860	19.7	42.8	1 120	142	3.07
50b	500	160	14.0	20.0	14.0	7.0	129.304	101.504	48 600	1 940	19.4	42.4	1 170	146	3.01
50c	500	162	16.0	20.0	14.0	7.0	139.304	109.354	50 600	2 080	19.0	41.8	1 220	151	2.96
56a	560	166	12.5	21.0	14.5	7.3	135.435	106.316	65 600	2 340	22.0	47.7	1 370	165	3.18
56b	560	168	14.5	21.0	14.5	7.3	146.635	115.108	68 500	2 450	21.6	47.2	1 490	174	3.16
56c	560	170	16.5	21.0	14.5	7.3	157.835	123.900	71 400	2 550	21.3	46.7	1 560	183	3.16
63a	630	176	13.0	22.0	15.0	7.5	154.658	121.407	93 900	2 980	24.5	54.2	1 700	193	3.31
63b	630	178	15.0	22.0	15.0	7.5	167.258	131.298	98 100	3 160	24.2	53.5	1 810	204	3.29
63c	630	180	17.0	22.0	15.0	7.5	179.858	141.189	102 000	3 300	23.8	52.9	1 920	214	3.27

注:截面图和表中标注的圆弧半径 r、r_1 的数据,用于孔型设计,不做交货条件。

习题参考答案

第 1 章

1.1 $\varepsilon_m = 2.5 \times 10^{-4}; \gamma = 2.5 \times 10^{-4}$ rad

1.2 $\varepsilon_周 = \varepsilon_径 = 3.75 \times 10^{-5}$

第 2 章

2.1 $E = 70$ GPa，$\mu = 0.327$

2.2 $\delta = 16.6\%$，$\psi = 61.6\%$

2.3 $\varepsilon = 2.5 \times 10^{-3}$

第 3 章

3.1 (a) $F_A = 68.2$ kN(拉)，$F_B = 85.1$ kN(压)

    (b) $F_{Bx} = 18$ kN($\leftarrow$)，$F_{Ax} = 18$ kN($\rightarrow$)，$F_{Ay} = 20$ kN($\uparrow$)

        $F_{BC} = 37.5$ kN(拉)，$F_{N1} = 22.5$ kN(压)，$F_{S1} = 12$ kN，$M_1 = 0$

        $F_{N2} = 30$ kN(压)，$F_{S2} = -2.5$ kN，$M_2 = 47.5$ kN · m

    (c) $F_{N1} = 2$ kN(压)，$F_{N2} = 5$ kN(拉)

    (d) $F_{N1} = -\dfrac{qL}{2}$(压)，$F_{N2} = 0$

    (e) $F_{N1} = -\dfrac{q_0 L}{8}$，$F_{N2} = -\dfrac{q_0 L}{2}$

    (f) $F_{N1} = \sqrt{2}F$(拉)，$F_{N2} = -F$(压)

3.2 (a) $F_{Nmax} = F$；(b) $F_{Nmax} = 10$ kN；(c) $F_{Nmax} = ql$；(d) $F_{Nmax} = F$

3.3 (a) $M_{xmax} = 3T$；(b) $M_{xmax} = 700$ kN · m；(c) $M_{xmax} = 500$ N · m

3.4 $m_e = 5\,000$ kN · m/m

3.5 (a) $F_{S1} = -ql/2$，$M_1 = -ql^2/8$，$F_{S2} = -ql/2$，$M_2 = -ql^2/8$

    (b) $F_{S1} = 2ql$，$M_1 = -3ql^2/2$，$F_{S2} = 3ql/2$，$M_2 = -5ql^2/8$

    (c) $F_{S1} = -ql/2$，$M_1 = -ql^2/8$，$F_{S2} = ql/8$，$M_2 = -ql^2/8$

    (d) $F_{S1} = M_e/l$，$M_1 = M_e/3$，$F_{S2} = M_e/l$，$M_2 = -2M_e/3$

    (e) $F_{S1} = -F/2$，$M_1 = -Fl/2$，$F_{S2} = 1$ kN，$M_2 = -Fl/2$

    (f) $F_{S1} = 1$ kN，$M_1 = -1$ kN · m，$F_{S2} = 1$ kN，$M_2 = -1$ kN · m

3.6 (a) $F_{Smax} = \dfrac{ql}{2}$，$M_{max} = \dfrac{1}{8}ql^2$

（b）$|F_{Smax}| = qa$, $M_{max} = \dfrac{1}{2}qa^2$

（c）$F_{Smax} = F$, $|M_{max}| = Fa$

（d）$F_{Smax} = qa$, $M_{max} = qa^2$

（e）$F_{Smax} = \dfrac{ql}{2}$, $M_{max} = \dfrac{9}{8}ql^2$

（f）$F_{Smax} = 20$ kN , $|M_{max}| = 20$ kN · m

3.7　（a）$F_{Smax} = -\dfrac{19}{6}qa$, $M_{max} = \left(\dfrac{17}{12}\right)^2 qa^2$

　　　（b）$F_{Smax} = -\dfrac{3}{4}qa$, $M_{max} = qa^2/4$

　　　（c）$F_{Smax} = 2qa$, $M_{max} = -qa^2$

　　　（d）$F_{Smax} = -\dfrac{M_e}{a}$, $M_{max} = -M_e$

　　　（e）$F_{Smax} = F$, $M_{max} = -2Fa$

　　　（f）$F_{Smax} = -2qa$, $M_{max} = 3qa^2$

3.8　（a）$F_{Smax} = F$, $M_{max} = Fa$

　　　（b）$|F_{Smax}| = 12$ kN , $|M_{max}| = 8$ kN · m

　　　（c）$|F_{Smax}| = \dfrac{M_e}{l}$, $M_{max} = \dfrac{5M_e}{3}$

　　　（d）$|F_{Smax}| = 25$ kN , $M_{max} = 31.5$ kN · m

3.9　略

3.10　（a）$F_{Smax} = qa$, $M_{max} = qa^2$

　　　（b）$F_{Smax} = qa$, $M_{max} = qa^2/2$

3.11　$\dfrac{qa^2}{2}$（逆时针）

3.12　（a）$F_{P1} = 2F$, $F_{P2} = F$, $F_{Qmax} = \dfrac{5F}{3}$

　　　（b）$q = 10$ kN/m , $F_P = 10$ kN , $F_{Qmax} = 20$ kN

3.13　$F_N = 6$ kN , $T_{max} = 12$ kN · m , $F_{Smax} = 18$ kN , $M_{max} = -58$ kN · m

3.14　$F_{Ay} = 2F_2(\uparrow)$, $F_{By} = F_2$, $F_{Az} = F_2/2(\downarrow)$, $F_{Bz} = 3.5F_2(\uparrow)$

3.15　$F = 25$ kN , $F_y = 9.1$ kN

　　　$F_{By} = 6.1$ kN , $F_{Ay} = 3$ kN , $F_{Bz} = 16.7$ kN , $F_{Az} = 8.3$ kN

第 4 章

4.1　$\sigma_{1-1} = 175$ MPa , $\varepsilon_{1-1} = 2\,500 \times 10^{-6}$, $\sigma_{2-2} = 350$ MPa , $\varepsilon_{2-2} = 5\,000 \times 10^{-6}$

4.2　（1）$F_{NB} = 17.3$ kN（拉）, 销钉处 $\sigma_t = 24$ MPa , $\sigma_t = 18$ MPa

　　　（2）$F_{NB} = -30$ kN（压）, $\sigma_c = -31.3$ MPa

4.3　$F = 13.14 \text{ kN}, \sigma_{BC} = 29.5 \text{ MPa}$

4.4　$F_{NBE} = 27 \text{ kN}, F = 3.8 \text{ kN}$

4.5　$F = 12.6 \text{ kN}$

4.6　$\varepsilon = -49.8 \times 10^{-6}$

4.7　$F = 18.4 \text{ kN}$

4.8　$\theta = 59.64°, F = 2.24 \text{ kN}$

4.9　$x = 1\,079 \text{ mm}, \sigma_{钢} = 44 \text{ MPa}, \sigma_{铜} = 33 \text{ MPa}$

4.10　$F = 13.7 \text{ kN}$

4.11　$F = 16.96 \text{ kN}$

4.12　$(1) \tau_{max} = 60 \text{ MPa}, \tau_{min} = 47 \text{ MPa}, (2) d_0 = 78 \text{ mm}$

4.13　$(1) \tau_{max1} = 35.5 \text{ MPa}, (2) \varphi = 0.011\,43 \text{ rad}$

4.14　$d = 22 \text{ mm}, D = 26 \text{ mm}, d = 0.8D = 21 \text{ mm}$
实心轴重量是空心轴重量的 2.06 倍

4.15　$\sigma_{max} = 100 \text{ MPa}$

4.16　实心 $\sigma_{max} = 159 \text{ MPa}$, 空心 $\sigma_{max} = 94 \text{ MPa}$

4.17　$\sigma_A = -6 \text{ MPa}, \sigma_B = 13 \text{ MPa}$

4.18　$\sigma_{max} = 27.4 \text{ MPa}$

4.19　翼缘承受总弯矩的 90.4%, 腹板承受总弯矩的 9.6%

4.20　$h = 416 \text{ mm}, b = 277 \text{ mm}$

4.21　$F = 56.9 \text{ kN}$

4.22　$b = 510 \text{ mm}$

4.23　$[F] = 44.2 \text{ kN}$

4.24　$M = 107 \text{ kN} \cdot \text{m}$

4.25　$(1) \sigma_{tBmax} = 24.1 \text{ MPa}, \sigma_{tCmax} = 26.2 \text{ MPa}$, 最大拉应力在 C 截面底部
$(2) \sigma_{cBmax} = -53.4 \text{ MPa}, \sigma_{cCmax} = -12.1 \text{ MPa}$, 最大压应力在 B 截面底部

4.26　矩形 $b = 39 \text{ mm}, h = 78 \text{ mm}, A = bh = 3\,042 \text{ mm}^2$
工字型　取 10 号. $W_z = 49 \text{ cm}^3, A = 14.3 \text{ cm}^2 = 1\,430 \text{ mm}^2$
圆型　$d = 74 \text{ mm}, A = 4\,250 \text{ mm}^2$
环型　$D = 74 \text{ mm}, d = D/2 = 37 \text{ mm}, A = 3\,250 \text{ mm}^2$
工字型面积最小, 重量轻; 圆型面积最大, 最重, 应力分布工字型最优

4.27　$q = 11.2 \text{ kN/m}$

4.28　$\sigma_B = 3 \text{ MPa}, \tau_B = 0.225 \text{ MPa}$

4.29　$\sigma_{max} = 142 \text{ MPa}, \tau_{max} = 18 \text{ MPa}$

4.30　$\tau_{max} = \dfrac{3ql}{2bh}, \sigma_{max} = \dfrac{3ql^2}{bh^2}$

4.31　$F_{max} = 3.8 \text{ kN}$

4.32　$x = 0.207l$

4.33　$x = l/5$

4.34　$h/b = \sqrt{2}$

4.35　$\Delta l = ql^3/2Ebh^2$

4.36　$M_e = \dfrac{EI_z}{h}(\varepsilon_1 + \varepsilon_2)$

第 5 章

5.1　$\sigma_{max} = 127$ MPa$,\Delta l = 0.573$ mm

5.2　$\Delta l_{Bal} = -0.5143$ mm$(\uparrow),\Delta l_{Dst} = 0.3$ mm$(\downarrow),\Delta l_E = 1.93$ mm$(\downarrow)$

5.3　$F = 13.74$ kN

*5.4　$(1)\sigma = 735$ MPa$,(2)\delta_c = 83.7$ mm$,(3)F = 96.5$ N

5.5　$(1)\tau_{max} = 16.6$ MPa$,(2)\varphi_{A/D} = -0.46°$

5.6　$\varphi_B = 2.5°,M_e = 3.6$ kN $\cdot$ m

5.7　$\tau_{max} = 54.7$ MPa$,\varphi = 0.001\,336 r = 0.077°$

5.8　$(1)M_e = 2.2$ kN $\cdot$ m$,(2)\varphi_B = 9.17°$

5.9　$(1)\rho = 132.3$ m$,\omega = 15.12$ mm$(\uparrow)$

5.10　略

5.11　选 18 号工字钢

5.12　$(a)\omega_A = \dfrac{Fa(2a^2 + 6ab + 3b^2)}{6EI}(\downarrow),\theta_B = \dfrac{Fa(2b + a)}{2EI}(逆时针)$

　　　$(b)w_C = -\dfrac{Fl^3}{48EI} - \dfrac{M_e l^2}{48EI},\theta_B = -\dfrac{Fl^2}{16EI} + \dfrac{M_e l}{3EI}(逆时针)$

　　　$(c)\omega_C = \dfrac{Fl^3}{12EI}(\downarrow),\theta_B = \dfrac{9Fl^2}{16EI}(逆时针)$

　　　$(d)\theta_B = \dfrac{b^3 - 4a^2 b}{24EI}(逆时针),\omega_C = \dfrac{q(b^3 a - 4a^3 b - 3a^4)}{24EI}$

5.13　$(1)w_{1max} = \dfrac{5ql^4}{384EI}(\downarrow)$

　　　$(2)w_{2max} = \dfrac{7ql^4}{24 \times (4)^4 EI} = \dfrac{7ql^4}{6\,144EI}(\uparrow)$

5.14　$\omega_D = \dfrac{qa^2}{2EA} + \dfrac{5q(2a)^4}{384EI} = \left(\dfrac{1}{2A} + \dfrac{5a^4}{24I}\right)\dfrac{qa^2}{E}(\downarrow),\theta_A = \dfrac{qa}{2EA}(逆时针)$

5.15　$b = 90$ mm$,h = 180$ mm

5.16　$a/b = 1/2$

5.17　$F = \dfrac{3}{4}ql$

5.18　$\dfrac{M_{B1}}{M_{B2}} = \dfrac{1}{2}$

第 6 章

6.1 $F = 13.4$ kN

6.2 $F_1 = 8$ kN, $F_2 = 24$ kN, $\Delta_A = 1.46 \times 10^{-3}$ m

6.3 $\delta = 40.3$ MPa

6.4 (1) $\delta_{xl} = 11.8$ MPa (2) $l'_{Al} = 300.322$ mm

6.5 (1) $\Delta T = 82.3°, l = 250.189$ mm

 (2) 略

6.6 (1) $F_{NAB} = \dfrac{F}{2(1 + \sqrt{2})} = F_{NBC} = F_{NCD} = F_{NAD}$

$$F_{NBD} = -\dfrac{\sqrt{2}F}{2(1 + \sqrt{2})}, F_{NAC} = \dfrac{2 + \sqrt{2}}{2(1 + \sqrt{2})}F$$

 (2) $\Delta_{B/D} = \dfrac{Fa}{(1 + \sqrt{2})EA}$

6.7 $F_1 = F_4 = Fh^2 l / [l^3 + h^3 + (l^2 + h^2)\sqrt{l^2 + h^2}]$

$F_2 = F_5 = -Fh^2(l^2 + h^2)/[(l^3 + h^3)\sqrt{l^2 + h^2} + (l^2 + h^2)]$

$F_3 = F_6 = Fh^3/[(l^3 + h^3) + (l^2 + h^2)\sqrt{l^2 + h^2}]$

6.8 $\delta_{AB} = \delta_{BC} = \delta_{CD} = \delta_{DA} = E\delta/2(2 + \sqrt{2})a$

$\delta_{BD} = \delta_{AC} = E\delta/2(2 + \sqrt{2})a$

6.9 $\tau_{I\max} = 76$ MPa, $\tau_{II\max} = 32$ MPa

6.10 $\tau_{I\max} = 90.5$ MPa, $\tau_{II\max} = 37.5$ MPa

6.11 $M_e = 6.2$ kN·m

6.12 $\tau_{IIB\max} = 16.4$ MPa

6.13 $\tau_{S\max} = 80.4$ MPa, $\tau_{C\max} = 29.7$ MPa

6.14 $\varphi_S = 0.02^r = 1.15°, \varphi_O = 0.015^r = 0.86°$

6.15 (a) $F_{Ay} = \dfrac{3}{32}F\downarrow, F_{By} = \dfrac{11}{16}F\uparrow, F_{Cy} = \dfrac{13}{32}F\downarrow$

 (b) $F_{Ay} = -F_{Cy} = \dfrac{F}{2}\downarrow, F_B = 0$

 (c) $F_{Ay} = F_{By} = \dfrac{5Aql}{12I + 4Al^2}\uparrow, F_{Cy} = \dfrac{1}{12}ql$

 (d) $M_A = \dfrac{ql^2}{8}$(逆时针), $F_{Ay} = \dfrac{5}{8}ql\uparrow, M_B = 0, F_{By} = \dfrac{3}{8}ql\uparrow,$

 (e) $M_A = -\dfrac{M_e}{4}, M_B = \dfrac{1}{2}M_e, M_C = \dfrac{M_e}{4}$

 (f) $F_{Ay} = F_{By} = \dfrac{5}{8}ql\uparrow, M_A = M_B = \dfrac{16}{128}ql^2$(逆时针)

6.16 $b = \sqrt{2}\,a$

6.17 $F_{Ay} = F_{By} = \dfrac{12EI\Delta}{l^3}, M_A = M_B = \dfrac{6EI\Delta}{l^2}$

第 7 章

7.1   (1) $\sigma_{60°} = -61$ MPa, $\tau_{60°} = 11$ MPa

       (2) $\sigma_{45°} = -50$ MPa, $\tau_{45°} = 30$ MPa

       (3) $\sigma_{150°} = -21$ MPa, $\tau_{60°} = -11$ MPa

7.2   应力圆只有一圆, $\sigma_1 = \sigma_2 = 150, \sigma_3 = 0, \tau_1 = 75, \tau_2 = \tau_3 = 0$ （单位 MPa）

7.3   (1) $\sigma_{50°} = -59.6$ MPa, $\tau_{50°} = 28.1$ MPa

       (2) $\sigma_{110°} = -107$ MPa, $\tau_{110°} = -0.7$ MPa

       (3) $\sigma_{20°} = -43$ MPa, $\tau_{60°} = 0.7$ MPa

7.4 $\sigma' = 40(1 + \sqrt{10}), \sigma'' = 40(1 - \sqrt{10}), \tau_M = 40\sqrt{10}$ $\theta = -9.2°$ （顺时针）

7.5 $\sigma_{30°} = 40 - 30\sqrt{3}$ MPa, $\tau_{30°} = 30 + 60\sqrt{3}$ MPa

7.6 $\sigma_3 = -2$ MPa, $\tau_{xy} = 2\sqrt{5}$ MPa, $|\tau_{max}| = 6$ MPa

7.7 $\tau_M = 140, \sigma = -140 (\sigma_1 = 0, \sigma_2 = -20, \sigma_3 = -280)$ （单位 MPa）

7.8   (a) $\sigma_{-75°} = -4$ MPa, $\tau_{-75°} = -3.75$ MPa

         $\theta = 0°, \sigma' = 10$ MPa, $\sigma'' = -5$ MPa

       (b) $\sigma_{-30°} = -0.17$ MPa, $\tau_{-30°} = 5.1$ MPa

         $\theta = 59°$（逆时针）, $\sigma' = 2.83$ MPa, $\sigma'' = -5$ MPa

       (c) $\sigma_{-60°} = 17.9$ MPa, $\tau_{-60°} = 50.3$ MPa

         $\theta = -48.8°$（顺时针）, $\sigma' = 88.2$ MPa, $\sigma'' = -18.2$ MPa

       (d) $\sigma_{-45°} = -40$ MPa, $\tau_{-45°} = 60$ MPa

         $\theta = -45°$ （顺时针）, $\sigma' = 104.85$ MPa, $\sigma'' = -64.85$ MPa

       (e) $\sigma_{30°} = 48.4$ MPa, $\tau_{30°} = 41.3$ MPa

         $\theta = -67.4°$（顺时针）, $\sigma' = 132$ MPa, $\sigma'' = 28$ MPa

       (f) $\sigma_{30°} = 35$ MPa, $\tau_{30°} = -5\sqrt{3}$ MPa

         $\theta = 0°, \sigma' = 50$ MPa, $\sigma'' = 30$ MPa

7.9   第一种情况: $\tau_{xy} = 60$ MPa, $\sigma' = 40$ MPa, $\sigma'' = -160$ MPa, $\theta = -18.4°$（顺）

       第二种情况: $\tau_{xy} = -60$ MPa, $\sigma' = 40$ MPa, $\sigma'' = -160$ MPa, $\theta = 18.4°$（逆）

7.10 $\sigma_x = -160$ MPa, $\tau_{xy} = -10\sqrt{13}$ MPa, τ_M 作用面 $\sigma = -100$ MPa

        平行于 z 轴的另一个主应力 $\sigma_3 = -170$ MPa, $\theta = -15.5°$（顺）

        ($\sigma_1 = 0$ MPa, $\sigma_2 = -30$ MPa, $\sigma_3 = -170$ MPa)

7.11   略

7.12 $\Delta AB = 0.13$ mm, $\Delta CD = 0.39$ mm, $\Delta t = -0.023$ mm

7.13 $\varepsilon_1 = 3.75 \times 10^{-4}, \varepsilon_2 = 0, \varepsilon_3 = -3.75 \times 10^{-4}$

7.14 $\sigma_1 = 0$ MPa, $\sigma_2 = -19.8$ MPa, $\sigma_3 = -60$ MPa。

7.15　(1) $\sigma_x = 70.9$ MPa, $\sigma_y = 35.6$ MPa, $\tau_{xy} = 30.5$ MPa

　　　(2) $\sigma_1 = 88.5$ MPa, $\sigma_2 = 18.1$ MPa, $\sigma_3 = 0$

　　　(3) xy 面: $\tau_{max} = 35.2$ MPa ，(4) $\tau_{max} = 44.25$ MPa

7.16　(1) $E = 18.75$ GPa，(2) $\mu = 0.3$，(3) $|\tau_{max}| = 75$ MPa ，(4) $|\gamma_{max}| = 1.04 \times 10^{-2}$

7.17　(1) $|\gamma_{max}| = 1.25 \times 10^{-3}$ ，

　　　(2) $\sigma' = 100$ MPa, $-45°$ 方向, $\sigma'' = -100$ MPa, $45°$ 方向

　　　(3) $\varepsilon' = 0.625 \times 10^{-3}$ ， $-45°$ 方向, $\varepsilon'' = -0.625 \times 10^{-3}$ 　$45°$ 方向

7.18　(1) $\sigma' = 100$ MPa ， $\sigma'' = -100$ MPa

　　　(2) $\sigma' = 5P$ MPa ， $\sigma'' = 1P$ MPa

7.19　a 点:单向应力状态, $\sigma_1 = 46.15$ MPa, $\sigma_2 = \sigma_3 = 0$, $\tau_{max} = 23.1$ MPa

　　　d 点: $\sigma-\tau$ 应力状态, $\sigma_1 = 34.17$ MPa ， $\sigma_2 = 0$, $\sigma_3 = -16.86$ MPa ， $\tau_{max} = 25.51$ MPa

　　　c 点:纯剪状态, $\sigma_1 = \sigma_2 = \tau_{max} = 24.35$ MPa ， $\sigma_3 = 0$

　　　b 点:单向应力状态, $\sigma_1 = 136.5$ MPa ， $\tau_{max} = 68.3$ MPa ， $\sigma_2 = \sigma_3 = 0$

　　　倒着放为不利状态,应正着放。

第 8 章

8.1　在矩形截面角点 a, $\sigma_{max} = 6.6 + 3.4 = 10$ MPa

8.2　(1) $\sigma_{max} = 7.25 + 2.6 = 9.9$ MPa; (2) $f_{max} = 6$ mm, $\alpha = 25.5°$

8.3　$\sigma_{max} = 6$ MPa

8.4　$b = 87$ mm, $h = 174$ mm

8.5　(a) $F_N = 350$ kN, $M = 17.5$ kN·m, $\sigma_{max} = -11.7$,压弯杆承受压应力较大

　　　(b) $F_N = 350$ kN, $\sigma_{max} = -8.8$ MPa,压杆

8.6　$\sigma_c = 77.8$ MPa, $\sigma_a = 65.7$ MPa, $\sigma_b = 90$ MPa

8.7　$\sigma_{max} = -39.8$ MPa 在 1—1 截面右翼缘边

8.8　$h = 27$ mm

8.9　$s = \dfrac{l}{2} + \dfrac{d}{8}\tan \alpha$

8.10　$\sigma_{max} = 6.67$ MPa, $\tau_{max} = 11.81$ MPa

8.11　$\sigma_1 = 4.38$ MPa, $\sigma_2 = 0$, $\sigma_3 = -53.3$ MPa, $\tau_{max} = 28.84$ MPa

8.12　$\sigma_1 = 359.65$ MPa, $\sigma_2 = 0$, $\sigma_3 = -2.95$ MPa, $\tau_{max} = 181.3$ MPa

8.13　K 点处: $\sigma_{1K} = 48.8$ MPa ， $\sigma_{2K} = 0$, $\sigma_{3K} = -1.6$ MPa ， $\tau_{Kmax} = 25.2$ MPa

　　　危险点 B、C 处: $\sigma_1 = 52.2$ MPa ， $\sigma_2 = 0$, $\sigma_3 = -1.5$ MPa ， $\tau_{max} = 26.85$ MPa

8.14　危险截面在轴承 B 的左侧 $\sigma_{max} = 56.6$ MPa, $\tau_{max} = 11.7$ MPa

8.15　$\sigma = 236$ MPa, $\tau = 87.9$ MPa

　　　$\sigma' = 265.1$ MPa, $\sigma'' = -29.1$ MPa, $\tau_M = 147.1$ MPa

8.16　(1)危险截面位于 B 左 1.25 m 处,(2) $\tau_{max} = 59$ MPa ,(3) $\delta_C = 30$ mm

第 9 章

9.1 (1) $\sigma_{AC} = \dfrac{F_1}{A} = 7$ MPa $< [\sigma_c]$，$\sigma_{BC} = 5$ MPa $< [\sigma_t]$

 (2) $\Delta_A = 0.32$ mm

9.2 $n \approx 38$

9.3 $\theta = 60°$，$F = 138.56$ kN

9.4 (1) $M_e = 17.8$ kN·m (2) $\tau_{max} = 90.76$ MPa

9.5 $[\tau] \geqslant 63.7$ MPa，$\dfrac{A_1}{A_2} = 1.78$，$\dfrac{\tau_{1,max}}{\tau_{2,max}} = 1.15$

9.6 $\sigma_{r4} = 264.6$ MPa $< [\sigma]$，满足强度条件。

9.7 $[p] = \dfrac{2t[\sigma]}{D} = 1.2$ MPa

9.8 $\sigma = 158$ MPa $< [\sigma]$，$\tau_{max} = 24.9$ MPa $< [\tau]$，梁安全

9.9 $\dfrac{h}{b} = \sqrt{2}$，$d_{min} = 227$ mm

9.10 $d \geqslant 50$ mm，$b \geqslant 100$ mm

9.11 $L \geqslant 127$ mm

9.12 $F \geqslant 771$ kN

9.13 切口许可深度 $x = 5.2$ mm

9.14 $\sigma_{r4} = 96.8$ MPa $< [\sigma]$，满足强度条件

9.15 $\sigma_{r2} = \sigma_1 - \mu(\sigma_2 + \sigma_3) = 26.6$ MPa $< [\sigma_t]$，满足强度条件

9.16 $\sigma_{r3} = 71.4$ MPa $< [\sigma]$，满足强度条件

9.17 $d \geqslant 114$ mm

9.18 $d \geqslant 72.7$ mm

9.19 (1) 危险截面在固定端 A 处；

 (2) 强度条件 $\sigma_{r3} = \sqrt{\left(\dfrac{8F}{\pi d^2} + \dfrac{32\sqrt{10}Fl}{\pi d^3}\right)^2 + 4\left(\dfrac{48Fl}{\pi d^3}\right)^2} \leqslant [\sigma]$

9.20 $d \geqslant \sqrt[3]{\dfrac{32\sqrt{2}FR}{\pi[\sigma]}}$

9.21 (1) 略；(2) 略；(3) $\sigma_K = -\dfrac{32Fh}{\pi d^3} - \dfrac{4 \times 2F}{\pi d^2}$，$\tau_K = -\dfrac{16FD}{2\pi d^3} = \dfrac{8FD}{\pi d^3}$；

 (4) $\sigma_{r3} = \sqrt{\sigma_K^2 + 4\tau_K^2} \leqslant [\sigma]$

*9.22 $\sigma_{r3} = \sqrt{\sigma^2 + 4\tau^2} = 123.8$ MPa $< [\sigma]$，满足强度条件

 $F_N = \dfrac{\pi d^2}{4}\sigma = 97.9$ kN，$M_e = \dfrac{\pi d^3}{16}\tau = 0.6$ kN·m

*9.23　杆端部横截面上：$F_S = \dfrac{M_e a}{a^2 + \dfrac{2G}{3E}l^2}$，$T = \dfrac{M_e}{2 + 3\left(\dfrac{a}{l}\right)^2 \dfrac{E}{G}}$，$M = \dfrac{M_e}{2\left(\dfrac{a}{l}\right) + \dfrac{4}{3}\left(\dfrac{l}{a}\right)\dfrac{G}{E}}$

9.24　取 $d = 112$ mm

9.25　选用 20a 号槽钢

9.26　梁中点沿铅垂方向的位移 $\Delta = 7.39$ mm $\leqslant [w]$

第 10 章

10.1　$F_{cr1} = 2\,536.2$ kN　$F_{cr2} = 4\,702.5$ kN　$F_{cr3} = 4\,823.04$ kN

10.2　(b)杆承受的轴向压力最小，(e)杆承受的轴向压力最大。

10.3　(a) $F_{cr} = 37.39$ kN　(b) $F_{cr} = 52.58$ kN　(c) $F_{cr} = 458.96$ kN

10.4　$F_{cr} = 319.32$ kN

10.5　(1)杆长与外径 D 的最小比值为 125：2，此时的临界压力为 $6.8 \times 10^4 D^2$ kN。
　　　(2)实心圆截面杆与空心圆截面杆的重量之比为 7.6：1。

10.6　(a)情况下的极限载荷为 71.32 kN；(b)情况下的极限载荷为 54.15 kN。

10.7　矩形：实心圆：正方形：空心圆为 1：1.91：2.0：5.6

10.8　当 $a = 9.48$ cm 时，立柱的临界压力最大，其值 $F_{cr} = 442.68$ kN。

10.9　$[F] = 64.3$ kN

10.10　$[F] = 268.75$ kN

10.11　$\sigma = 141.8$ MPa $< \dfrac{\sigma_s}{1.4} = 167.9$ MPa，梁安全。$n = 4 > [n_{st}]$，立柱稳定。

附录 A　参 考 答 案

A.1　(a) $S_z = 42.25 \times 10^3$ mm^3；(b) $S_z = 280 \times 10^3$ mm^3

A.2　(a) 距上边 $y_C = 46.4$ mm；(b)距下边 $y_C = 23$ mm，距左边 $z_C = 53$ mm

A.3　(a) $y = 44.7$ mm，$z' = 91.5$ mm；(b) $S_y = 616\,000$ mm^3，$S'_z = -36\,000$ mm^3

A.4　(a) $I_z = 9.05 \times 10^7$ mm^4；(b) $I_z = 5.37 \times 10^7$ mm^4

A.5　(a) $I_{z_C} = 1.337 \times 10^{10}$ mm^4；(b) $I_{z_C} = 1.915 \times 10^9$ mm^4

A.6　略

参 考 文 献

[1] 邓宗白,陶阳,吴永端.材料力学[M].北京:科学出版社,2013.

[2] 刘鸿文.材料力学(Ⅰ)、(Ⅱ)[M].5 版.北京:高等教育出版社,2011.

[3] 孙训方,方孝淑,关来泰.材料力学(Ⅰ)、(Ⅱ)[M].5 版.北京:高等教育出版社,2009.

[4] 范钦珊.工程力学[M].2 版.北京:清华大学出版社,2012.

[5] 范钦珊,蔡新.材料力学(土木类)[M].北京:高等教育出版社,2006.

[6] 徐道远,朱为玄,王向东. 材料力学[M].南京:河海大学出版社,2006.

[7] 邓宗白.材料力学实验与训练[M].北京:高等教育出版社,2014.

[8] 单辉祖.材料力学(Ⅰ)、(Ⅱ)[M].5 版.北京:高等教育出版社,2009.

[9] 刘鸿文.高等材料力学[M].北京:高等教育出版社,1985.

[10] GERE J M.Mechanics of materials[M].5th Edition.Beijing China Machine Press.

[11] 杨伯源.材料力学[M].北京:机械工业出版社,2001.

[12] 刘成云.建筑力学[M].北京:机械工业出版社,2006.